高职高专"十三五"规划教材

环境监测与分析

王寅珏 • 主编　　苗向阳 • 副主编

黄卫红 • 主审

化学工业出版社

·北京·

本书以环境检测对象为教学载体，按照“环境监测过程”组织核心内容，精选了18个典型项目，如甲醛的测定、总挥发性有机物的测定、氮氧化物的测定、自然降尘量的测定、河流断面水中浊度的测定、景观湖水中高锰酸盐指数的测定、电镀废水中六价铬的测定、化工废水中硝基苯类化合物的测定、土壤中镍的测定、工业企业厂界噪声监测等，涉及室内空气、环境空气、工业废气、地表水、工业废水、土壤、噪声、固体废弃物等应用型理论知识。

本书适用于高职高专工业分析、环境监测等专业方向的师生教学使用，也可供环境监测、环境分析与检测等领域的技术人员和管理人员参考。

图书在版编目（CIP）数据

环境监测与分析/王寅珏主编．—北京：化学工业出版社，2017.12（2023.1重印）
高职高专“十三五”规划教材
ISBN 978-7-122-30837-5

Ⅰ.①环… Ⅱ.①王… Ⅲ.①环境监测-高等职业教育-教材②环境质量-质量分析-高等职业教育-教材 Ⅳ.①X8

中国版本图书馆CIP数据核字（2017）第257056号

责任编辑：提　岩　　　　文字编辑：刘心怡
责任校对：王素芹　　　　装帧设计：关　飞

出版发行：化学工业出版社（北京市东城区青年湖南街13号　邮政编码100011）
印　　装：大厂聚鑫印刷有限责任公司
787mm×1092mm　1/16　印张12½　字数323千字　2023年1月北京第1版第6次印刷

购书咨询：010-64518888　　　　售后服务：010-64518899
网　　址：http://www.cip.com.cn
凡购买本书，如有缺损质量问题，本社销售中心负责调换。

定　　价：32.00元

前言

《环境监测与分析》以水、空气、固体废弃物、土壤、噪声等检测对象为教学载体，以环境监测工作过程为导向引领学生制定监测方案、学习样品的采集与保存、选择合适的测定方法，并通过环境检测岗位的任务训练学生的操作技能，在此过程中让学生学习和掌握环境检测与分析相关的理论知识。本教材打破了理论学习与实践训练之间的界限，充分实现了“理实一体化”“教学做一体化”的高职教育教学改革理念。

本书共10章，主要内容涉及环境监测基础知识、室内空气质量监测、环境空气质量监测、工业废气监测、地表水水质监测、工业废水检测、土壤监测、固体废弃物监测、噪声监测和环境监测新技术。各章内容独立编排，教师可根据各学校的专业方向和特色选用相应的教学章节。本教材主要特色有以下几点。

① 本书内容上理论与实践并重，既考虑到环境监测内容的广泛性，在第2章到第9章内容上涉及水、气、土壤、噪声和固体废弃物等，并在这些章节中都选取了相应的实训项目；又兼顾到有些没有实验仪器的学校可选本书为理论教材，因此理论内容上通俗易懂。

② 书中选取的18个项目是太仓市环境监测站必测的项目，具有较强的可操作性，考虑到水、气、土壤、噪声和固体废弃物等各种检测的实际情况，项目的选取上也比较有代表性。

③ 书中将“工业废气监测”和“工业废水监测”单独成章，较全面地介绍了废水或废气监测方案的制定、样品的采集与保存、测定方法等，这在其他书籍中不多见。

④ 项目所执行的标准都为最新的国家标准或行业标准。随着时代的发展、科技的进步和知识的更新，环境监测技术也发展较为快速，因此本书也介绍了国内外最新的环境监测技术。

本书由苏州健雄职业技术学院王寅珏担任主编，苏州健雄职业技术学院苗向阳担任副主编。王寅珏编写了第1章、第2章、第5章，并对全书进行了统稿，对书稿进行了文字校对和格式编辑；苏州健雄职业技术学院朱少晖编写了第3章；天津渤海职业技术学院李悦编写了第4章；苏州健雄职业技术学院朱志强编写了第6章；太仓市环境监测站楼珏璟编写了第7章、第8章；苏州健雄职业技术学院郁惠珍编写了第9章；苗向阳编写了第10章。全书由江苏大学环境学院黄卫红教授担任主审。

本书在编写过程中参考了大量文献资料，在此向资料作者表示衷心的感谢！楼珏璟为本书的编写提供了大量的资料并提出了一些宝贵的意见和建议，在此表示感谢。

由于编者水平和时间有限，疏漏和不妥之处在所难免，恳请专家和广大读者批评指正。

编者

2017年7月

目录

第1章　环境监测基础知识　/ 1

第2章　室内空气质量监测　/ 18

第3章 环境空气质量监测 / 39

第4章 工业废气监测 / 60

第5章 地表水水质监测 / 85

第6章　工业废水监测　/ 114

第7章　土壤监测　/ 131

第8章　固体废弃物监测　/ 149

第 9 章　噪声监测　/ 161

第 10 章　环境监测新技术　/ 180

参考文献　/ 192

第1章 环境监测基础知识

1.1 认识环境监测

1.1.1 环境监测的概念及内容

环境监测是指利用现代的科学技术手段，对代表环境污染和环境质量的各种环境要素（环境污染物）的监视和测定，从而科学评价环境质量及其变化趋势的操作过程。

环境监测的内容一般包括水和污（废）水监测、大气和废气监测、噪声污染监测、土壤污染监测、生物污染监测、放射性污染监测等。除此之外，有时还包括振动监测、电磁辐射监测、热监测、光监测、卫生检（监）测等。

1.1.2 环境监测的目的

环境监测的目的是准确、及时、全面地反映环境质量现状及发展趋势，为环境管理、污染源控制、环境规划等提供科学依据，具体可归纳为以下几点。

① 根据环境质量标准，评价环境质量。

② 根据污染特点、分布情况和环境条件，追踪污染源，研究和提供污染变化趋势，为实现监督管理、控制污染源提供依据。

③ 收集环境本底数据，积累长期监测资料，为研究环境容量、实施总量控制、目标管理、预测预报环境质量提供数据。

④ 为保护人类健康，保护环境，合理使用自然资源，制定环境法规、标准、规划等服务。

1.1.3 环境监测的原则

世界上已生产和使用的化学品达几千万种之多，进入环境的化学品已达10万种以上。人们不可能也没必要对每一种化学品都进行监测，只能有重点、有针对性地对部分污染物进行监测和控制。这就必须确定一个筛选原则，对众多有毒污染物进行分级排队，从中筛选出潜在危害性大、在环境中出现频率高的污染物作为监测和控制对象。这一筛选过程就是数学上的优先过程，经过优先选择的污染物称为环境优先污染物，简称优先污染物。对优先污染物进行的监测称为优先监测。

美国是最早开展优先监测的国家。早在 20 世纪 70 年代中期，美国就在《清洁水法案》中明确规定了 129 种优先污染物，之后又提出了 43 种空气优先污染物名单。

“中国环境优先监测研究”也已经完成并提出了“中国环境优先污染物黑名单”，包括 14 种化学类别共 68 种有毒化学物质，其中有机物 58 种、无机物 10 种，见表 1-1。

表 1-1 中国环境优先污染物黑名单

序号	化学类别	名称
1	卤代(烷、烯)烃类	二氯甲烷、三氯甲烷、四氯化碳、1,2-二氯乙烷、1,1,1-三氯乙烷、1,1,2-三氯乙烷、1,1,2,2-四氯乙烷、三氯乙烯、四氯乙烯、三溴甲烷
2	苯系物	苯、甲苯、乙苯、邻二甲苯、间二甲苯、对二甲苯
3	氯代苯类	氯苯、邻二氯苯、对二氯苯、六氯苯
4	多氯联苯类	多氯联苯
5	酚类	苯酚、间甲酚、2,4-二氯酚、2,4,6-三氯酚、五氯酚、对硝基酚
6	硝基苯类	硝基苯、对硝基甲苯、2,4-二硝基甲苯、三硝基甲苯、对硝基甲苯、2,4-二硝基氯苯
7	苯胺类	苯胺、二硝基苯胺、对硝基苯胺、2,6-二氯硝基苯胺
8	多环芳烃	萘、荧蒽、苯并[*b*]荧蒽、苯并[*k*]荧蒽、苯并[*a*]芘、茚并[1,2,3-*c*,*d*]芘、苯并[*g*,*h*,*i*]芘
9	邻苯二甲酸酯类	邻苯二甲酸二甲酯、邻苯二甲酸二丁酯、邻苯二甲酸二辛酯
10	农药	六六六、滴滴涕、敌敌畏、乐果、对硫磷、甲基对硫磷、除草醚、敌百虫
11	丙烯腈	丙烯腈
12	亚硝胺类	*N*-亚硝基二丙胺、*N*-亚硝基二正丙胺
13	氰化物	氰化物
14	重金属及其化合物	砷及其化合物、铍及其化合物、镉及其化合物、铬及其化合物、铜及其化合物、铅及其化合物、汞及其化合物、镍及其化合物、铊及其化合物

1.1.4 环境标准

环境标准是控制污染、保护环境的各种标准的总称，是国家为了保护人民健康和社会财产安全，防治环境污染，促进生态良性循环，同时又合理利用资源、促进经济发展，在综合考虑自然环境特征、科学技术水平和经济条件的基础上，对环境中污染物的允许含量及污染源排放数量、浓度、时间、速率和技术规范等所作的规定。它用具体数字体现了环境质量和污染物排放应控制的界限和尺度，是由政府有关部门颁布的强制性技术法规，具有法律强制性，并且环境标准还具有时效性，新标准出台，旧标准废止。

1.1.4.1 中国环境标准体系

中国环境标准体系分为：国家环境保护标准、地方环境保护标准和国家环境保护行业标准，其体系构成见图 1-1。

(1) 国家环境保护标准　国家环境保护标准体现了国家环境保护的有关方针、政策和规定。国家环境保护标准包括：国家环境质量标准、国家污染物排放标准、国家环境监测方法标准、国家环境标准样品标准和国家环境基础标准五类。

① 国家环境质量标准。国家环境质量标准是为了保障人群健康、维护生态环境和保障社会物质财富，并留有一定安全余量，对环境中有害物质和因素所作的限制性规定。它是衡量环境质量的依据，是环保政策制定、环境管理的依据，也是制定污染物排放标准的基础。

② 国家污染物排放标准。国家污染物排放标准是根据国家环境质量标准，以及采用的

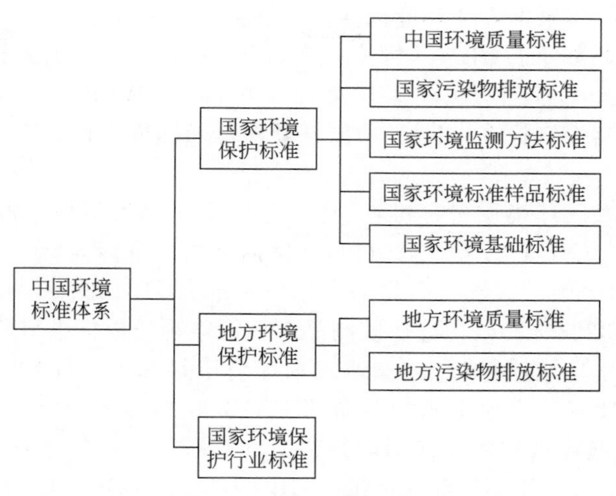

图 1-1　中国环境标准体系

污染控制技术，同时考虑经济承受能力，对排入环境的有害物质和产生污染的各种因素所作的限制性规定。一般也称为污染物控制标准。

③ 国家环境监测方法标准。国家环境监测方法标准是为监测环境质量和污染物排放，对规范采样、样品处理、分析测试、数据处理等所作的统一规定，包括对分析方法、测定方法、采样方法、实验方法、检验方法等所作的统一规定。环境中最常见的方法标准有分析方法、测定方法和采样方法。

④ 国家环境标准样品标准。为保证环境监测数据的准确、可靠，对用于量值传递或质量控制的材料、实物样品研制标准物质，形成标准样品。标准样品在环境管理中起着甄别的作用：可用来评价分析仪器，鉴别其灵敏度；验证分析方法；评价分析者的技术，使操作技术规范化。

⑤ 国家环境基础标准。对环境标准工作中，需要统一的技术性术语、符号、代号（代码）、图形、量纲、单位，以及信息编码等所作的统一规定，称为国家环境基础标准。

（2）地方环境保护标准　制定地方环境保护标准是对国家环境保护标准的补充和完善。地方环境保护标准包括：地方环境质量标准和地方污染物排放标准。环境标准样品标准、环境基础标准等不制定相应的地方标准。地方标准通常增加国家标准中未作规定的污染物项目，或制定“严于”国家污染物排放标准中的污染物浓度限值。各地制定的地方标准优先于国家标准执行，这体现了环境与资源管理的地方优先的管理原则。但各地除应执行各地相应标准的规定外，尚需执行国家有关环境保护的方针、政策和规定等。

（3）国家环境保护行业标准　污染物排放标准分为综合排放标准和行业排放标准。行业排放标准是针对特定行业生产工艺、产污状况、排污状况和污染控制技术评估、污染控制成本分析，参考国外排放法规和典型污染源达标案例等综合情况后制定的污染排放控制标准。行业排放标准是根据行业的污染情况所制定的，它更具有可操作性。综合排放标准和行业排放标准不交叉执行，行业排放标准优先执行。

1.1.4.2　我国的环境标准

目前中国环境标准分为强制性环境标准和推荐性环境标准。国家环境质量标准和国家污染物排放标准及法律、法规规定必须执行的其他环境标准为强制性环境标准。强制性环境标准必须执行，超标即违法。强制性环境标准以外的环境标准属于推荐性环境标准。国家鼓励采用推荐性环境标准。如果推荐性环境标准被强制性环境标准采用，也必须强制执行。

国家环境标准代码如下：GB——国家强制标准；GB/T——国家推荐标准；GB/Z——国家指导性技术标准；GHZB——国家环境质量标准；GWPB——国家污染物排放标准；GWKB——国家污染物控制标准；HJ——国家环保总局标准；HJ/T——国家环保总局推荐标准。

(1) 大气标准　大气环境质量标准：《环境空气质量标准》(GB 3095—2012)，《乘用车内空气质量评价指南》(GB/T 27630—2011)，《室内空气质量标准》(GB/T 18883—2002)等。

大气污染物排放标准：《大气污染物综合排放标准》(GB 16297—2012)，《火电厂大气污染物排放标准》(GB 13223—2011)及《橡胶制品工业污染物排放标准》(GB 27632—2011)等。

(2) 水质标准　水环境质量标准：《地表水环境质量标准》(GB 3838—2002)，《海水水质标准》(GB 3097—1997)，《地下水质量标准》(GB/T 14848—93)，《农田灌溉水质标准》(GB 5084—2005)，《渔业水质标准》(GB 11607—89)等。

污染物排放标准：《污水综合排放标准》(GB 8978—2002)，《城镇污水处理厂污染物排放标准》(GB 18918—2016)和一批行业水污染物排放标准，例如《化学合成类制药工业水污染物排放标准》(GB 21904—2008)、《纺织染整工业水污染物排放标准》(GB 4287—2016)、《电镀污染物排放标准》(GB 21900—2008)等。

(3) 土壤标准　土壤环境质量标准：《土壤环境质量标准》(GB 15618—2008)，《食用农产品产地环境质量评价标准》(HJ 332—2006)，《温室蔬菜产地环境质量评价标准》(HJ 333—2006)等。

(4) 固体废物控制标准　《危险废物焚烧污染控制标准》(GB 18484—2001)，《生活垃圾焚烧污染控制标准》(GB 18485—2014)及《农用污泥中污染物控制标准》(GB 4284—84)等。

(5) 噪声标准　声环境质量标准：《声环境质量标准》(GB 3096—2008)、《机场周围飞机噪声环境标准》(GB 9660—88)、《城市区域环境振动标准》(GB 10070—88)等。

环境噪声排放标准：《工业企业厂界环境噪声排放标准》(GB 12348—2008)、《社会生活环境噪声排放标准》(GB 22337—2008)及《建筑施工场界环境噪声排放标准》(GB 12523—2011)等。

(6) 未列入标准的物质最高允许浓度的估算　化学物质种类繁多，并不断在实验室合成出来。从生态学和保护人类健康来看，新的物质不应任意向环境排放，但要求对所有物质制定在环境中(水体和空气等)的排放标准是不可能的。对于那些未列入标准但已证明有害，且在局部范围(如工厂生产车间)排放量和浓度又比较大的物质，其最高允许排放浓度，通常可由当地环保部门会同有关工矿企业按照下列途径予以处理。

① 参考国外标准。发达国家由于环境污染而发生严重社会问题较早，因而研究和制定标准也早，并且一般也比较齐全，所以如能在已有的标准中查到，可作为参考。

② 从公式估算。如果在其他国家的标准中查不到，则可根据该物质毒理性质数据、物理常数和分子结构特性等，用公式进行估算。这类公式和研究资料很多。应该指出，同一物质用各种公式计算的结果可能相差很大，各公式均有限制条件，而且标准的制定与科学性、现实性等诸多因素有关，所以用公式计算的结果只能作为参考。

③ 直接做毒性试验再估算。当一种物质无任何资料可借鉴，或某种生产工艺排放的废水成分复杂，难以查清其结构和组成，但又必须知道其毒性大小和控制排放浓度时，则可直接做毒性试验，求出半数致死浓度(LC_{50})或半数致死量(LD_{50})等，再按有关公式估算。对于组成复杂又难以查明其具体成分的废水、废渣可选用综合指标(如 COD)作为考核指标。

1.2 环境监测的工作程序

在进行环境监测实训训练之前，应全面了解环境监测的工作程序。环境监测站监测工作一般按图 1-2 所示程序进行。

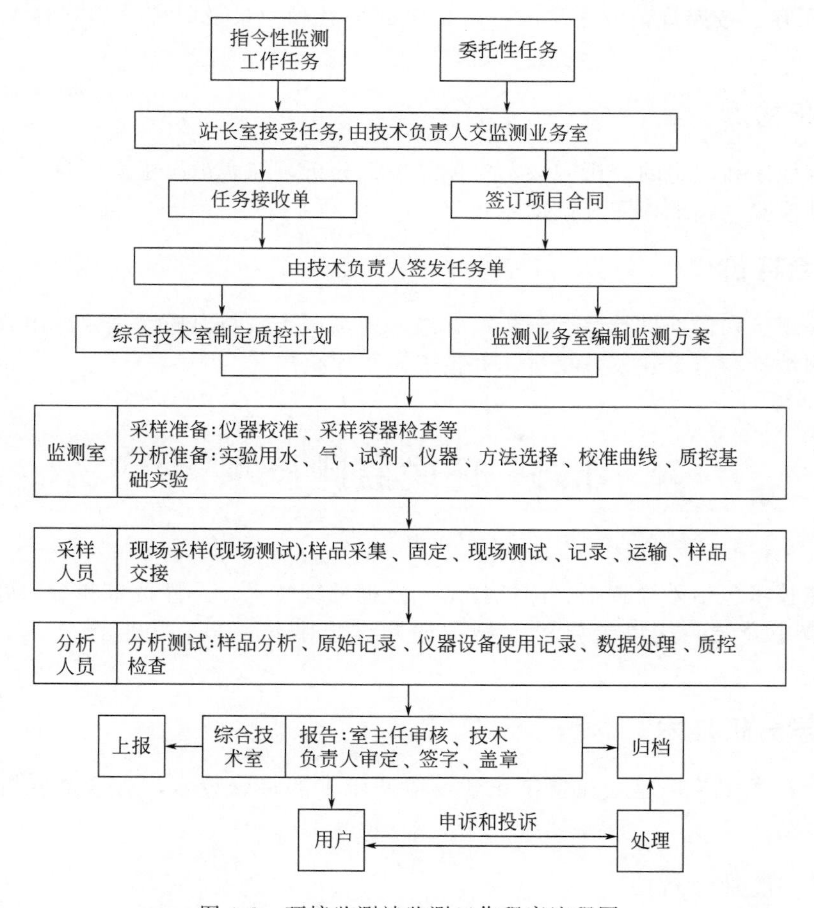

图 1-2　环境监测站监测工作程序流程图

1.2.1 接受任务

① 环境监测的任务主要来自环境保护主管部门的指令，单位、组织或个人的委托，申请和监测机构的安排三个方面。环境监测是一项政府行为和技术性、执法性活动，所以必须要有确切的任务来源依据。

② 明确目的：根据任务下达者的要求和需求，确定针对性较强的监测工作具体目的。

1.2.2 制定监测方案

① 现场调查：根据监测目的，进行现场调查研究，摸清主要污染源的来源、性质及排

放规律，污染受体的性质及污染源的相对位置以及水文、地理、气象等环境条件和历史情况等。

② 方案设计：根据现场调查情况和有关技术规范要求，认真做好监测方案设计，并据此进行现场布点作业，做好标识和必要准备工作。

1.2.3 样品的采集与保存

① 采集样品：按照设计方案和规定的操作程序，实施样品采集，对某些需现场处置的样品，应按规定进行处置包装，并如实记录采样实况和现场实况。

② 运送保存：按照规范方法需求，将采集的样品和记录及时安全地送往实验室，办好交接手续。

1.2.4 分析检测

按照规定程序和规定的分析方法，对样品进行分析，如实记录检测信息，对测试数据进行处理和统计检验，整理入库（数据库）。

1.2.5 综合评价

依据有关规定和标准进行综合分析，并结合现场调查资料对监测结果作出合理解释，写出研究（预测结论和对策建议）报告，并按规定程序报出。

1.3 环境监测技术

环境监测技术包括采样技术、测试技术和数据处理技术。采样技术和数据处理技术将在后面相关章节中介绍，这里主要对污染物的测试技术作一概述。监测技术分类如图 1-3 所示。

1.3.1 化学分析技术

化学分析技术主要是建立在特定化学反应基础上的特殊技术，有重量分析与滴定分析两种。

1.3.1.1 重量分析法

重量分析是将待测物质以沉淀形式析出，经过滤、烘干、称量，计算出待测物质的含量。重量分析法准确度较高，但操作烦琐、费时，对于称量工具的要求极高。该方法主要用于大气中悬浮颗粒的总量、降尘量以及肺水肿悬浮的固体、残渣的测定。

1.3.1.2 滴定分析法

滴定分析是用一种已知准确浓度的标准溶液，滴加到含有被测物质的一定体积的溶液中，根据完全反应时所消耗标准溶液的体积和浓度，计算出被测物质的含量。滴定分析法操作简单、迅速，测定的结果的准确度也比较高，应用范围也更广，经常被应用于金属、非金属、无机化合物以及有机化合物等的测定。该方法主要用于水中溶解氧、化学需氧量、高锰酸盐指数、生化需氧量、硫化物、氰化物等指标的测定。

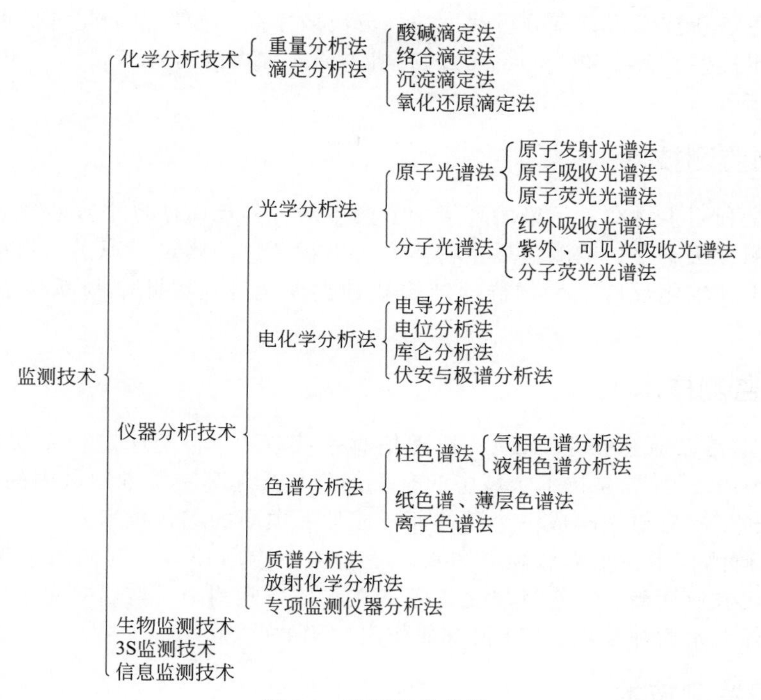

图 1-3 监测技术分类

1.3.2 仪器分析技术

仪器分析技术是利用被测物质的物理或物理化学性质进行分析的方法，这类分析方法需要较精密的仪器。在仪器分析中使用较多的是光学分析法、电化学分析法和色谱分析法，其他分析方法都有不同程度的应用。

1.3.2.1 光学分析法

光学分析法就是建立在光吸收、辐射以及散射等原理基础上的分析方法，常见的有分光光度法、原子吸收分光光度法等。

1.3.2.2 电化学分析法

电化学分析法的主要原理就是物质的电化学特性，这种方法的灵敏度较高、准确性高、分析时间短、应用广，大多数金属元素或者能被氧化还原的有机物都可以通过这种方法来进行分析。

1.3.2.3 色谱分析法

色谱分析法主要有气相色谱分析法和液相色谱分析法两种。

气相色谱分析可以说是一种崭新的分析技术，它的原理就是物质在两相分配中所存在的、微小的系数差异，其特点是分离效能高、迅速，便于实现自动化的测定，同时也能够实现与多种监测仪器的联用分析。目前，这种新型技术已经被广泛应用到环境监测中来，是分析有机物最为重要的手段之一。

液相色谱分析依托流动相这种特殊性质的液体，是一种采用高压泵、高效固定相和高灵敏度检测器的色谱新技术，具有分析速度快、分离效率高和操作自动化等优点。可用于测定高沸点、热稳定性差、分子量大(>400)的有机物质，如多环芳烃、农药、苯并芘、有机汞、酚类、多氯联苯等。

1.3.3 生物监测技术

这种技术是利用生物在被污染的环境中所产生的各种反应信息来判断环境质量的一种最直接的综合监测方法。生物监测包括生物体内污染物含量的测定、观察生物在环境中受伤害症状、生物的生理生化反应、生物群落结构和种类变化等，以此来判断环境质量及其变化情况。

1.3.4 3S 监测技术

3S 监测技术是以遥感技术(RS)、地理信息系统(GIS)和全球定位系统(GPS)为基础，将 RS、GIS、GPS 三种独立技术领域中的有关部分与其他高新技术领域中的有关部分(如网络技术、通信技术等)有机地构成一个整体而形成的一项新的综合技术。

目前，3S 监测技术在水资源调查和水环境监测中应用较多，例如流域水纹模拟、生态耗水分析、现代农业灌溉、生态环境变迁等；在水环境监测中，可实时对水域的分布和变化进行监测，另外对水质浑浊度、pH 值都能作出准确的监测。

1.3.5 信息监测技术

在当前这一信息化时代，计算机技术和网络通信技术在社会各个角落都有着广泛应用，环境监测领域同样如此。环境属于一个很大的范围，人工监测工作量大、效率低，很多监测工作无法完成，需要依靠信息技术，如无线传感器网络技术、PLC 技术等。

1.4 环境监测的质量保证和质量控制

1.4.1 基本概念

1.4.1.1 监测数据的“五性”

环境监测管理是以环境监测质量、效率为主对环境监测系统整体进行的科学管理，其核心内容是环境监测质量保证。从质量保证和质量控制的角度出发，为了使监测数据能够准确地反映环境质量的现状，预测污染的发展趋势，要求环境监测数据具有代表性、准确性、精密性、可比性和完整性。

(1) 代表性　代表性是指在具有代表性的时间、地点，并按规定的采样要求采集有效样品。

(2) 准确性　准确性指测定值与真实值的符合程度。监测数据的准确性受从试样的现场固定、保存、传输，到实验室分析等环节影响。一般以监测数据的准确度来表征。

准确度常用以度量一个特定分析程序所获得的分析结果(单次测定值或重复测定值的均值)与假定的或公认的真值之间的符合程度。准确度用绝对误差或相对误差表示。

(3) 精密性　精密性指测定值有无良好的重复性和再现性。精密性以监测数据的精密度表征。

精密度是使用特定的分析程序在受控条件下重复分析均一样品所得测定值之间的一致程度。精密度通常用极差、平均偏差和相对平均偏差、标准偏差和相对标准偏差表示，较常用的是标准偏差。

（4）可比性　可比性指用不同测定方法测量同一污染物时，所得出的结果的吻合程度。可比性不仅要求各实验室之间对同一样品的监测结果应相互可比，还要求每个实验室对同一样品的监测结果应该达到相关项目之间的数据可比。相同项目在没有特殊情况下，历年同期的数据也应是可比的。

（5）完整性　完整性强调工作总体规划的切实完成，即保证按预期计划取得有系统性和连续性的有效样品，而且无漏缺地获得这些样品的检测结果及有关信息。

只有达到这“五性”质量指标的监测结果，才是真正正确可靠的，也才能在使用中具有权威性和法律性。

1.4.1.2　灵敏度

灵敏度是指某方法对单位浓度或单位待测物质变化所产生的相应量的变化程度。它可以用仪器的相应量或其他指示量与对应的待测物质的浓度或量之比来描述，因此常用标准曲线的斜率来度量灵敏度。一个方法的灵敏度可因实验条件的变化而改变。在一定的实验条件下，灵敏度具有相对的稳定性。标准曲线的直线部分以下式表示：

$$A = kc + a$$

式中　A——仪器的响应值；

c——待测物质的浓度；

a——校准曲线的截距；

k——方法的灵敏度，即校准曲线的斜率。

1.4.1.3　检出限

检出限为某特定分析方法在给定的置信度内可从样品中检出待测物质的最小浓度或最小量。所谓“检出”是指定性检出，即判定样品中存有浓度高于空白的待测物质。

1.4.1.4　测定限

测定限为定量范围的两端，分别为测定上限与测定下限。

（1）测定上限　测定上限是指在测定误差能满足预定要求的前提下，用特定方法能够准确地定量测定待测物质的最大浓度或量。

（2）测定下限　测定下限是指在测定误差能满足预定要求的前提下，用特定方法能够准确地定量测定待测物质的最小浓度或量。

1.4.1.5　校准曲线

校准曲线是用于描述待测物质的浓度或含量与相应的测量仪器的相应量或其他指示量之间定量关系的曲线。校准曲线包括标准曲线和工作曲线，标准曲线用标准溶液系列直接测量，没有经过水样的预处理过程，这对于废水样品或基体复杂的水样往往造成较大误差；工作曲线所使用的标准溶液则经过了与水样同样的消解、净化、测量等全过程。

凡应用校准曲线的分析方法，都是在样品测得信号值后，从校准曲线上查得其含量(或浓度)。因此，校准曲线的绘制直接影响到样品分析结果的准确与否。校准曲线的绘制应注意以下几点。

① 对标准溶液系列，溶液以纯溶剂为参比进行测量后，应先做空白校正，然后绘制标准曲线。

② 标准溶液一般可直接测定，但如试样的预处理较复杂使得污染或损失不可忽略时，应和试样同样处理后再测定，这在废水测定和有机污染物测定中十分重要，此时应做工作曲线。

③ 校准曲线的斜率常随环境温度、试剂批号和贮存时间等实验条件的改变而变动。因此，在测定试样的同时，绘制校准曲线最为理想，否则应在测定试样的同时，平行测定零浓度和中等浓度标准溶液各两份，取均值相减后与原校准曲线上的相应点核对，其相对差值根据方法精密度不得大于5％～10％，否则应重新绘制校准曲线。

1.4.1.6 空白试验

空白试验又叫空白测定，是指用蒸馏水代替试样的测定。其所加试剂和操作步骤与试样测定完全相同。空白试验应与试样测定同时进行。空白试验所得到的响应值称为空白试验值，或称空白值。空白试验值在很大程度上反映了监测实验室及分析人员的水平，如实验用水、化学试剂的纯度、量器和容器是否沾污、仪器的性能以及实验室环境状况等均会对空白试验值产生影响。这些因素是经常变化的，为了解它们对试样测定的综合影响，在每次测定时均应做空白试验。

1.4.2 监测实验室的质量保证

环境监测质量保证包括环境监测全过程的质量管理和措施，实验室质量控制是环境监测质量保证的重要组成部分。实验室质量控制包括实验室内的质量控制(内部质量控制)和实验室间的质量控制(外部质量控制)。

1.4.2.1 实验室内质量控制

(1) 实验室内质量控制的目的　实验室内质量控制的目的在于控制监测分析人员的实验误差，使之达到规定的范围，以保证测试结果的精密度和准确度能在给定的置信水平下，达到容许限规定的质量要求。

(2) 实验室内质量控制程序

① 方法选定。分析方法是分析测试的核心。每个分析方法各有其特定的适应范围，应首先选用国家标准方法。这些方法是通过统一验证和标准化程序，上升为国家标准的，是最可靠的分析方法。

② 基础实验。

a. 对选定的方法，要了解其特性，正确掌握实验条件，必要时，应带已知样品(明码样)进行方法操作练习，直到熟悉和掌握为止。

b. 做空白试验。

(a) 空白值的大小和它的分散程度，影响着方法的检测限和测试结果的精密度。

(b) 影响空白值的因素有：纯水质量、试剂纯度、试液配制质量、玻璃器皿的洁净度、精密仪器的灵敏度和精确度、实验室的清洁度、分析人员的操作水平和经验等。

(c) 实验结果的要求：空白试验的重复结果应控制在一定的范围内，一般要求平行双份测定值的相对差值不大于50％。

③ 检测(出)限的估算。检测(出)限是指所用方法在给定的可靠程序内可以从零浓度检测到(检出)待测物的最小量(或浓度)。所谓检出，是指定性检出，判定样品中有浓度高于空

白的待测物质。

当计算值小于或等于方法规定值时，为合格，可进行下一步实验。

当计算值大于方法规定值时，应检查原因，直至计算值合格为止，若经重复实验，检测(出)限仍大于方法检测限时，经有关技术部门批准，可采用该实验室的检出限。

(3) 实验室内质量控制措施　常用的实验室内质量控制措施有：空白试验、平行样分析、加标样分析、密码样品分析、标准物质对照实验、校准曲线的线性检验、方法比较分析、质量控制图的绘制。下面对其中部分内容作一介绍。

① 密码样品分析。密码样品分析是指由专职质控人员在所需分析的样品中，随机抽取10%～20%的样品，编为密码平行样或加标样而进行的分析。这些样品对分析者本人均是未知样品。

② 标准物质(或质控样)对比分析。标准物质(或质控样)可以是明码样，也可以是密码样，其结果是经权威部门(或一定范围的实验室)定值、有准确测定值的样品。测定样品时，同时测定标准物质(或质控样)，用以检查分析测试的准确性。

③ 方法比较分析。对同一样品分别使用具有可比性的不同方法进行测定，并将结果进行比较。

1.4.2.2 实验室间质量控制

(1) 实验室间质量控制的目的　实验室间质量控制在于使协同工作的实验室间能在保证基础数据质量的前提下，提供准确可靠的测试结果，即在控制分析测试的随机误差达到最小的情况下，进一步控制系统误差。主要用于实验室性能评价和分析人员的技术评定以及协作实验仲裁分析等方面。

(2) 实验室间质量控制程序

① 建立工作机构：通常由上级单位的实验室或专门组织的专家技术组负责主持该项工作。

② 制定计划方案：按照工作目的、要求制定工作计划。包括：实施范围、实施内容、实施方式、日期、数据报表及结果评价方法、标准等。

③ 标准溶液校准：由领导机构在分发标准样品之前，先向各实验室发放一份标准物质(包括标准溶液等)，与各实验室的基准进行比对分析，以发现和消除系统误差。一般是使用接近分析方法上限浓度的标准来进行测定。测定后用 T 检验法检验两份样品的测定结果有无显著性差异。

④ 统一样品的测试：在上级机构规定的期限内进行样品测试，包括平行样测定、空白试验等，按要求上报结果。

⑤ 实验室间质量控制考核报表及数据处理。

a. 领导和主管机构在收到各实验室统一样品测定结果后，及时进行登记整理、统计和处理，以制定的误差范围评价各实验室数据的质量(一般采用扩展标准偏差或不确定度来评价)。

b. 绘制质量控制图，检查各实验室间是否存在系统误差。

⑥ 向参加单位通知测试结果。

1.4.3 数据处理的质量保证

在环境监测或质控工作中，常需处理各种复杂的监测数据。这些数据经常表现出波动，甚至在相同条件下获得的实验数据也会有不同的取值。对此，可用数理统计的方法处理获得的一批有代表性的数据，以判别数据的取舍。

1.4.3.1 基本概念

（1）真值　在某一时刻的状态下，某量的响应体现出的客观值或实际值。包括理论真值、约定真值、标准器的相对真值。

（2）误差　测量值与真值之间的差异，即为误差。

误差又分为绝对误差和相对误差。绝对误差是测量值和真值之差，有正负之分，相对误差指绝对误差与真值之比，常用百分数表示，即

$$绝对误差=测量值-真值$$

$$相对误差(RE\%)=\frac{绝对误差}{真值}\times 100\%$$

（3）偏差　偏差是指个别测量值（X_i）对于多次测量均值（$\overline{X}$）的偏离，可用绝对偏差、相对偏差、平均偏差、相对平均偏差、标准偏差、相对标准偏差来表示。其中相对偏差、标准偏差最常用，它们都定量地说明了监测数据的离散程度，其值越大，说明数据越分散，测定结果的精密度越差。

① 绝对偏差（d_i）。绝对偏差为单一测量值（X_i）与多次测量值的均值（$\overline{X}$）之差，以 d_i 表示。

$$d_i=X_i-\overline{X}$$

② 相对偏差。相对偏差为绝对偏差与多次测量值的均值的比值，常用百分数表示。

$$相对偏差（\%）=\frac{d_i}{\overline{X}}\times 100\%$$

③ 平均偏差（$\overline{d}$）。平均偏差为单一测量值的绝对偏差的绝对值之和的平均值，以 $\overline{d}$ 表示。

$$\overline{d}=\frac{1}{n}\sum_{i=1}^{n}|d_i|=\frac{1}{n}(|d_1|+|d_2|+\cdots+|d_n|)$$

④ 相对平均偏差。相对平均偏差为平均偏差与多次测量值的均值的比值，常用百分数表示。

$$相对平均偏差（\%）=\frac{\overline{d}}{\overline{X}}\times 100\%$$

⑤ 标准偏差（用 s 或 SD 表示）。

$$s=\sqrt{\frac{1}{n-1}\sum_{i=1}^{n}(X_i-\overline{X})^2}$$

⑥ 相对标准偏差。相对标准偏差（RSD）是样本的标准偏差与其均值的比值，常用百分数表示。

$$相对标准偏差（\%）=\frac{s}{\overline{X}}\times 100\%$$

（4）极差（R）　极差是指一组测量值中最大值（X_{max}）和最小值（X_{min}）之差，表示误差的范围，以 R 表示。

$$R=X_{max}-X_{min}$$

1.4.3.2 有效数字及数据修约规则

在环境监测分析工作中需要对大量的数据进行记录、运算、统计和分析。实验中实际能测量到的数字称为有效数字，它包括确定的数字和一位不确定的数字。有效数字不仅表示出数量的大小，同时也反映了测量的精确程度。对有效数字的位数不能任意增减。

过去习惯采用“四舍五入”的数字规则，由于见五就进，必然会使修约后的测量值系统偏高，而现在采用“四舍六入”的规则，即逢五有舍有入，这样由五的全入所引起的误差可相互抵消。数据修约规则可以总结为：四舍六入五考虑，五后非零则进一，五后皆零则视奇偶，五前为偶应舍去，五前为奇则进一。

1.4.3.3 可疑数据的取舍

在处理环境监测数据时，常会遇到这样的情况：某一组分析数据，有个别值与其他数据相差较大；或者多组分分析数据，有个别数据的均值与其他组的均值相差较大。我们把这种与同组其他值有明显差别的数据称为可疑数据。对于这些可疑数据应该用数理统计的方法判别其真伪，并决定取舍。常用的方法有以下两种。

（1）Dixon 检验法（Q 检验法） 该法常用于检验一组测定值的一致性和剔除离群值。具体步骤如下。

① 排队：将测定结果按从小到大的顺序排列。

$$X_1, X_2, X_3 \cdots X_{n-2}, X_{n-1}, X_n$$

② 计算 Q 值：根据测定次数 n 及表 1-2 中的公式，计算 Q 值。

③ 查表得 Q_α：在表 1-2 中查得临界值 Q_α。

④ 判断分析：将计算值 Q 与临界值 Q_α 比较。

若 $Q \leqslant Q_{0.05}$，则可疑值为正常值，应保留；若 $Q_{0.05} < Q \leqslant Q_{0.01}$，则可疑值为偏离值，可以保留；若 $Q > Q_{0.01}$，则可疑值为异常数据，应予剔除。

表 1-2　Q 检验的统计量计算公式与临界值

统计量	n	Q_α	
		$\alpha=0.01$	$\alpha=0.05$
$Q=\frac{X_2-X_1}{X_n-X_1}$（检验 X_1）	3	0.988	0.941
	4	0.899	0.765
$Q=\frac{X_n-X_{n-1}}{X_n-X_1}$（检验 X_n）	5	0.780	0.642
	6	0.698	0.560
	7	0.673	0.507
$Q=\frac{X_2-X_1}{X_{n-1}-X_1}$（检验 X_1） $Q=\frac{X_n-X_{n-1}}{X-X_2}$（检验 X_n）	8	0.683	0.554
	9	0.635	0.512
	10	0.597	0.477
$Q=\frac{X_3-X_1}{X_{n-1}-X_1}$（检验 X_1） $Q=\frac{X_n-X_{n-2}}{X_n-X_2}$（检验 X_n）	11	0.679	0.576
	12	0.642	0.546
	13	0.615	0.521

计量	n	Q_α	
		$\alpha=0.01$	$\alpha=0.05$
$Q=\frac{X_3-X_1}{X_{n-2}-X_1}$（检验 X_1）	14	0.641	0.546
	15	0.616	0.525
$Q=\frac{X_n-X_{n-2}}{X_n-X_3}$（检验 X_n）	16	0.595	0.507
	17	0.577	0.490
	18	0.561	0.475
	19	0.547	0.462
	20	0.535	0.450
	21	0.524	0.440
	22	0.514	0.430
	23	0.505	0.421
	24	0.497	0.413
	25	0.489	0.406

（2）Grubbs 检验法（T 检验法） 该法常用于检验多组测量值的平均值的一致性，也可以用它来检验同组测定中各测定值的一致性，以剔除离群值。具体步骤如下。

① 排队：将测定结果按从小到大的顺序排列。

$$X_1, X_2 \cdots X_{n-1}, X_n$$

求出算术平均值 $\overline{X}$ 和标准偏差 s。最大值计为 X_{max}，最小值计为 X_{min}，这两个值是否可疑，需计算 T 值。

② 计算 T 值：利用下面公式计算 T 值。

$$T=\frac{(\overline{X}-X_{min})}{s} \text{或} T=\frac{(X_{max}-X)}{s} \quad \text{即} T=\frac{|\text{可疑值}-\text{平均值}|}{\text{标准偏差}}$$

③ 查表得 $T_{(\alpha,n)}$：在表 1-3 中查得临界值 $T_{(\alpha,n)}$(环境监测中,α 常取 0.05)。比较判断：将计算值 T 与临界值 $T_{(\alpha,n)}$ 比较。

④ 如果 $T \geqslant T_{(\alpha,n)}$，则所怀疑的数据 X_1 或 X_n 是异常的，应予剔除，反之应予保留。剔除异常值后，重新计算 $\overline{X}$ 和 s，求出新的 T 值，再次检验，以此类推，直到无异常数据为止。

表 1-3　T 检验值临界表

测定次数 n（或组数）	$T(\alpha,n)$		测定次数 n（或组数）	$T(\alpha,n)$	
	$\alpha=0.05$	$\alpha=0.01$		$\alpha=0.05$	$\alpha=0.01$
3	1.153	1.155	15	2.409	2.705
4	1.463	1.492	16	2.443	2.747
5	1.672	1.749	17	2.475	2.785
6	1.822	1.944	18	2.504	2.821
7	1.938	2.097	19	2.532	2.854
8	2.032	2.221	20	2.557	2.884
9	2.110	2.322	21	2.580	2.912
10	2.176	2.410	22	2.603	2.939
11	2.234	2.485	23	2.624	2.963
12	2.285	2.550	24	2.644	2.987
13	2.331	2.607	25	2.663	3.009
14	2.371	2.659	31	2.759	3.119

1.4.3.4　监测结果的表述

对某一指标的测定，由于真实值很难测定，所以常用有限次的监测数值来反映真实值，其结果表达方式一般有以下三种。

(1) 用算术均数 $\overline{X}$ 表示　算术均数反映了数据的集中趋势，因此用它代表监测结果具有相当的可靠程度。

(2) 用算术均数和标准偏差 $\overline{X} \pm s$ 表示　算术均数代表集中趋势，标准偏差代表离散程度。

(3) 用($\overline{X} \pm s, C_v$)表示结果　相对标准偏差 C_v 表示标准偏差占平均值的百分数。

1.5　监测原始记录与监测报告书的基本要求

实训结束后，应对实训数据及时进行整理、计算和分析，用专门的环境监测实训报告本，认真填写实训报告。实训报告可参考模板（见表 1-4）。

表 1-4 实训报告模板

实训项目						日期	
班级		组别		姓名		地点	
[实训任务]							
[实训原理]							
[实训仪器及试剂]							
[实训操作]							
[数据记录与处理]							
[结论分析]							

1.6 环境保护法律法规

1.6.1 环境保护法

《中华人民共和国环境保护法》是为保护和改善环境，防治污染和其他公害，保障公众健康，推进生态文明建设，促进经济社会可持续发展制定的国家法律。1989 年 12 月 26 日第七届全国人民代表大会常务委员会第十一次会议通过，2014 年 4 月 24 日第十二届全国人民代表大会常务委员会第八次会议修订，修订后的《中华人民共和国环境保护法》自 2015 年 1 月 1 日起施行。

所谓环境，是指影响人类生存和发展的各种天然的和经过人工改造的自然因素的总体，包括大气、水、海洋、土地、矿藏、森林、草原、湿地、野生生物、自然遗迹、人文遗迹、自然保护区、风景名胜区、城市和乡村等。

1.6.2 大气污染防治法

《中华人民共和国大气污染防治法》是为保护和改善环境，防治大气污染，保障公众健康，推进生态文明建设，促进经济社会可持续发展而制定的法规。由中华人民共和国第九届全国人民代表大会常务委员会第十六次会议于2015年8月29日修订通过，修订后的《中华人民共和国大气污染防治法》自2016年1月1日起施行。

防治大气污染，应当以改善大气环境质量为目标，坚持源头治理、规划先行，转变经济发展方式，优化产业结构和布局，调整能源结构。防治大气污染，应当加强对燃煤、工业、机动车船、扬尘、农业等大气污染的综合防治，推行区域大气污染联合防治，对颗粒物、二氧化硫、氮氧化物、挥发性有机物、氨等大气污染物和温室气体实施协同控制。

1.6.3 水污染防治法

《中华人民共和国水污染防治法》是为了防治水污染，保护和改善环境，保障饮用水安全，促进经济社会全面协调可持续发展而制定的法规。1984年5月11日第六届全国人民代表大会常务委员会第五次会议通过，根据1996年5月15日第八届全国人民代表大会常务委员会第十九次会议《关于修改〈中华人民共和国水污染防治法〉的决定》修正，2008年2月28日第十届全国人民代表大会常务委员会第三十二次会议修订，修订后的《中华人民共和国水污染防治法》自2008年6月1日起施行。

该法适用于中华人民共和国领域内的江河、湖泊、运河、渠道、水库等地表水体以及地下水体的污染防治。

水污染防治应当坚持预防为主、防治结合、综合治理的原则，优先保护饮用水水源，严格控制工业污染、城镇生活污染，防治农业面源污染，积极推进生态治理工程建设，预防、控制和减少水环境污染和生态破坏。

1.6.4 土壤污染防治行动计划

《土壤污染防治行动计划》是为了切实加强土壤污染防治，逐步改善土壤环境质量而制定的法规。2016年5月28日，《土壤污染防治行动计划》由国务院印发，自2016年5月28日起实施。

《土壤污染防治行动计划》立足我国国情和发展阶段，着眼经济社会发展全局，以改善土壤环境质量为核心，以保障农产品质量和人居环境安全为出发点，坚持预防为主、保护优先、风险管控，突出重点区域、行业和污染物，实施分类别、分用途、分阶段治理，严控新增污染、逐步减少存量，形成政府主导、企业担责、公众参与、社会监督的土壤污染防治体系。

1.6.5 固体废弃物污染环境防治法

《中华人民共和国固体废物污染环境防治法》是为了防治固体废物污染环境，保障人体健康，维护生态安全，促进经济社会可持续发展而制定的法规。1995年10月30日第八届全国人民代表大会常务委员会第十六次会议通过，1995年10月30日中华人民共和国主席令第58号公布，自1996年4月1日施行。期间经历了四次修订，第四次修订于2016年11月7日通过。

该法适用于中华人民共和国境内固体废物污染环境的防治，但不适用于固体废物污染海洋环境的防治和放射性固体废物污染环境的防治。

国家对固体废物污染环境的防治，实行减少固体废物的产生量和降低危害性、充分合理利用固体废物和无害化处置固体废物的原则，促进清洁生产和循环经济发展；国家采取有利于固体废物综合利用活动的经济、技术政策和措施，对固体废物实行充分回收和合理利用；国家鼓励、支持采取有利于保护环境的集中处置固体废物的措施，促进固体废物污染环境防治产业发展。

1.6.6 环境噪声污染防治法

《中华人民共和国环境噪声污染防治法》是为防治环境噪声污染，保护和改善生活环境，保障人体健康，促进经济和社会发展而制定的法规。1996 年 10 月 29 日第八届全国人民代表大会常务委员会第二十二次会议通过，自 1997 年 3 月 1 日起施行。

该法适用于中华人民共和国领域内环境噪声污染的防治，但不适用于因从事本职生产、经营工作受到噪声危害的防治。所称环境噪声，是指在工业生产、建筑施工、交通运输和社会生活中所产生的干扰周围生活环境的声音。环境噪声污染，是指所产生的环境噪声超过国家规定的环境噪声排放标准，并干扰他人正常生活、工作和学习的现象。

【思考题】

一、简答题

1. 监测数据的“五性”是什么？简述其含义。

2. 我国颁布实施的主要环境保护法律有哪些？

3. 实验室内质量控制手段主要有哪些？

4. 我国的环境标准是如何分类与分级的？

二、计算题

1. 对同一样品做 10 次平行测定，获得的数据分别为 4.41、4.49、4.50、4.51、4.64、4.75、4.81、4.95、5.01 和 5.39，试检验最大值是否为异常。取检验水平 $\alpha=5\%$。[$G_{0.95(10)}=2.176$]

2. 用二苯碳酰二肼光度法测定水样中的六价铬，六次测定的结果分别为(mg/L)：1.06、1.08、1.10、1.15、1.10、1.20，试计算测定结果的平均值、平均偏差、相对平均偏差、标准偏差、相对标准偏差和极差。

第2章 室内空气质量监测

2.1 室内空气监测方案的制定

2.1.1 资料收集

2.1.1.1 污染源分布及排放情况

调查小区内的污染源类型、数量、位置、排放的主要污染物及排放量，同时还应了解室内所用原料、燃料及消耗量。要注意将室内建材、家具、家电以及燃料燃烧排放的污染物种类区分开来。

2.1.2.2 气象资料

污染物在室内的扩散、输送和一系列的物理、化学变化在很大程度上取决于当时的气象条件。因此，要收集室内风向、风速、气温、气压、相对湿度等资料。

2.1.2 监测项目

2.1.2.1 监测项目的确定原则

① 选择室内空气质量标准中要求控制的监测项目。
② 选择室内装饰装修材料有害物质限量标准中要求控制的监测项目。
③ 选择人们日常活动可能产生的污染物。
④ 依据室内装饰装修情况选择可能产生的污染物。
⑤ 所选监测项目应有国家或行业标准分析方法、行业推荐的分析方法。

2.1.2.2 监测项目的确定

根据《室内空气质量标准》(GB/T 18883—2002)，考核评价室内空气质量标准主要分为物理性指标、化学性指标、生物性指标和放射性指标。具体监测项目见表2-1。

表 2-1 室内环境空气质量监测项目

指标分类	监测项目
物理性指标	温度、相对湿度、空气流速、新风量
化学性指标	二氧化硫、二氧化氮、一氧化碳、二氧化碳、氨、臭氧、甲醛、苯、甲苯、二甲苯、苯并芘、可吸入颗粒、总挥发性有机物
生物性指标	菌落总数
放射性指标	氡

确定监测项目时还需考虑以下几点。

① 新装饰、装修过的室内环境应测定甲醛、苯、甲苯、二甲苯、总挥发性有机物等。

② 人群比较密集的室内环境应测菌落总数、新风量及二氧化碳。

③ 使用臭氧消毒、净化设备及复印机等可能产生臭氧的室内环境应测臭氧。

④ 住宅一层、地下室、其他地下设备以及采用花岗岩、彩釉地砖等天然放射性含量较高材料新装修的室内环境都应监测氡。

⑤ 北方冬季施工的建筑物应测定氨。

2.1.3 监测布点方案的确定

2.1.3.1 布点原则

采样点的布置同样会影响室内污染物检测的准确性，如果采样点布置不科学，所得的检测数据并不能科学地反映室内空气质量。采样点的选择应遵循下列原则。

(1) 代表性　这种代表性应根据检测目的与对象来决定，以不同的目的来选择各自典型的代表，如可按居住类型分类、燃料结构分类、净化措施分类。

(2) 可比性　为了便于对检测结果进行比较，各个采样点的各种条件应尽可能选择类似的；所用的采样器及采样方法，应做具体规定，采样点一旦选定后，一般不要轻易改动。

(3) 可行性　由于采样的器材较多，需占用一定的场地，故选点时，应尽量选有一定空间可供利用的地方，切忌影响居住者的日常生活。因此，应选用低噪声、有足够电源的小型采样器材。

2.1.3.2 布点方法

应根据监测目的与对象进行布点，布点时需注意采样点的分布、采样点的数量和采样点的高度。

(1) 采样点的分布　一般采样点分布应均匀，在对角线上或梅花式均匀分布，两点之间相距 5m 左右。采样点应避开通风口，离墙壁距离应大于 0.5m，离门窗距离应大于 1m。

(2) 采样点的数量　采样点的数量根据监测室内面积大小和现场情况而确定，以期能正确反映室内空气污染物的水平。原则上小于 $50m^2$ 的房间应设 1～3 个点；50～$100m^2$ 设 3～5 个点；$100m^2$ 以上至少设 5 个点。

(3) 采样点的高度　采样点的高度原则上与人的呼吸带高度相一致，相对高度在 0.5～1.5m 之间。也可根据房间的使用功能、人群的高低以及在房间立、坐或卧时间的长短，来选择采样高度。有特殊要求的可根据具体情况而定。

2.1.3.3 采样时间和采样频率的确定

年平均浓度至少采样 3 个月，日平均浓度至少采样 18h，8h 平均浓度至少采样 6h，1h

平均浓度至少采样45min。采样时间应涵盖通风最差的时间段。

检测应在对外门窗关闭12h后进行。对于采用集中空调的室内环境，空调应正常运转。有特殊要求的可根据现场情况及要求而定。

2.1.3.4 分析方法的选择

首先选用评价标准[如《室内空气质量标准》（GB/T 18883—2002）]中指定的分析方法。在没有指定方法时，应选择国家标准分析方法、行业标准方法，也可采用行业推荐方法。在某些项目的监测中，可采用ISO、美国EPA和日本JIS方法体系等其他等效分析方法，或由权威的技术机构制定的方法，但应经过验证合格，其检出限、准确度和精密度应能达到质控要求。

2.2 室内空气的采集与保存

2.2.1 室内空气样品的采样方法

室内空气气态污染物成分复杂、来源广泛，气态污染物在空气中的含量各不相同，对室内空气现场采样就要根据所检测对象特征、检测场所等因素选择适当的采样方法。

《室内空气质量标准》(GB/T 18883—2002)中所列举的采样方法，筛选法、累积法是根据采样时间长短确定的。具体采样方法应按各污染物检验方法中规定的方法和操作步骤进行。要求年平均、日平均、8h平均值的参数，可以先做筛选采样检验。若筛选采样检验结果符合标准值要求，为达标；若检验结果不符合标准值要求，用累积采样检验结果评价。

2.2.1.1 筛选法采样

采样前关闭门窗12h，采样时关闭门窗，至少采样45min；采用瞬时采样法时，一般采样间隔时间为10～15min，每个点位应至少采集3次样品，每次的采样量大致相同，其监测结果的平均值作为该点位的小时均值。

2.2.1.2 累积法采样

当采用筛选法采样达不到本标准要求时，采用累积法(按年平均、日平均、8h平均值)的要求采样。

2.2.2 采样仪器

根据具体的检测项目，选择合适的采样装置。采样装置有玻璃注射器、空气采样袋、气泡吸收管、U形多孔玻板吸收管、固体吸附管、滤膜、不锈钢采样罐等。

2.2.3 样品的运输和保存

样品要由专人运送，按采样记录清点样品，防止错漏。为防止运输过程中采样管震动破损，装箱时可用泡沫塑料等分隔。样品因物理、化学等因素的影响，其组分和含量可能发生变化，应根据不同项目要求，进行有效处理和防护。贮存和运输过程中要避开高温、强光。样品运抵后要与交接人员交接并登记。各样品要标注保质期，要在保质期前检测。样品要注明保存期限，超过保存期限的样品，要按照相关规定及时处理。

2.3 室内空气中污染物的测定方法

目前各种污染物的检测方法多采用《室内空气质量标准》(GB/T 18883—2002)中“规范性引用文件”所列检测方法，本书也以 GB/T 18883—2002 为主要依据标准。由于我国环境保护法律与条款尚在不断完善当中，其中对部分污染物质的检测方法采用上也在不断修订，具体污染物质的检测方法可以新标准为依据。

《室内空气质量标准》(GB/T 18883—2002)将监测指标分成物理性指标 4 项、化学性指标 13 项、生物性指标 1 项、放射性指标 1 项。本书中对物理指标不作要求，将化学性指标、生物性指标、放射性指标重新分类，归纳成有机污染物的监测 6 项、无机污染物的监测 6 项，可吸入颗粒物的监测 1 项以及其他污染物的监测 2 项，具体的监测指标见表 2-2。

表 2-2　室内空气监测指标一览表

序号	指标分类	监测指标	方法标准	标准号
1	有机污染物	甲醛	(1) AHMT 分光光度法 (2) 酚试剂分光光度法 (3) 气相色谱法 (4) 乙酰丙酮分光光度法	GB/T 16129—1995 GB/T 18204.2—2014 GB/T 15516—1995
2		苯	(1) 毛细管气相色谱法 (2) 气相色谱法	GB/T 18883—2002 附录 B GB/T 11737—89
3		甲苯，二甲苯	气相色谱法	GB/T 11737—89
4		总挥发性有机物	热解吸/毛细管气相色谱法	GB/T 18883—2002 附录 C
5		苯并芘	高效液相色谱法	GB/T 15439—1995
6	无机污染物	一氧化碳	(1) 非分散红外法 (2) 不分光红外线气体分析法 (3) 气相色谱法	GB 9801—88 GB/T 18204.2—2014
7		二氧化碳	(1) 不分光红外线气体分析法 (2) 气相色谱法 (3) 容量滴定法	GB/T 18204.2—2014
8		二氧化氮	改进的 Saltzman 法	GB 12372—90
9		二氧化硫	甲醛溶液吸收-盐酸副玫瑰苯胺分光光度法	GB/T 16128—1995
10		氨	(1) 靛酚蓝分光光度法 (2) 纳氏试剂分光光度法 (3) 离子选择电极法 (4) 次氯酸钠-水杨酸分光光度法	GB/T 18204.2—2014 HJ 533—2009 GB/T 14669—93 HJ 534—2009
11		臭氧	(1) 紫外分光光度法 (2) 靛蓝二磺酸钠分光光度法	HJ 590—2010 HJ 504—2009
12	可吸入污染物	PM_{10}	撞击式称重法	GB/T 17095—1997
13	其他污染物	菌落总数	撞击法	GB/T 18883—2002 附录 D
14		氡	(1) 闪烁瓶法 (2) 活性炭盒法 (3) 径迹蚀刻法 (4) 双滤膜法	GB/T 16147—1995 GB/T 14582—93

2.3.1 有机污染物

2.3.1.1 甲醛

甲醛（HCHO），又称蚁醛，是无色、有特殊气味的刺激性气体，对人眼、鼻等有刺激作用，易溶于水和乙醇。室内甲醛主要来源于人造板材，装修材料如油漆、涂料、胶黏剂等，装饰物如墙纸、化纤地毯、人造革等。

由国家质量监督检验检疫总局、国家卫生部、国家环境保护总局发布的《室内空气质量标准》(GB/T 18883—2002)中规定，室内甲醛的检测方法有 AHMT 分光光度法、酚试剂分光光度法、气相色谱法和乙酰丙酮分光光度法，执行标准有《居住区大气中甲醛卫生检验标准方法分光光度法》(GB/T 16129—1995)、《公共场所卫生检验方法第 2 部分:化学污染物》(GB/T 18204.2—2014)、《空气质量甲醛的测定 乙酰丙酮分光光度法》(GB/T 15516—1995)。

(1) AHMT 分光光度法　空气中的甲醛与 4-氨基-3-联氨-5-巯基-1,2,4-三氮杂茂(AHMT)在碱性条件下缩合，然后经高碘酸钾氧化成 6-巯基-5-三氮杂茂[4,3-*b*]-*S*-四氮杂苯紫红色化合物，其颜色深浅与甲醛含量成正比，通过比色定量测定甲醛含量。

测定范围：若采样体积为 20L，则测定质量浓度范围为 0.01～0.16mg/m^3。

(2) 酚试剂分光光度法　空气中的甲醛与酚试剂反应生成嗪，嗪在酸性溶液中被高价铁离子氧化形成稳定的蓝绿色化合物。根据颜色深浅，比色定量。

测定范围：用 5mL 样品溶液，本法测量范围为 0.1～1.5mg/m^3；采样体积为 10L 时，可测浓度范围为 0.01～0.15mg/m^3。

(3) 气相色谱法　空气中的甲醛在酸性条件下吸附在涂有 2,4-二硝基苯(2,4-DNPH) 6201 担体上，生成稳定的甲醛腙。用二硫化碳洗脱后，经 OV-色谱柱分离，用氢火焰离子化检测器测定，以保留时间定性，峰高定量。

测定范围：若以 0.2L/min 流量采样 20L 时，测定范围为 0.02～1.00mg/m^3。

(4) 乙酰丙酮分光光度法　甲醛气体经水吸收后，在 pH＝6 的乙酸-乙酸铵缓冲溶液中，与乙酰丙酮作用，在沸水浴条件下，迅速生成稳定的黄色化合物，在波长 413nm 处测定。

测定范围：在采样体积为 0.5～10.0L 时，测定范围为 0.5～800mg/m^3。

2.3.1.2 苯

苯(C_6H_6)在常温下为一种无色、有甜味的透明液体，并具有强烈的芳香气味。苯是常用的有机溶剂，不溶于水，能与乙醇、氯仿、乙醚、二硫化碳、四氯化碳、冰醋酸、丙酮、油等混溶，因此常用作有机溶剂。日常生活中我们接触到的苯主要来自于室内的装修材料。

我国室内环境检测中，苯是必须检测的项目之一，室内苯的检测方法有毛细管气相色谱法和气相色谱法，执行标准《室内空气质量标准》(GB/T 18883—2002 附录 B)、《居住区大气中苯、甲苯和二甲苯卫生检验标准方法气相色谱法》(GB/T 11737—89)。

(1) 毛细管气相色谱法　空气中苯用活性炭管采集，然后用二硫化碳提取出来。用氢火焰离子化检测器的气相色谱仪分析，以保留时间定性，峰高定量。

测定范围：采样量为 20L 时，用 1mL 二硫化碳提取，进样 1μL，测定范围为 0.05～10mg/m^3。

(2) 气相色谱法　空气中苯、甲苯和二甲苯用活性炭管采集，然后经热解吸或用二硫化碳提取出来，再经聚乙二醇6000色谱柱分离，用氢火焰离子化检测器检测，以保留时间定性，峰高定量。

测定范围：当用活性炭管采气样10L，热解吸时，苯的测量范围为0.005～10mg/m^3，甲苯为0.01～10mg/m^3，二甲苯为0.02～10mg/m^3；二硫化碳提取时，苯的测量范围为0.025～20mg/m^3，甲苯为0.05～20mg/m^3，二甲苯为0.1～20mg/m^3。

2.3.1.3 甲苯、二甲苯

甲苯(C_7H_8)，又名甲基苯、烷基甲苯，常温下为无色透明液体，有刺激性气味，不溶于水，能与乙醇、乙醚、苯、二硫化碳、溶剂汽油等混溶。甲苯是胶黏剂中应用最广的溶剂，也可用作环氧树脂的稀释剂。甲苯衍生的一系列中间体，广泛用于燃料、医药、农药、火炸药、助剂、香料等精细化学品的生产，也用于合成材料工业。

二甲苯(C_8H_{10})，别名混合二甲苯，是苯环上两个氢被甲基取代的产物，存在邻、间、对三种异构体。常温下为无色透明液体，溶于乙醇和乙醚，不溶于水。主要用作油漆涂料的溶剂。

苯、甲苯的测定方法为气相色谱法，执行标准为《居住区大气中苯、甲苯和二甲苯卫生检验标准方法气相色谱法》(GB/T 11737—89)。气相色谱法测定室内苯、甲苯、二甲苯法具有较高的灵敏度、准确度和精密度，该方法在室内环境下测定苯、甲苯、二甲苯含量是比较精准的分析方法。具体方法见苯的测定方法。

2.3.1.4 总挥发性有机物

总挥发性有机物(Total Volatile Organic Compound，TVOC)是一种混合物，组成极其复杂，其中除醛类外，常见的还有苯、甲苯、二甲苯、三氯甲烷、萘、二异氰酸酯类等。室内环境中TVOC主要是由建筑材料、清洁剂、油漆、含水涂料、黏合剂、化妆品和洗涤剂等释放出来的，此外吸烟和烹饪过程中也会产生。

TVOC的测定方法为热解吸/毛细管气相色谱法，执行标准为《室内空气质量标准》(GB/T 18883—2002 附录C)。

选择合适的吸附剂，用吸附管采集一定体积的空气样品，空气流中的挥发性有机化合物保留在吸附管中。采样后，将吸附管加热，解吸挥发性有机化合物，待测样品随惰性载气进入毛细管气相色谱仪。用保留时间定性，峰高或峰面积定量。

测定范围：本法适用于浓度范围为0.5～100mg/m^{3}之间的空气中VOCs的测定。

2.3.1.5 苯并芘

苯并芘($C_{12}H_{20}$)，又称苯并[a]芘，英文缩写B[a]P，属于环多环芳香烃类，结晶为黄色固体。不溶于水，微溶于乙醇、甲醇，溶于苯、甲苯、二甲苯、氯仿、乙醚、丙酮等。苯并[a]芘存在于煤焦油、各类炭黑和煤及焦化、炼油沥青、塑料等工业污水中。

室内环境空气中苯并[a]芘的测定方法为高效液相色谱法，执行标准为《环境空气 苯并[a]芘的测定　高效液相色谱法》(GB/T 15439—1995)。

采集空气中颗粒物中的苯并[a]芘在玻璃纤维上，经索氏提取或真空升华后，用高效液相色谱分离测定，以保留时间定性、峰高或峰面积定量。

测定范围：用大流量采样器(流量为1.13m^3/min)连续采集24h。乙腈/水作流动相时，苯并[a]芘最低检出浓度为$6\times10^{-5}\mu g/m^3$(标准状态)；甲醇/水作流动相时，苯并[a]芘最

低检出浓度为 $1.8\times10^{-4}\mu g/m^3$（标准状态）。

2.3.2 无机污染物

2.3.2.1 一氧化碳

一氧化碳(CO)在标准状况下纯品为无色、无臭、无刺激性的气体，在水中的溶解度甚低，极难溶于水。室内环境中的一氧化碳主要来源于人群吸烟、取暖设备及厨房。一氧化碳是不完全燃烧产生的污染物，由于其在空气中很稳定，如果室内通风较差，就会长时间滞留在室内。

一氧化碳含量是室内空气污染检测常见指标之一，检测方法主要有非分散红外法、不分光红外线气体分析法和气相色谱法，执行标准为《空气质量一氧化碳的测定非分散红外法》(GB 9801—88)、《公共场所卫生检验方法第 2 部分:化学污染物》(GB/T 18204.2—2014)。

(1) 非分散红外法　一氧化碳对不分光红外线具有选择性的吸收。在一定范围内，吸收值与一氧化碳浓度成线性关系，根据吸收值确定样品中一氧化碳的浓度。

测定范围：测定范围为 $0\sim62.5mg/m^3$，最低检出浓度为 $0.125mg/m^3$。

(2) 不分光红外线气体分析法　一氧化碳对红外线具有选择性的吸收。在一定范围内，吸收值与一氧化碳浓度成线性关系，根据吸收值可以确定样品中一氧化碳的浓度。

测定范围：$0.5\sim50mg/m^3$。

(3) 气相色谱法　一氧化碳在色谱柱中与空气中的其他成分完全分离后，进入转化炉，在 360℃镍触媒催化作用下，与氢气反应，生成甲烷，用氢火焰离子化检测器测定。

测定范围：进样 1mL 时，测定浓度范围为 $0.50\sim50.0mg/m^3$，最低检出浓度为 $0.50mg/m^3$。

2.3.2.2 二氧化碳

二氧化碳(CO_2)在常温下是一种无色无味、不助燃、不可燃的气体，密度比空气大，略溶于水。室内二氧化碳主要来自人体呼出气、燃料燃烧和生物发酵。

二氧化碳是评价室内空气质量的一项重要指标，在规范性引用文件中规定二氧化碳的测定可以采用不分光红外线气体分析法、气相色谱法、容量滴定法，执行标准为《公共场所卫生检验方法第 2 部分:化学污染物》(GB/T 18204.2—2014)。

(1) 不分光红外线气体分析法　二氧化碳对红外线具有选择性的吸收，在一定范围内，吸收值与二氧化碳浓度成线性关系。根据吸收值确定样品中二氧化碳的浓度。

测定范围：0～0.5%、0～1.5%两挡，最低检出浓度为 0.01%。

(2) 气相色谱法　二氧化碳在色谱柱中与空气中的其他成分完全分离后，进入热导检测器的工作臂，使该臂电阻值的变化与参考臂电阻值的变化不相等，惠斯登电桥失去平衡而产生信号输出。在线性范围内，信号大小与进入检测器的二氧化碳浓度成正比，从而进行定性与定量测定。

测定范围：进样 3mL 时，测定浓度范围为 0.02%～0.6%，最低检出浓度为 0.014%。

(3) 容量滴定法　用过量的氢氧化钡溶液与空气中的二氧化碳作用生成碳酸钡沉淀，采样后剩余的氢氧化钡用标准乙二酸溶液滴定至酚酞试剂红色刚退。由容量法滴定结果除以所采集的空气样品体积，即可测得空气中二氧化碳的浓度。

测定范围：进样 5L 时，可测浓度范围为 0.001%～0.5%，最低检出浓度为 0.001%。

2.3.2.3 二氧化氮

二氧化氮(NO_2)又称过氧化氮，是一种棕红色、高度活性的气态物质，有刺激性气味，具有较强的腐蚀性和氧化性，易溶于水。室内二氧化氮主要来自人们在烹饪及取暖中燃料的燃烧产物，吸烟也是室内二氧化氮的主要来源。

二氧化氮的测定方法为盐酸萘乙二胺分光光度法(Saltzman 法)，执行标准为《居住区大气中二氧化氮检验标准方法改进的 Saltzman 法》(GB 12372—90)。

空气中的二氧化氮被吸收液吸收，形成亚硝酸根离子，与对氨基苯磺酸起重氮化反应，再与盐酸萘乙二胺偶合成玫瑰红色的偶氮染料，生成的偶氮染料在波长 540nm 处的吸光度与二氧化氮的含量成正比，从而进行比色定量。

测定范围：对于短时间采样（60min 以内)，测定范围为 10mL 样品溶液中含 0.15～7.5mgNO_2^-。若以采样流量 0.4L/min 采气，可测浓度范围为 0.03～1.7mg/m^3；对于 24h 采样，测定范围为 50mL 样品溶液中含 0.75～37.5μgNO_2^-。若采样流量 0.2L/min，采气 288L 时，可测浓度范围为 0.003～0.15mg/m^3。

2.3.2.4 二氧化硫

二氧化硫(SO_2)是最常见、最简单的硫氧化物，是有强烈刺激性的无色气体，易溶于水。室内二氧化硫主要来自人们在烹饪及取暖过程中燃料的燃烧产物，室内烟草不完全燃烧也是室内二氧化硫的重要来源。

室内二氧化硫的检测方法是甲醛溶液吸收-盐酸副玫瑰苯胺分光光度法，执行标准为《居住区大气中二氧化硫卫生检验标准方法甲醛溶液吸收-盐酸副玫瑰苯胺分光光度法》(GB/T 16128—1995)。

二氧化硫被甲醛缓冲溶液吸收后，生成稳定的羟甲基苯磺酸加成化合物，在样品溶液中加入氢氧化钠使加成化合物分解，释放出的二氧化硫与副玫瑰苯胺、甲醛作用，生成紫红色化合物，用分光光度计在波长 577nm 处测量吸光度。

测定范围：当使用 10mL 吸收液、采样体积为 30L 时，测定空气中二氧化硫的检出限为 0.007mg/m^3，测定下限为 0.028mg/m^3，测定上限为 0.667mg/m^3。当使用 50mL 吸收液，采样体积为 288L、试份为 10mL 时，测定空气中二氧化硫的检出限为 0.004mg/m^3，测定上限为 0.347mg/m^3。

2.3.2.5 氨

氨(NH_3)或称“氨气”，是一种无色且具有强烈刺激性臭味的气体，极易溶于水。室内空气中氨主要来自生物性废物如粪、尿、人呼出的气和汗液等，以及室内装饰材料中的添加剂和增白剂。

《室内空气质量标准》(GB/T 18883—2002)中规定了氨的四种检测方法，即靛酚蓝分光光度法、纳氏试剂分光光度法、离子选择电极法和次氯酸钠-水杨酸分光光度法，执行标准分别对应《公共场所卫生检验方法 第 2 部分：化学污染物》(GB/T 18204.2—2014)、《环境空气和废气 氨的测定 纳氏试剂分光光度法》(HJ 533—2009)、《空气质量 氨的测定 离子选择电极法》(GB/T14669—1993)和《环境空气氨的测定 次氯酸钠-水杨酸分光光度法》(HJ 534—2009)。

(1) 靛酚蓝分光光度法　空气中氨吸收在稀硫酸中，在亚硝基铁氰化钠及次氯酸钠存在下，与水杨酸生成蓝绿色靛酚蓝燃料，比色定量。

测定范围：本法检出限为 0.2μg/10mL。若采样体积为 20L 时，可测浓度范围为 0.01～0.5mg/m^3。

(2) 纳氏试剂分光光度法　用稀硫酸溶液吸收空气中的氨，生成的铵离子与纳氏试剂反应生成黄棕色络合物，该络合物的吸光度与氨的含量成正比，在420nm波长处测量吸光度，根据吸光度计算空气中氨的含量。

测定范围：本标准的方法检出限为0.5μg/10mL吸收液。当吸收液体积为50mL、采气10L时，氨的检出限为0.25mg/m³，测定下限为1.0mg/m³，测定上限为20mg/m³。当吸收液体积为10mL、采气45L时，氨的检出限为0.01mg/m³，测定下限为0.04mg/m³，测定上限为0.88mg/m³。

(3) 离子选择电极法　氨气敏电极为复合电极，以pH玻璃电极为指示电极、银-氯化银电极为参比电极。此电极对置于盛有0.1mol/L氯化铵内充液的塑料管中，管底用一张微孔疏水薄膜与试液隔开，并使透气膜与pH玻璃电极间有一层很薄的液膜。当测定0.05mol/L硫酸吸收液所吸收的大气中的氨时，通过加入强碱，使铵盐转化为氨，氨由扩散作用通过透气膜(水和其他离子均不能通过透气膜)，使氯化铵电解液膜层内 $NH_4^+ \rightleftharpoons NH_3 + H^+$ 的反应向左移动，引起氢离子浓度改变，由pH玻璃电极测得其变化。在恒定的离子强度下，测得的电极电位与氨浓度的对数成线性关系。由此，可从测得的电位值确定样品中氨的含量。

测定范围：本方法检测限为10mL吸收溶液中0.7μg氨。当样品溶液总体积为10mL、采样体积60L时，最低检测浓度为0.014mg/m³。

(4) 次氯酸钠-水杨酸分光光度法　氨被稀硫酸吸收液吸收后，生成硫酸铵。在亚硝基铁氰化钠存在下，铵离子、水杨酸和次氯酸钠反应生成蓝色络合物。在波长697nm处测定吸光度，吸光度与氨的含量成正比，根据吸光度计算氨的含量。

测定范围：检出限为0.1μg/10mL吸收液。当吸收液总体积为10mL、以1.0L/min的流量、采样体积为1～4L时，氨的检出限为0.025mg/m³，测定下限为0.10mg/m³，测定上限为12mg/m³。当吸收液总体积为10mL、采样体积为25L时，氨的检出限为0.004 mg/m³，测定下限为0.016mg/m³。

2.3.2.6 臭氧

臭氧(O_3)又称为超氧，在常温下是一种有特殊臭味的淡蓝色气体。室内臭氧主要来自室外的光化学烟雾，此外，室内的电视机、复印机、激光印刷机、负离子发生器、紫外灯、电子消毒柜等家用电器使用过程中也产生臭氧。

室内臭氧的检测方法是紫外光度法和靛蓝二磺酸钠分光光度法，执行标准分别是《环境空气 臭氧的测定 紫外分光光度法》(HJ 590—2010)和《环境空气 臭氧的测定 靛蓝二磺酸钠分光光度法》(HJ 504—2009)。

(1) 紫外分光光度法　当样品空气以恒定的流速通过除湿器和颗粒物过滤器进入仪器的气路系统时分成两路，一路为样品空气，一路通过选择性臭氧洗涤器成为零空气，样品空气和零空气在电磁阀的控制下交替进入样品池(或分别进入样品吸收池和参比池)，臭氧对253.7nm波长的紫外光有特征吸收。设零空气通过吸收池时检测的光强度为 I_0，样品空气通过吸收池时检测的光强度为 I，则 I/I_0 为透光率。仪器的微处理系统根据朗伯-比尔定律公式，由透光率计算臭氧浓度。

测定范围：紫外分光光度法适用于测定的环境空气中臭氧的浓度范围为0.003～2mg/m³。

(2) 靛蓝二磺酸钠分光光度法　空气中的臭氧在磷酸缓冲溶液存在下，与吸收液中蓝色的靛蓝二磺酸钠等摩尔反应，褪色生成靛红二磺酸钠，在610nm处测量吸光度，根据蓝色减退的程度定量空气中臭氧的浓度。

测定范围：当采样体积为30L时，测定空气中臭氧的检出限为0.010mg/m³，测定下限为 0.040mg/m^3。当采样体积为 30L、吸收液质量浓度为 2.51μg/mL 或 5.01μg/mL 时，测定上限分别为 0.50mg/m^3 或 1.00mg/m^3。当空气中臭氧质量浓度超过该上限时，可适当减少采样体积。

2.3.3 可吸入污染物

PM_{10} 又称可吸入颗粒物或飘尘，是指悬浮在空气中、空气动力学当量直径小于 10μm 的颗粒物。室内空气中 PM_{10} 的主要来源是燃料的不完全燃烧所形成的烟雾以及吸烟及某些建筑材料释放出的污染物等。

室内 PM_{10} 的测定方法是撞击式称重法，执行标准为《室内空气中可吸入颗粒物卫生标准》(GB/T 17095—1997)。

利用二段可吸入颗粒物采样器，以 13L/min 的流量分别将粒径≥10μm 的颗粒采集在冲击板的玻璃纤维纸上、粒径≤10μm 的颗粒采集在预先恒重的玻璃纤维纸上，取下再称量其重量，以粒径 10μm 颗粒物的量除以采样标准体积，即得出可吸入颗粒物的浓度。检测下限为 0.05mg。

2.3.4 其他污染物

2.3.4.1 菌落总数

菌落总数就是指在一定条件下(如需氧情况、营养条件、pH、培养温度和时间等)每克(或每毫升)检样所生长出来的微生物菌落总数。在室内潮湿、结露的地方或受雨水侵害的地方，环境的相对湿度高达 90%～100%，室内的建筑材料和设备就必然容易滋生细菌和真菌等微生物。

室内菌落总数的测定方法是撞击法，执行标准为《室内空气质量标准》(GB/T 18883—2002 附录 D)。

撞击法是采用撞击式空气微生物采样器采样，通过抽气动力作用，使空气通过狭缝或小孔而产生高速气流，使悬浮在空气中的带菌粒子撞击到营养琼脂平板上，在 37℃环境下，经 48h 培养后，计算出每立方米空气中所含的细菌菌落数的采样测定方法。

2.3.4.2 氡

氡(^{222}Rn)为无色、无臭、无味的惰性气体，具有放射性。我们通常所说的氡仅指 ^{222}Rn，^{222}Rn 的半衰期为 3.82d，衰变的过程中产生一系列新的放射性元素，并释放出 α 射线、β 射线、γ 射线，习惯上将这些新生的放射性核素称为氡子体。室内氡的来源主要有四个方面：一是从地基土壤中析出的氡；二是从建筑材料中析出的氡；三是从户外空气中带入室内的氡；四是从日常用水以及用于取暖和厨房设备的天然气中释放出的氡。

室内氡的测定方法有闪烁瓶法、活性炭盒法、径迹蚀刻法和双滤膜法，执行标准为《环境空气中氡的标准测量方法》(GB/T 14582—1993)和《空气中氡浓度的闪烁瓶测量方法》(GB/T 16147—1995)。

(1) 闪烁瓶法　闪烁瓶法是利用压差将空气引入闪烁室，氡和衰变产物发射的 α 粒子使闪烁室内壁上的 ZnS(Ag)晶体产生闪光，由光电倍增管把这种光讯号转变为电脉冲，经电子学测量单元后放大记录下来，贮存于连续探测器的记忆装置。单位时间内的电脉冲数与氡浓度成正比，因此可以确定被采集气体中氡的浓度，这是一种瞬时测量法。

(2) 活性炭盒法　活性炭盒法测氡是标准测定方法之一，是被动式累计采样，能测量出采样期间内平均氡浓度。采样周期2～7d，然后用γ射线能谱仪测量。

活性炭盒法所用采样盒用塑料或金属制成，内装活性炭。盒的敞开面用滤膜封住，以固定活性炭且允许氡进入采样器。空气扩散进炭床内，其中的氡被活性炭吸附，同时衰变，新生的子体便沉积在活性炭内。用γ射线能谱仪测量活性炭的氡子体特征γ射线峰(或峰群)强度。根据特征峰面积可计算出氡浓度。

(3) 径迹蚀刻法　径迹蚀刻法是标准测定方法之一，是被动式采样，能测量出采样期间内氡的累积浓度。测定时，氡及其子体发射的α粒子轰击探测器(径迹片)，使其产生亚微观型损伤径迹，损伤径迹能用显微镜或自动计数装置进行计数。单位面积上的径迹数与氡浓度和暴露时间的乘积成正比。用刻度系数可将径迹密度换算成氡浓度。

(4) 双滤膜法　双滤膜法是主动式采样，能测量采样瞬间的氡浓度，探测下限为 $3.3Bq/m^3$。抽气泵开动后含氡气经过滤膜进入衰变筒，被滤掉子体的纯氡在通过衰变筒的过程中又生成新子体，新子体的一部分为出口滤膜所收集。测量出口滤膜上的α放射性就可换算成氡浓度。

2.4 实训 新装修居室环境监测

2.4.1 甲醛的测定——酚试剂分光光度法

【背景知识】

甲醛是一种无色、有强烈刺激性气味的气体，易溶于水、醇和醚。当室内空气中的甲醛含量为 $0.1\sim0.7mg/m^3$ 时，就有异味和不适感，可造成刺眼流泪、咽喉不适或疼痛、恶心呕吐、咳嗽胸闷、气喘甚至肺水肿等；达到 $30mg/m^3$ 时，会立即致人死亡。长期接触低剂量甲醛可引起慢性呼吸道疾病，引起各种癌症、月经紊乱、基因突变、新生儿染色体异常、青少年智力下降、免疫功能异常等。儿童和孕妇对甲醛尤为敏感，甲醛造成的危害也就更大。因此，甲醛是室内空气质量的一个很重要的指标，是室内空气监测的首选参数。

2.4.1.1 实训目的

① 掌握分光光度计的使用方法。
② 学会标准曲线定量方法。
③ 掌握酚试剂分光光度法测定室内空气中甲醛的原理和操作技能。

2.4.1.2 测定依据

本实训采用酚试剂分光光度法测定室内空气中甲醛的含量，依据为《公共场所卫生检验方法 第2部分:化学污染物》(GB/T 18204.2—2014)。

2.4.1.3 实训程序

(1) 仪器准备与清洗

确定仪器及规格、数量 → 洗净，晾干，备用

(2) 试剂的准备与溶液的配制

确定试剂及规格、确定实训用量 → 按用量配制溶液 → 做好制备记录，贴上标签，备用

（3）甲醛的测定

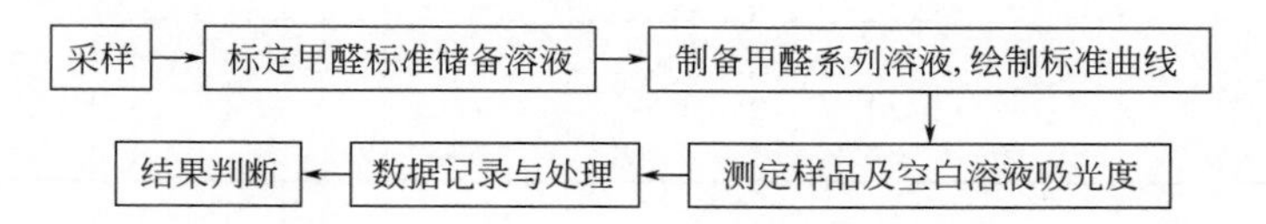

2.4.1.4　实验准备

（1）仪器与药品

① 仪器：空气采样器、可见分光光度计、10mL 大型气泡吸收管、10mL 具塞比色管、容量瓶、移液管、滴定管等。

② 药品：酚试剂、硫酸铁铵、盐酸、碘化钾、碘、氢氧化钠、浓硫酸、硫代硫酸钠、淀粉、水杨酸、氯化锌、36%～38%甲醛溶液等。

（2）溶液配制

① 吸收液原液：称取 0.10g 酚试剂，加水溶解，置于 100mL 容量瓶中，加水至刻度。放入冰箱中保存，可稳定放置 3d。

② 吸收液：量取吸收原液 5mL，加 95mL 水，临用现配。

③ 1%硫酸铁铵溶液：称量 1.0g 硫酸铁铵，用 0.1mol/L 盐酸溶解，并稀释至 100mL。

④ 0.1000mol/L 碘溶液：称量 40g 碘化钾，溶于 25mL 水中，加入 12.7g 碘。待碘完全溶解后，用水定容至 1000mL。移入棕色瓶中，暗处贮存。

⑤ 1mol/L 氢氧化钠溶液：称量 40g 氢氧化钠，溶于水中，并稀释至 1000mL。

⑥ 0.5mol/L 硫酸溶液：取 28mL 浓硫酸缓慢加入水中，冷却后，稀释至 1000mL。

⑦ 硫代硫酸钠[$c(Na_2S_2O_3)=0.1000mol/L$] 标准溶液：可购买标准试剂配制。

⑧ 0.5%淀粉溶液：将 0.5g 可溶性淀粉，用少量水调成糊状后，再加入 100mL 沸水，并煮沸 2～3min 至溶液透明。冷却后，加入 0.1g 水杨酸或 0.4g 氯化锌保存。

⑨ 甲醛标准贮备溶液：取 2.8mL 含量为 36%～38%甲醛溶液，放入 1L 容量瓶中，加水稀释至刻度。此溶液 1mL 约相当于 1mg 甲醛。使用前需标定其准确浓度。

⑩ 甲醛标准溶液：临用时，将甲醛标准贮备溶液用水稀释成 1.00mL 含 10μg 甲醛的溶液，立即再取此溶液 10.00mL，加入 100mL 容量瓶中，加入 5mL 吸收原液，用水定容至 100mL，此液 1.00mL 含 1.00μg 甲醛，放置 30min 后，用于配制标准系列。此标准溶液可稳定放置 24h。

2.4.1.5　项目实施

（1）采样　用一个内装 5mL 吸收液的大型气泡吸收管，以 0.5L/min 流量，采气 10L。记录采样点的温度和大气压力。采样后样品在室温下应在 24h 内分析。

（2）标定　甲醛标准贮备溶液的标定：精确量取 20.00mL 甲醛标准贮备溶液，置于 250mL 碘量瓶中。加入 20.00mL 0.0500mol/L 碘溶液和 15mL 1mol/L 氢氧化钠溶液，放置 15min。加入 20mL 0.5mol/L 硫酸溶液，再放置 15min。用 0.1000mol/L 硫代硫酸钠溶液滴定，至溶液呈现淡黄色时，加入 1mL 0.5%淀粉溶液，继续滴定至恰使蓝色褪去为止，记录所用硫代硫酸钠的体积。同时用水做空白滴定。重复上述滴定，两次误差应小于 0.05mL。

（3）绘制标准曲线

① 取 10mL 具塞比色管，按表 2-3 制备甲醛标准系列。

表 2-3　甲醛标准系列

管号	0	1	2	3	4	5	6	7	8
标准溶液/mL	0	0.10	0.20	0.40	0.60	0.80	1.00	1.50	2.00
吸收液/mL	5.00	4.90	4.80	4.60	4.40	4.20	4.00	3.50	3.00
甲醛含量/μg	0	0.10	0.20	0.40	0.60	0.80	1.00	1.50	2.00

② 各管中，加入 0.4mL 1%硫酸铁铵溶液，摇匀。放置 15min。

③ 用 10mm 比色皿，在波长 630nm 下，以水作参比，测定各管溶液的吸光度。以甲醛含量为横坐标，以空白校正后各管的吸光度为纵坐标，用最小二乘法建立标准曲线的回归方程。

(4) 测定样品　将样品溶液全部转入比色管中，用少量吸收液洗吸收管，合并使总体积为 5mL。按标准曲线绘制的方法测定吸光度。

(5) 空白试验　用 5mL 未采样的吸收液做空白对照，测定空白样的吸光度。

2.4.1.6　原始记录

认真填写室内空气采样及现场检测原始数据记录表(表 2-4)、甲醛分析(分光光度法)原始数据记录表(表 2-5)。

表 2-4　室内空气采样及现场检测原始数据记录表

采样地点________　日期________　气温________　气压________　相对湿度________　风速________

项目	点位	编号	采样时间/min	采样流量/(L/min)	质量浓度/(mg/m^3)	仪器名称及编号
现场情况及布点示意图：						
备注						

采样及现场监测人员________　质控人员________　运送人员________　接收人员________

表 2-5　甲醛分析(分光光度法)原始数据记录表

样品种类__________　分析方法______________　分析日期______年______月______日

<table>
<tr><td rowspan="5">标准曲线</td><td colspan="2">标准管号</td><td>0</td><td>1</td><td>2</td><td>3</td><td>4</td><td>5</td><td>6</td><td>7</td><td>8</td><td rowspan="5">标准溶液名称及浓度：
____
标准曲线方程及相关系数：
r=______________
方法检出限：__________</td></tr>
<tr><td rowspan="2">标液量</td><td>mL</td><td></td><td></td><td></td><td></td><td></td><td></td><td></td><td></td><td></td></tr>
<tr><td>μg</td><td></td><td></td><td></td><td></td><td></td><td></td><td></td><td></td><td></td></tr>
<tr><td colspan="2">A</td><td></td><td></td><td></td><td></td><td></td><td></td><td></td><td></td><td></td></tr>
<tr><td colspan="2">A－A0</td><td></td><td></td><td></td><td></td><td></td><td></td><td></td><td></td><td></td></tr>
<tr><td rowspan="5">样品测定</td><td>样品编号</td><td>取样量/mL</td><td>定容体积/mL</td><td>样品吸光度</td><td>空白吸光度</td><td colspan="2">校正吸光度</td><td colspan="2">回归方程计算结果/μg</td><td>样品质量浓度/(mg/m³)</td><td rowspan="5">计算公式：
______________</td></tr>
<tr><td></td><td></td><td></td><td></td><td></td><td colspan="2"></td><td colspan="2"></td><td></td></tr>
<tr><td></td><td></td><td></td><td></td><td></td><td colspan="2"></td><td colspan="2"></td><td></td></tr>
<tr><td></td><td></td><td></td><td></td><td></td><td colspan="2"></td><td colspan="2"></td><td></td></tr>
<tr><td></td><td></td><td></td><td></td><td></td><td colspan="2"></td><td colspan="2"></td><td></td></tr>
<tr><td rowspan="2">标准化记录</td><td colspan="2">仪器名称</td><td>仪器编号</td><td>显色温度/℃</td><td>显色时间/min</td><td>参与溶液</td><td>波长/nm</td><td colspan="2">比色皿/mm</td><td>室温/℃</td><td>湿度/%</td></tr>
<tr><td colspan="2"></td><td></td><td></td><td></td><td></td><td></td><td colspan="2"></td><td></td><td></td></tr>
</table>

分析人______________　校对人______________　审核人______________

2.4.1.7 数据处理

（1）甲醛溶液浓度的计算　按下式计算标定的甲醛溶液浓度：

$$\rho_{溶}=\frac{(V_1-V_2)cM}{20}$$

式中 $\rho_{溶}$——甲醛标准贮备溶液质量浓度，mg/mL；

V_1——滴定空白消耗硫代硫酸钠标准溶液的体积，mL；

V_2——滴定甲醛标准贮备溶液消耗硫代硫酸钠标准溶液的体积，mL；

c——硫代硫酸钠标准溶液的摩尔浓度，mol/L；

M——甲醛的摩尔质量，数值为15，g/mol；

20——所取甲醛标准贮备溶液的体积，mL。

（2）空气中甲醛浓度的计算　按下式计算空气中甲醛浓度：

$$\rho(HCHO)=\frac{(A-A_0)\times B_s}{V_0}$$

式中 $\rho(HCHO)$——空气中甲醛质量浓度，mg/m^3；

A——样品溶液的吸光度；

A_0——空白溶液的吸光度；

B_s——计算因子，μg/吸光度；

V_0——标准状况下的采样体积，L。

2.4.1.8 注意事项

① 绘制标准曲线时与测定样品时的温差不超过2℃。

② 气体含二氧化硫时，会使测定结果偏低。可将气体先通过硫酸锰滤纸过滤器，将二氧化硫的影响排除。

③ 在每批样品测定的同时，应用5mL未采样的吸收液做试剂空白试验。

2.4.2 总挥发性有机物的测定——热解吸/毛细管气相色谱法

【背景知识】

世界卫生组织对总挥发性有机化合物（TVOC）的定义为：熔点低于室温而沸点在50～260℃的挥发性有机化合物的总称。TVOC的污染、毒性、刺激性、致癌性和特殊的气味会影响皮肤和黏膜，对人体产生急性损伤。TVOC能引起机体免疫水平失调，影响中枢神经系统功能，使人出现头晕、头痛、嗜睡、无力、胸闷等自觉症状，还可能影响消化系统，使人食欲不振、恶心等，严重时可损伤肝脏和造血系统，出现变态反应等。因此，测定室内空气中TVOC的含量，已经成为评价居室室内空气质量是否合格的一项重要项目。

2.4.2.1 实训目的

① 掌握毛细管气相色谱仪的使用方法 。

② 学会标准曲线定量方法。

③ 掌握热解吸/毛细管气相色谱法测定空气中总挥发性有机物的原理和操作技能。

2.4.2.2 测定依据

本实训采用热解吸/毛细管气相色谱法测定室内空气中总挥发性有机物的含量，依据为

《室内空气质量标准》(GB/T 18883—2002 附录 C)。

2.4.2.3 实训程序

(1) 仪器准备与清洗

确定仪器及规格、数量 → 洗净，晾干，备用

(2) 试剂的准备与溶液的配制

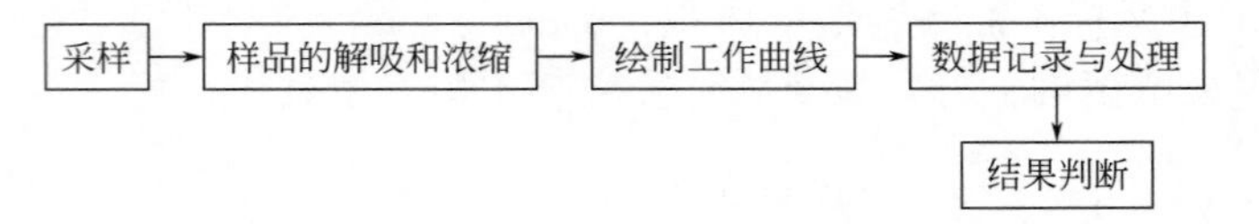

(3) 总挥发性有机物的测定

采样 → 样品的解吸和浓缩 → 绘制工作曲线 → 数据记录与处理 → 结果判断

2.4.2.4 实验准备

(1) 仪器与药品

① 仪器。

a. 空气采样器。

b. 热解析仪：能对吸附管进行二次热解吸，并将解吸气用惰性气体载带进入气相色谱仪。

c. 气相色谱仪：配备氢火焰离子化检测器、质谱检测器或其他合适的检测器。

d. 色谱柱：非极性(极性指数小于 10)石英毛细管柱。

e. 注射器：可精确读出 0.1μL 的 10μL 液体注射器；可精确读出 0.1μL 的 10μL 气体注射器；可精确读出 0.01mL 的 1mL 气体注射器。

f. 吸附管：外径 6.3mm、内径 5mm、长 90mm 或 180mm 内壁抛光的不锈钢管或玻璃管，吸附管的采样入口一端有标记。吸附管可以装填一种或多种吸附剂，应使吸附层处于解析仪的加热区。

g. 液体外标法制备标准系列的注射装置：常规气相色谱进样口，可以在线使用也可以独立装配，保留进样口载气连线，进样口下端可与吸附管相连。

② 药品。

a. VOCs：配成所需浓度的标准溶液或标准气体，然后再用液体外标法或气体外标法将其定量注入吸附管。

b. 稀释试剂：液体外标法所用的稀释溶剂应为色谱纯，在色谱流出曲线中应与待测化合物分离。

c. 吸收液：临用时将显色液和水按 4∶1 的比例混合。吸收液的吸光度应≤0.005。

d. 吸附剂：使用的吸附剂粒径为 0.18～0.25mm(60～80 目)，吸附剂在装管前都应在其最高使用温度下，用惰性气流加热活化处理过夜。为了防止二次污染，吸附剂应在清洁空气中冷却至室温后，再贮存和装管。解吸温度应低于活化温度。由制造商装好的吸附管使用前也需活化处理。

e. 高纯氮：99.999%。

2.4.2.5 项目实施

（1）采样及样品保存　将吸附管与采样泵用塑料或硅橡胶管连接。个体采样时，采样管垂直安装在呼吸带。固定位置采样时，选择合适的采样位置。打开采样泵，调节流量，以保证在适当的时间内获得所需的采样体积1～10L。如果总样品量超过1mg，采样体积应相应减少。记录采样开始和结束时的时间、采样流量、温度和大气压力。

采样后将管取下，密封管的两端或将其放入可密封的金属或玻璃管中。样品可保持14天。

（2）样品的解吸和浓缩　将吸附管安装在热解析仪上，加热，使有机蒸气从吸附管上解吸下来，并被载气流带入冷阱，进行预浓缩，载气流的方向与采样时的方向相反。然后再以低流速快速解吸，经传输线进入毛细管气相色谱仪。传输线的温度应足够高，以防止待测成分凝结。解吸条件参见表2-6。

表2-6　解吸条件

解吸温度/℃	250～325
解吸时间/min	5～15
解吸气流量/（mL/min）	30～50
冷阱的制冷温度/℃	－180～＋20
冷阱的加热温度/℃	250～350
冷阱中的吸附剂	如果使用，一般与吸附管相同，40～100mg
载气	氦气或高纯氮气
分流比	样品管和二级冷阱之间以及二级冷阱和分析柱之间的分流比应根据空气中的浓度来选择

（3）色谱分析条件　可选择膜厚度为1～5μm、50mm×0.22mm的石英柱，固定相可以是二甲基硅氧烷或7%的氰基丙烷、7%的苯基、86%的甲基硅氧烷。柱操作条件为程序升温，初始温度50℃保存10min，以5℃/min的速率升温至250℃。

（4）绘制工作曲线

① 气体外标法：用泵准确抽取100μg/m^{3}的标准气体100mL、200mL、400mL、1L、2L、4L、10L，通过吸附管，制备标准系列。

② 液体外标法：利用液体外标法制备标准系列的进样装置，取1～5μL含液体组分100μg/mL和10μg/mL的标准溶液注入吸附管，同时用100mL/min的惰性气体通过吸附管，5min后取下吸附管密封，制备标准系列。

③ 用热解吸气相色谱分析法分析吸附管标准系列，以扣除空白后峰面积为纵坐标，以待测物质量为横坐标，绘制工作曲线。

（5）样品分析　每支样品吸附管按绘制标准曲线的操作步骤（即相同的解吸和浓缩条件及色谱分析条件）进行分析，用保留时间定性，用峰面积定量。

2.4.2.6 原始记录

认真填写室内空气采样及现场监测原始数据记录表（表2-4）、气相色谱法分析原始数据记录表(表 2-7)。

表 2-7 气相色谱法分析原始数据记录表

样品种类__________ 分析方法____________ 分析日期_____年_____月_____日

<table>
<tr><td colspan="3">色谱仪型号</td><td colspan="3">检测器</td><td colspan="2">色谱柱</td></tr>
<tr><td colspan="3"></td><td colspan="3"></td><td colspan="2"></td></tr>
<tr><td>测试条件</td><td colspan="7"></td></tr>
<tr><td colspan="6">校正曲线</td><td colspan="2">质控样</td></tr>
<tr><td rowspan="2">编号</td><td rowspan="2">浓度/(mg/m^3)</td><td colspan="4">峰高</td><td rowspan="2">质控样编号</td><td rowspan="2"></td></tr>
<tr><td>H_1</td><td>H_2</td><td>H_3</td><td>平均值</td></tr>
<tr><td>1</td><td></td><td></td><td></td><td></td><td></td><td>标准浓度</td><td></td></tr>
<tr><td>2</td><td></td><td></td><td></td><td></td><td></td><td>峰高(峰面积)</td><td></td></tr>
<tr><td>3</td><td></td><td></td><td></td><td></td><td></td><td>测定值</td><td></td></tr>
<tr><td>4</td><td></td><td></td><td></td><td></td><td></td><td>校正曲线评价</td><td></td></tr>
<tr><td>5</td><td></td><td></td><td></td><td></td><td></td><td></td><td></td></tr>
<tr><td>6</td><td></td><td></td><td></td><td></td><td></td><td></td><td></td></tr>
<tr><td colspan="2">回归方程</td><td>a</td><td></td><td>b</td><td></td><td>r</td><td></td></tr>
<tr><td colspan="2">计算公式</td><td colspan="6"></td></tr>
<tr><td colspan="2">样品编号</td><td>定容体积/mL</td><td>取样体积/mL</td><td>峰高(峰面积)</td><td>溶液浓度/(mg/L)</td><td>采样体积/mL</td><td>样品浓度/(mg/m^3)</td></tr>
<tr><td colspan="2"></td><td></td><td></td><td></td><td></td><td></td><td></td></tr>
<tr><td colspan="2"></td><td></td><td></td><td></td><td></td><td></td><td></td></tr>
</table>

分析人____________ 校对人____________ 审核人____________

2.4.2.7 数据处理

(1) 采样体积的计算　按下式将采样体积换算成标准状态下的采样体积：

$$V_0 = V \frac{T_0}{T} \times \frac{P}{P_0}$$

式中 V_0——换算成标准状态下的采样体积，L；

V——采样体积，L；

T_0——标准状态的绝对温度，273K；

T——采样时采样点现场的温度(t)与标准状态的绝对温度之和，(t+273)K；

P_0——标准状态下的大气压力，101.3kPa；

P——采样时采样点的大气压力，kPa。

(2) TVOC 的计算

① 应对保留时间在正己烷和正十六烷之间的所有化合物进行分析。

② 计算 TVOC，包括色谱图中从正己烷到正十六烷之间的所有化合物。

③ 根据单一的校正曲线，对尽可能多的 VOCs 定量，至少应对 10 个最高峰进行定量，最后与 TVOC 一起列出这些化合物的名称和浓度。

④ 计算已鉴定和定量的挥发性有机化合物的浓度 S_{id}。

⑤ 用甲苯的响应系数计算未鉴定的挥发性有机化合物的浓度 S_{un}。

⑥ S_{id} 与 S_{un} 之和为 TVOC 的浓度或 TVOC 的值。

⑦ 如果检测到的化合物超出了 TVOC 定义的范围，那么这些信息应该添加到 TVOC 值中。

(3) 待测组分浓度的计算　按下式计算空气样品中待测组分的浓度：

$$c=\frac{F-B}{V_0}\times 1000$$

式中　c——空气样品中待测组分的浓度，$\mu g/m^3$；

F——样品管中组分的质量，μg；

B——空白管中组分的质量，μg；

V_0——标准状态下的采样体积，L。

2.4.2.8　注意事项

① 空气采样器应定期在采样前进行气密性检查和流量校准。

② 采样前对采样管和吸附管进行处理和活化。

③ 当与挥发性有机化合物有相同或几乎相同的保留时间的组分干扰测定时，宜通过选择适当的气相色谱仪，或通过用更严格的选择吸收管和调节分析系统的条件，将干扰减到最低。

2.4.3　氨的测定——靛酚蓝分光光度法

【背景知识】

氨是一种无色且有强烈刺激性气味的气体，对眼、喉、上呼吸道有强烈的刺激作用，可通过皮肤及呼吸道引起中毒，轻者引发充血、分泌物增多、肺水肿、支气管炎、皮炎，重者可发生喉头水肿、喉痉挛，甚至导致呼吸困难、昏迷、休克等，高含量氨甚至可引起反射性呼吸停止。

2.4.3.1　实训目的

① 掌握靛酚蓝分光光度法测定空气中氨的原理和过程。

② 掌握次氯酸钠溶液的标定方法。

2.4.3.2　测定依据

本实训采用靛酚蓝分光光度法测定室内空气中氨的含量，依据为《公共场所卫生检验方法　第2部分：化学污染物》(GB/T 18204.2—2014)。

2.4.3.3　实训程序

(1) 仪器准备与清洗

确定仪器及规格、数量 → 洗净，晾干，备用

(2) 试剂的准备与溶液的配制

确定试剂及规格、确定实训用量 → 按用量配制溶液 → 做好制备记录，贴上标签，备用

(3) 氨的测定

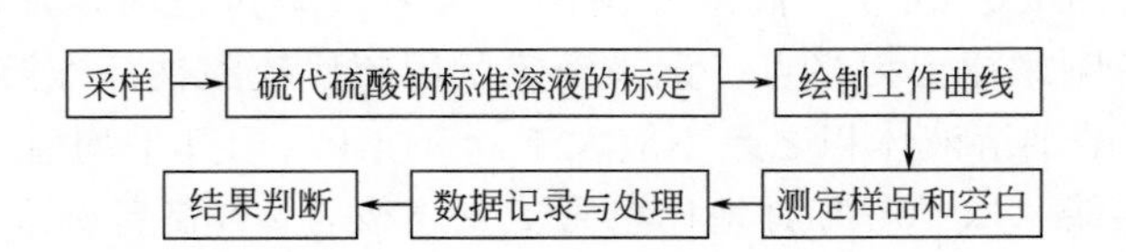

2.4.3.4 实验准备

（1）仪器与药品

① 仪器。

a. 空气采样器：流量范围0～2L/min，流量可调且恒定。

b. 大型气泡吸收管：有10mL刻度线，出气口内径为1mm，与管底距离应为3～5mm。

c. 分光光度计：可测波长为697.5nm，狭缝小于20nm。

d. 具塞比色管：10mL。

e. 聚四氟乙烯管（或玻璃管）：内径6～7mm。

f. 容量瓶、移液管等。

② 药品：蒸馏水、高锰酸钾、浓硫酸、水杨酸、柠檬酸钠、氢氧化钠、亚硝基铁氰化钠、次氯酸钠试剂、氯化铵、碘化钾、盐酸、硫代硫酸钠、淀粉指示剂等。

（2）溶液配制

① 无氨蒸馏水：在普通蒸馏水中加少量的高锰酸钾至浅紫红色，再加入少量氢氧化钠至呈碱性。蒸馏，取其中间蒸馏部分的水，加少量硫酸溶液至呈微酸性，再蒸馏一次。

② 吸收液：0.005mol/L硫酸溶液。量取2.8mL浓硫酸加入水中，并稀释至1L。临用时再稀释10倍。

③ 水杨酸溶液（50g/L）：称取10.0g水杨酸和10.0g柠檬酸钠，加水约50mL，再加55mL氢氧化钠溶液[$c(NaOH)=2mol/L$]，用水稀释至200mL。此试剂稍有黄色，室温下可稳定放置1个月。

④ 亚硝基铁氰化钠溶液（10g/L）：称取1.0g亚硝基铁氰化钠，溶于100mL水中。贮于冰箱中可稳定放置1个月。

⑤ 次氯酸钠标准溶液：取1mL次氯酸钠试剂原液，使用前用碘量法标定其浓度。

⑥ 次氯酸钠使用液（0.05mol/L）：用氢氧化钠溶液[$c(NaOH)=2mol/L$]将标定好的次氯酸钠标准溶液稀释成0.05mol/L的使用液，存于冰箱中可保存2个月。

⑦ 氨标准贮备液（1.00g/L）：称取0.3142g经105℃干燥1h的氯化铵，用少量水溶解，移入100mL容量瓶中，用吸收液稀释至刻度。此液1.00mL含1.00mg氨。

⑧ 氨标准工作液（1.0mg/L）：临用时，将氨标准贮备液用吸收液稀释成1.00mL含1.00μg氨。

2.4.3.5 项目实施

（1）采样及样品保存　在气泡吸收管中加入10mL吸收液，以0.5L/min的流量采气5L。记录采样时的温度和大气压力。

样品应尽快分析，以防止吸收空气中的氨。若不能立即分析，则应在室温下保存并于24h内分析。

（2）标定　称取2g碘化钾于250mL碘量瓶中，加水50mL溶解。再加入1.00mL次氯酸钠试剂，加0.5mL(1+1)盐酸溶液，摇匀，暗处放置3min。用硫代硫酸钠标准溶液[$c(1/2Na_2S_2O_3)=0.1000mol/L$]滴定析出碘，至溶液呈黄色时，加1mL 5g/L淀粉指示剂，继续滴定至蓝色刚好褪去为终点。记录滴定所用硫代硫酸钠标准溶液的体积，平行滴定3次，消耗的硫代硫酸钠溶液体积之差不应大于0.04mL，取其平均值。

（3）绘制标准曲线　取10mL具塞比色管7支，按表2-8制备标准系列。

表 2-8　氯化铵标准系列

管号	0	1	2	3	4	5	6
标准工作液/mL	0.00	0.50	1.00	3.00	5.00	7.00	10.00
吸收液/mL	10.00	9.50	9.00	7.00	5.00	3.00	0.00
氨含量/μg	0.00	0.50	1.00	3.00	5.00	7.00	10.00

在各管中加入 0.50mL 水杨酸溶液，混匀，再加入 0.10mL 亚硝基铁氰化钠溶液和 0.10mL 次氯酸钠使用液，混匀，室温下放置 1h。用 1cm 比色皿，于波长 697.5nm 处，以蒸馏水为参比，测定各管溶液的吸光度。以氨含量(μg)为横坐标，以吸光度为纵坐标，绘制标准曲线。计算回归曲线的斜率[斜率应为(0.081±0.003)μg^{-1}]，以斜率的倒数为样品测定的计算因子 B_s。

(4) 测定样品　将样品溶液转入具塞比色管中，用少量的水洗吸收管，合并，使总体积为 10mL，按绘制标准曲线的步骤进行显色，测定样品的吸光度。

(5) 空白试验　用 10mL 未采样的吸收液做空白对照，测定空白样的吸光度。

2.4.3.6 原始记录

认真填写室内空气采样及现场检测原始数据记录表(表 2-4)、靛酚蓝分光光度法测定氨含量的原始数据记录表(表 2-9)。

表 2-9　靛酚蓝分光光度法测定氨含量的原始数据记录表

样品种类＿＿＿＿＿　分析方法＿＿＿＿＿＿　分析日期＿＿＿年＿＿＿月＿＿＿日

标准曲线	标准管号		0	1	2	3	4	5	6	7	8	标准溶液名称及浓度：＿＿＿＿
	标液量	mL										标准曲线方程及相关系数：
		μg										$r=$＿＿＿＿
	A											
	$A-A_0$											方法检出限：＿＿＿＿

样品测定	样品编号	取样量/mL	定容体积/mL	样品吸光度	空白吸光度	校正吸光度	回归方程计算结果/μg	样品质量浓度/ (mg/m³)	计算公式：＿＿＿＿

标准化记录	仪器名称	仪器编号	显色温度/℃	显色时间/min	参与溶液	波长/nm	比色皿/mm	室温/℃	湿度/%

分析人＿＿＿＿＿＿　校对人＿＿＿＿＿＿　审核人＿＿＿＿＿＿

2.4.3.7 数据处理

(1) 次氯酸钠溶液浓度的计算　按下式计算标定的次氯酸钠溶液浓度：

$$c(\mathrm{NaClO})=\frac{c(1/2\mathrm{Na_2S_2O_3})V}{1.00\times 2}$$

式中　$c(\mathrm{NaClO})$——次氯酸钠试剂的浓度，mol/L；

$c(1/2\mathrm{Na_2S_2O_3})$——硫代硫酸钠标准溶液浓度，mol/L；

V——硫代硫酸钠标准溶液用量，mL。

(2) 空气中氨的质量浓度的计算　将采样体积换算成标准状态下的体积后，按下式计算空气中氨的质量浓度：

$$\rho(NH_3)=\frac{(A-A_0)B_s}{V_0}\times k$$

式中 $\rho(NH_3)$ ——空气中氨的质量浓度，mg/m^3；

A——样品溶液的吸光度；

A_0——空白溶液的吸光度；

B_s——计算因子，μg/吸光度；

V_0——标准状态下的采气体积，L；

k——样品溶液的稀释倍数。

2.4.3.8 注意事项

样品中含有 Fe^{3+} 等金属离子、硫化物和有机物时，会干扰测定，处理方法如下。

① 除金属离子：加入柠檬酸钠溶液可消除常见离子的干扰。

② 除硫化物：若样品因产生异色而引起干扰(如硫化物存在时为绿色)，可向样品溶液中加入稀盐酸去除干扰。

③ 除有机物：有些有机物(如甲醛)会生成沉淀干扰测定，可在比色前用0.1mol/L 的盐酸溶液将吸收液酸化到 pH≤2 后，煮沸即可除去。

【思考题】

一、简答题

1. 我国将民用建筑工程划分为两类，简述Ⅰ类和Ⅱ类民用建筑工程各包括哪些?

2. 简述容量滴定法测定公共场所空气中二氧化碳的原理。

3. 根据《室内空气质量标准》(GB/T 18883—2002)附录 D(室内空气中菌落总数检验方法)测定室内空气中菌落总数时，营养琼脂培养基如何灭菌?

4. 在环境空气中氡的测量方法有哪几种采样方式和采样动力?

5. 简述室内空气采样时间和频率的基本要求。

二、计算题

1. 根据《室内空气质量标准》(GB/T 18883—2002)附录 D(室内空气中菌落总数检验方法)测定室内空气中菌落总数时，采样体积为 50.0L，温度 21.0℃，大气压力 100.3kPa，计数菌落数为 78 个，试计算空气中的菌落数。

2. 根据《公共场所卫生检验方法 第 2 部分:化学污染物》(GB/T 18204.2—2014)，用气相色谱法测定公共场所空气中一氧化碳时，某一氧化碳样品用纯氮气稀释 20 倍后，进入气相色谱仪检测器，得到峰高 16.8pA，而浓度为 30.5mg/m^3 的一氧化碳标准气体峰高为 27.4pA，试计算该样品一氧化碳浓度。

第3章 环境空气质量监测

3.1 环境空气监测方案的制定

大气污染监测方案的制定是科学、合理实施大气污染监测的前提和基础，是大气污染监测结果科学性、准确性的保障。对环境空气质量进行监测的目的如下。

① 通过对环境空气中主要污染物质进行定期或连续地监测，判断空气质量是否符合《环境空气质量标准》(GB 3095—2012)或环境规划目标的要求，为空气质量状况评价提供依据。

② 为研究空气质量的变化规律和发展趋势，开展空气污染的预测预报，以及研究污染物迁移转化情况提供基础资料。

③ 为政府环保部门执行环境保护法规，开展空气质量管理及修订空气质量标准提供依据和基础资料。

3.1.1 调研及资料收集

调查污染源分布及排放情况，弄清监测区域内的污染源类型、数量、位置，排放的主要污染源及排放量，了解所用原料、燃料及消耗量。由于污染物在大气中的时间分布和空间分布十分复杂、多变，必须掌握排放方式、排放时间规律、污染物特性、气象因素、地形和下垫面粗糙度等资料。

此外，还应收集土地利用和功能分区情况，如工业区、商业区、混合区及居民区等。还可按照建筑物的密度、有无绿化地带等作进一步分类；掌握监测区域的人口分布、居民和动植物受大气污染危害情况及流行性疾病资料，对制定监测方案、分析判断监测结果是有益的，应尽量收集监测区域以往的大气监测资料，以供参考。

3.1.2 监测项目

对于大气环境污染的例行监测，规定的必测项目有：二氧化硫、二氧化氮、一氧化碳、可吸入颗粒物(PM_{10}，10μm 以下的颗粒物)、O_3。选测项目有：总悬浮颗粒物(TSP)、氟化物、铅、苯并[a]芘（B [a] P)、有毒有害有机物。并且规定，只要有条件应尽可能开展部分或全部选测项目的监测。

对于污染源的监测，应根据有关的规范、大气环境质量标准及污染源的特点，选择具有代表性、污染严重的污染物为测定项目。例如钢铁厂的粉尘、二氧化硫、一氧化碳，人造纤维厂的二硫化碳、硫化氢，电解食盐厂的氯气，冶炼铜厂的二氧化硫，汽车尾气中的一氧化碳、氮氧化物、烃类化合物等，都应选为测定项目。

对于不同的地区，可以根据当地大气污染的具体情况增减监测项目。我国目前要求的空气污染常规监测项目见表3-1。

表3-1 空气污染常规监测项目

类别	必测项目	按地方情况增加的必测项目	选测项目
空气污染物监测	TSP、SO_2、NO_2、硫酸盐化速率、灰尘自然沉降量	CO、总氧化剂、总烃、PM_{10}、F_2、HF、B[a]P、Pb、H_2S、光化学氧化剂	CS_2、Cl_2、氯化氢、硫酸雾、HCN、NH_3、Hg、Be、铬酸雾、非甲烷烃、芳香烃、苯乙烯、酚、甲醛、甲基对硫磷、异氰酸甲酯等
空气降水监测	pH值、电导率	K^+、Na^+、Ca^{2+}、Mg^{2+}、NH_4^+、SO_4^{2-}、NO_3^-、Cl^-	

3.1.3 监测布点方案的确定

3.1.3.1 布点原则

① 采样点应设在整个监测区域的高、中、低三种不同污染物浓度的地方。

② 采样点应选择在有代表性的区域内，按工业和人口密集的程度以及城市、郊区和农村的状况，可酌情增加或减少采样点。

③ 采样点要选择在开阔地带，应在风向的上风口，采样口水平线与周围建筑物角度的夹角应不大于30°，交通密集区的采样点应设在距人行道边缘至少1.5m远处。

④ 各采样点的设置条件要尽可能一致或标准化，使获得的监测数据具有可比性。

⑤ 采样高度应根据监测目的而定。研究大气污染对人体的危害，采样口应在离地面1.5～2m处；研究大气污染对植物或器物的影响，采样点高度应与植物或器物的高度相近。连续采样例行监测采样高度为距地面3～15m，以5～10m为宜；降尘的采样高度为距地面5～15m，以8～12m为宜。TSP、降尘、硫酸盐化速率的采样口应与基础面有1.5m以上相对高度，以减少扬尘的影响。

3.1.3.2 布点方法

(1) 采样点的数量确定　在一个监测区域内，采样站(点)设置数目应根据监测范围大小、污染物的空间分布和地形地貌特征、人口分布情况及其密度、经济条件等因素综合考虑确定。

我国对空气环境污染例行监测采样站设置数目主要依据城市人口多少(见表3-2)，并要求对有自动监测系统的城市以自动监测为主，人工连续采样点辅之；无自动监测系统的城市，以连续采样点为主，辅以单机自动监测，便于解决缺少瞬时值的问题。表3-2中各挡测点数中包括一个城市的主导风向上风向的区域背景测点。世界卫生组织(WHO)建议，城市地区空气污染趋势监测站数可参考表3-3。

表3-2 我国空气环境污染例行监测采样点设置数目

市区人口	TSP、SO_2、NO_x	灰尘自然降尘量	硫酸盐化速率
<50	3	≥3	≥6
50～100	4	4～8	6～12

续表

市区人口	TSP、SO_2、NO_x	灰尘自然降尘量	硫酸盐化速率
100～200	5	8～11	12～18
200～400	6	12～20	18～30
>400	7	20～30	30～40

表 3-3　WHO 推荐的城市空气自动监测站(点)数目

市区人口/万人	可吸入颗粒物	SO_2	NO_x	氧化剂	CO	风向、风速
≤100	2	2	1	1	1	1
100～400	5	5	2	2	2	2
400～800	8	8	4	3	4	2
>800	10	10	5	4	5	3

(2) 采样点的布设　监测区域内的采样站(点)总数确定后，可采用经验法、统计法、模拟法等进行站(点)布设。

经验法是常采用的方法，特别是对尚未建立监测网或监测数据积累少的地区，需要凭借经验确定采样站(点)的位置。具体方法有功能区布点法、网格布点法、同心圆布点法、扇形布点法。

① 功能区布点法。功能区布点法多用于区域性常规监测。布点时先将监测地区按环境空气质量标准划分成若干“功能区”——工业区、商业区、居民区、交通密集区、清洁区等，再按具体污染情况和人力、物力条件在各区域内设置一定数目的采样点。各功能区的采样点数不要求平均，一般在污染较集中的工业区和人口较密集的居民区多设采样点。

② 网格布点法。对于有多个污染源，且在污染源分布较均匀的情况下，通常采用网格布点法。此法是将监测区域地面划分成若干均匀网状方格，采样点设在两条直线的交点处或方格中心，如图 3-1 所示。网格大小视污染强度、人口分布及人力、物力条件等确定。若主导风向明显，下风向设点要多一些，一般约占采样点总数的 60%。

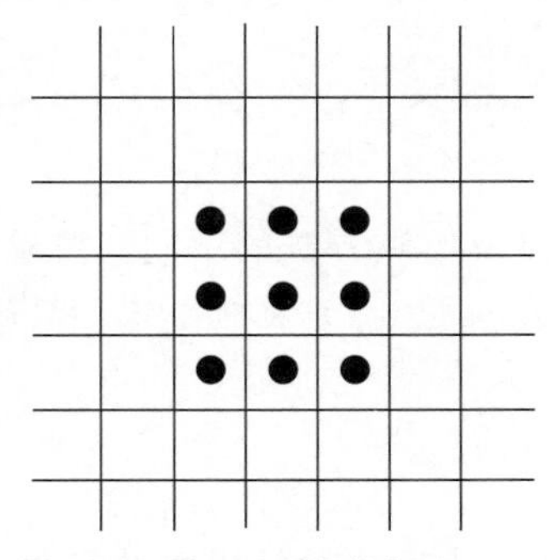

图 3-1　网格布点法

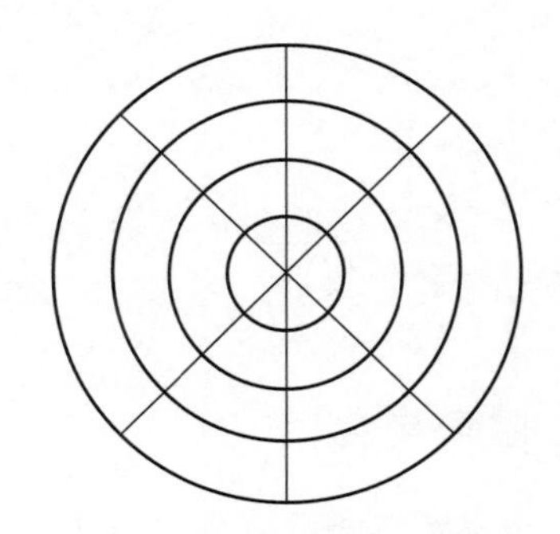

图 3-2　同心圆布点法

③ 同心圆布点法。同心圆布点法主要用于多个污染源构成的污染群，且重大污染源较集中的地区。先找出污染源的中心，以此为圆心在地面上画若干个同心圆，再从圆心作若干条放射线，将放射线与圆周的交点作为采样点，如图 3-2 所示。圆周上的采样点数目不一定相等或均匀分布，常年主导风向的下风向应多设采样点。例如，同心圆半径分别取 5km、10km、15km、25km 从里向外各圆周上分别设 4、8、8、4 个采样点。

④ 扇形布点法。扇形布点法适用于孤立的高架点源，且主导风向明显的地区。以点源为顶点，成 45°扇形展开，夹角可大些，但不能超过 90°，采样点设在扇形平面内距点源不同距离的若干弧线上。每条弧线上设 3 或 4 个采样点，相邻两点与顶点的夹角一般取 10°～

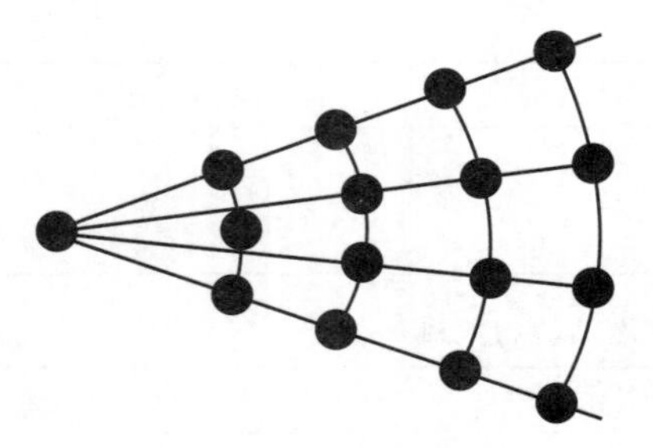

图 3-3 扇形布点法

20°，如图 3-3 所示。在上风向应设对照点。

3.1.3.3 采样时间和采样频率的确定

采样时间指每次从开始到结束所经历的时间，也称采样时段。采样频率指一定时间范围内的采样次数。采样时间和频率要根据监测目的、污染物分布特征及人力物力等因素决定。短时间采样，试样缺乏代表性，监测结果不能反映污染物浓度随时间的变化，仅适用于事故性污染、初步调查等的应急监测。增加采样频率，也就相应地增加了采样时间，积累足够多的数据，样品就具有较好的代表性。最佳采样和测定方式是使用自动采样仪器进行连续自动采样，再配以污染组分连续或间歇自动监测仪器，其监测结果能很好地反映污染物浓度的变化，能取得任意一段时间(一天、一月或一季)的代表值（平均值）。中国监测技术规范对大气污染例行监测规定的采样时间和采样频率见表 3-4。

表 3-4 中国监测技术规范对大气污染例行监测规定的采样时间和采样频率

监测项目	采样时间和频率
二氧化硫	隔日采样，每天连续采(24±0.5)h，每月 14～16d，每年 2 个月
氮氧化物	同二氧化硫
总悬浮颗粒物	隔双日采样，每天连续采(24±0.5)h，每月 5～6d，每年 12 个月
灰尘自然沉降量	每月采样(30±2)d，每年 12 个月
硫酸盐化速率	每月采样(30±2)d，每年 12 个月

3.2 环境空气的采集

根据大气污染物的存在状态、浓度、物理化学性质以及监测方法的不同，要求选用不同的采样方法和采样仪器。采集空气样品的方法可归纳为直接采样法和富集(浓缩)采样法两类。

3.2.1 直接采样法

当大气污染物浓度较高，或者测定方法较灵敏，用少量气样就可以满足监测分析要求时，可采用直接采样法。常用的采样仪器有注射器、塑料袋、采气管和真空瓶。

3.2.1.1 注射器采样

常用 100mL 注射器采集有机蒸气样品。采样时，先用现场气体抽洗 2～3 次，然后抽取 100mL，密封进气口，带回实验室分析。样品存放时间不宜长，一般应当天分析完。此法多用于有机蒸气的采集。

3.2.1.2 塑料袋采样

应选用与气样中污染组分既不发生化学反应，也不吸附、不渗漏的塑料袋。常用的有聚四氟乙烯袋、聚乙烯袋及聚酯袋等。为减小对被测组分的吸附，可在袋的内壁衬银、铝等金属膜。采样时，先用二联球打进现场气体冲洗 2～3 次，再充满气样，夹封进气口，带回尽快分析。

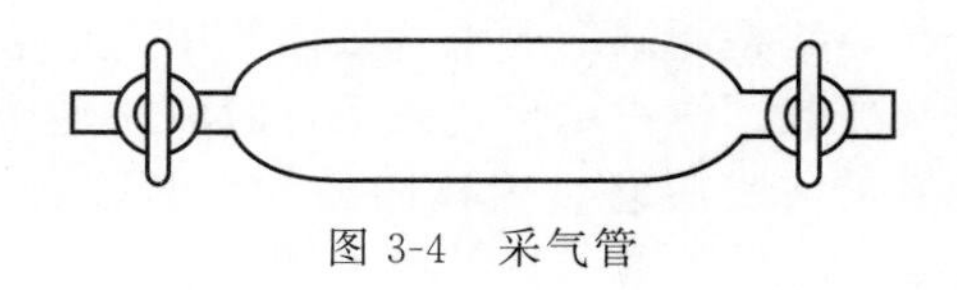

图 3-4 采气管

3.2.1.3 采气管采样

采气管（见图 3-4）是两段具有旋塞的管式玻璃容器，其容积为 100～500mL。采样时，打开两端旋塞，将二联球或抽气泵直接连在管的一端，迅速抽进比采气管容积大 6～10 倍的欲采气体，使采气管中原有气体被完全置换出，关上两端旋塞，采气体积即为采气管的容积。

3.2.1.4 真空采气瓶采样

真空采气瓶（见图 3-5）是一种用耐压玻璃制成的固定容器，容积为 500～1000mL。采样前，先用抽真空装置（见图 3-6）将采气瓶（瓶外套有安全保护套）内抽至剩余压力达 1.33kPa 左右；如瓶内预先装入吸收液，可抽至溶液冒泡为止，关闭旋塞。采样时，打开旋塞，被采空气即冲入瓶内，关闭旋塞，则采样体积为真空采气瓶的容积。如果采气瓶内真空度达不到 1.33kPa，实际采样体积应根据剩余压力进行计算。

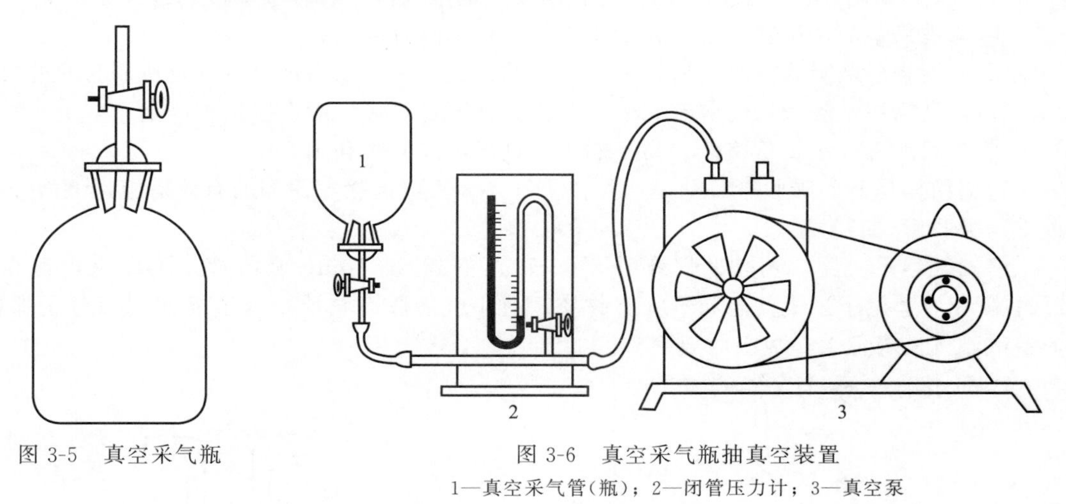

图 3-5 真空采气瓶

图 3-6 真空采气瓶抽真空装置

1—真空采气管（瓶）；2—闭管压力计；3—真空泵

当用闭口压力计测量剩余压力时，现场状况下的采样体积按下式计算：

$$V=V_0\ \frac{p-p_1}{p}$$

式中 V——采样体积，L；

V_0——真空瓶容积，L；

p——大气压力，kPa；

p_1——真空瓶中剩余气体压力，kPa；

3.2.2 富集（浓缩）采样法

空气中的污染物质浓度一般都比较低（10^{-9}～10^{-6} 数量级），直接采样法往往不能满足分析方法检测限的要求，故需要用富集采样法对空气中的污染物进行浓缩。富集采样时间一般比较长，测得结果代表采样时段的平均浓度，更能反映空气污染的真实情况。这类采样方法有溶液吸收法、固体阻留法、低温冷凝法、扩散(或渗透)法、自然积集法及综合采样法等。

3.2.2.1 溶液吸收法

该方法是采集空气中气态、蒸气态及某些气溶胶态污染物质的常用方法。采样时，用抽气装置将欲测空气以一定流量抽入装有吸收液的吸收管(瓶)。采样结束后，倒出吸收液进行测定，根据测得结果及采样体积计算空气中的污染物的浓度。

溶液吸收法的吸收效率主要取决于吸收速率和样气与吸收液的接触面积。如果想要提高吸收速率，必须根据被吸收污染物的性质选择效能好的吸收液。常用的吸收液有水、水溶液和有机溶剂等。按照它们的吸收原理可分为两种类型：一种是气体分子溶解于溶液中的物理作用，如用水吸收空气中的氯化氢、甲醛，用5%的甲醇吸收有机农药，用10%乙醇吸收硝基苯等；另一种吸收原理是基于发生化学反应，例如用氢氧化钠溶液吸收空气中的硫化氢是基于中和反应，用四氯汞钾溶液吸收 SO_2 是基于络合反应等。理论和实践证明，伴有化学反应的吸收溶液的吸收速率比单靠溶解作用的吸收液吸收速率快得多。因此，除采集溶解度非常大的气态物质外，一般都选用伴有化学反应的吸收液。各种吸收液的选择原则如下。

① 与被采集的污染物质发生化学反应快或对其溶解度大。

② 污染物质被吸收液吸收后，要有足够的稳定时间，以满足分析测定所需时间的要求。

③ 污染物质被吸收后，应有利于下一步分析测定，最好能直接用于测定。

④ 吸收液毒性小、价格低、易于购买，且尽可能回收利用。

选用结构适宜的吸收管(瓶)是增大被采气体与吸收液接触面积的有效措施，下面介绍几种常用吸收管(瓶)。

(1) 气泡吸收管　气泡吸收管(见图3-7)可盛装5～10mL吸收液，采样流量为0.5～2.0L/min，适用于采集气态和蒸气态物质。对于气溶胶态物质，因不能像气态分子那样快速扩散到气液界面上，故吸收效率差。

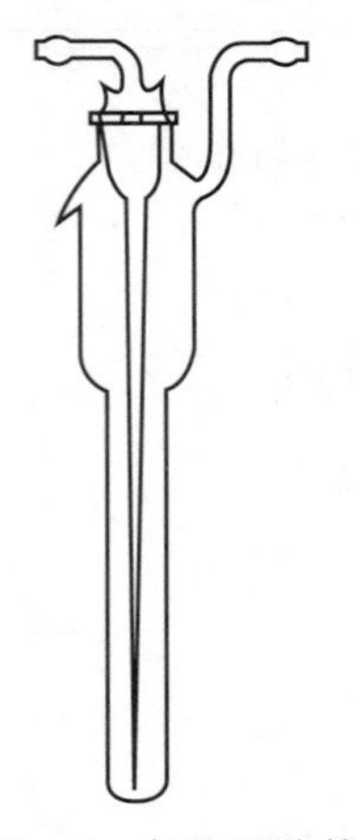

图3-7　气泡吸收管

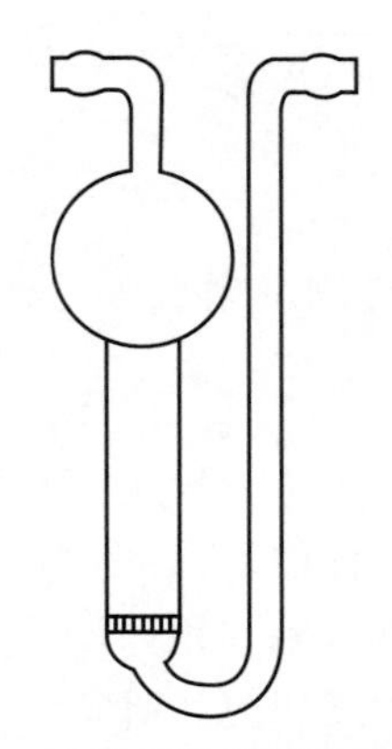

图3-8　U形多孔筛板吸收管(瓶)

(2) 冲击式吸收管　这种吸收管有小型(盛装5～10mL吸收液，采样流量为3L/min)和大型(盛装50～100mL吸收液，采样流量为30L/min)两种规格，适宜采集气溶胶态物质。因为该吸收管的进气管喷嘴孔径小，距瓶底又很近，当被采气样快速从喷嘴喷出冲向管底时，气溶胶颗粒因惯性作用冲击到管底被分散，从而易被吸收液吸收。冲击式吸收管不适合采集气态和蒸气态物质，因为气体分子的惯性小，在快速抽气情况下，容易随空气一起跑掉。

(3) 多孔筛板吸收管(瓶)　多孔筛板吸收管(瓶)[U形多孔筛板吸收管(瓶)见图3-8]可盛装5～10mL吸收液，采样流量为0.1～1.0L/min。吸收瓶有小型(盛装10～30mL吸收液,采样流量为0.5～2.0L/min)和大型(盛装50～100mL吸收液,采样流量为30L/min)两种规格。气样通过吸收管(瓶)的筛板后，被分散成很小的气泡，大大增加了气液接触面积，且阻留时间长，从而提高了吸收效果。它们除适合采集气态和蒸气态物质外，也能采集气溶胶态物质。

3.2.2.2　填充柱阻留法

填充柱采样管(见图3-9)是用一根长6～10cm、内径3～5mm的玻璃管或塑料管，内装颗粒状或纤维状填充剂制成的。采样时，让气样以一定流速通过填充柱，则欲测组分因吸附、溶解或化学反应等作用被阻留在填充剂上，达到浓缩采样的目的。采样后，通过解吸或溶剂洗脱，使被测组分从填充剂上释放出来进行测定。根据填充剂阻留作用的原理，可分为吸附型、分配型和反应型三种类型。

3.2.2.3　滤料阻留法

滤料阻留法是将过滤材料(滤纸、滤膜等)放在颗粒物采样夹(见图3-10)上，用抽气装置抽气，则空气中的颗粒物被阻留在过滤材料上，称量过滤材料上富集的颗粒物质量，根据采样体积，即可计算出空气中颗粒物的浓度。

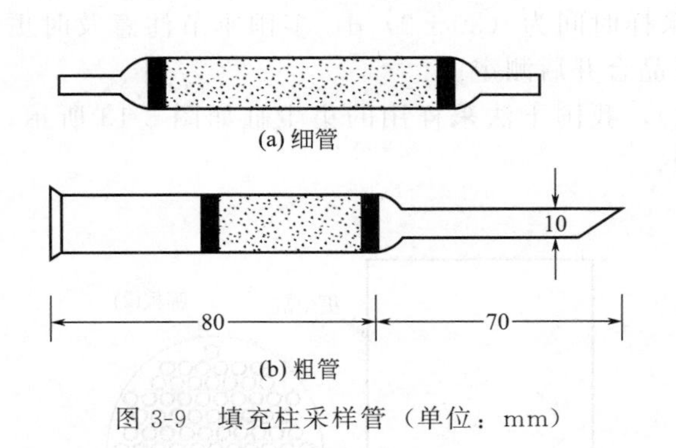

图3-9　填充柱采样管（单位：mm）

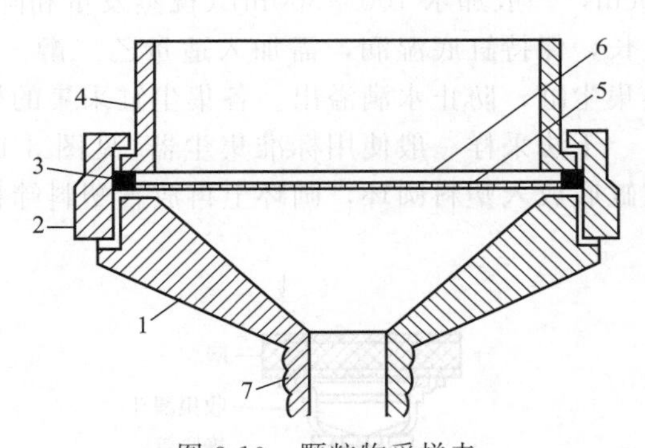

图3-10　颗粒物采样夹

1—底座；2—紧固圈；3—密封圈；4—接座圈；5—支撑网；6—滤膜；7—抽气接口

3.2.2.4　低温冷凝法

空气中某些沸点比较低的气态污染物质，如烯烃类、醛类等，在常温下用固体填充剂等方法富集效果不好，而低温冷凝法可提高采集效率。

低温冷凝采样法是将U形采样管或蛇形采样管插入冷阱(见图3-11)，当空气流经采样管时，被测组分因冷凝而凝结在采样管底部。如用气相色谱法测定，可将采样管与仪器进气口连接，移去冷阱，在常温或加热情况下汽化，气体进入仪器测定。

低温冷凝采样法具有效果好、采样量大、利于组分稳定等优点，但空气中的水蒸气、二氧化氮，甚至氧气也会同时冷凝下来，在汽化时，这些组分也会汽化，增大了气体总体积，从而降低了浓缩效果，甚至于干扰测定。为此，应在采样管的进气端安装选择性过滤器(内

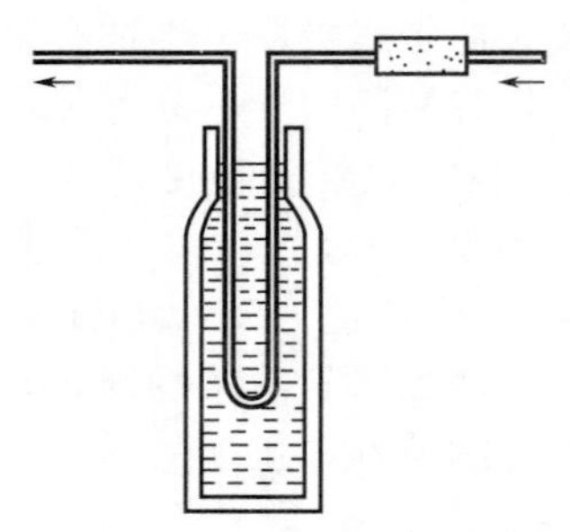

图 3-11　低温冷凝采样法示意图

装过氯酸镁、碱石棉、氯化钙等)，以除去空气中的水蒸气和二氧化碳等。但所用干燥剂和净化剂不能与被测组分发生作用，以免引起被测组分损失。

3.2.2.5　扩散（或渗透）法

该方法用在个体采样器中，采集气态和蒸气态有害物质。采样时不需要抽气动力，而是利用被测污染物质分子自身扩散或渗透到达吸收层(吸收剂、吸附剂或反应性材料)被吸附或吸收，又称无动力采样法。这种采样器体积小、轻便，可以佩戴在人身上，跟踪人的活动，用作人体接触有害物质量的监测器。

3.2.2.6　自然积集法

这种方法是利用物质的自然重力、空气动力和浓差扩散作用采集空气中的被测物质，如自然降尘量、硫酸盐化速率、氟化物等空气样品的采集。采样不需动力设备，简单易行，且采样时间长，测定结果能较好地反映空气污染情况。

采集空气中降尘的方法分为湿法和干法两种，其中湿法应用更为普遍。

湿法采样是在一定大小的圆筒形玻璃(或塑料、瓷、不锈钢)缸中加入一定量的水，放置在距地面 5～12m 高、附近无高大建筑物及局部污染源的地方(如空旷的屋顶上)，采样口距基础地面 1～1.5m，以避免顶面扬尘的影响。我国集尘缸的尺寸为内径（15±0.5）cm、高 30cm，一般加水 100～300mL(视蒸发量和降雨量而定)。为防止冰冻和抑制微生物及藻类的生长，保持缸底湿润，需加入适量乙二醇。采样时间为（30±2）d，多雨季节注意及时更换集尘缸，防止水满溢出。各集尘缸采集的样品合并后测定。

干法采样一般使用标准集尘器(见图 3-12)，我国干法采样用的集尘缸如图 3-13 所示，在缸底放入塑料圆环，圆环上再放置塑料筛板。

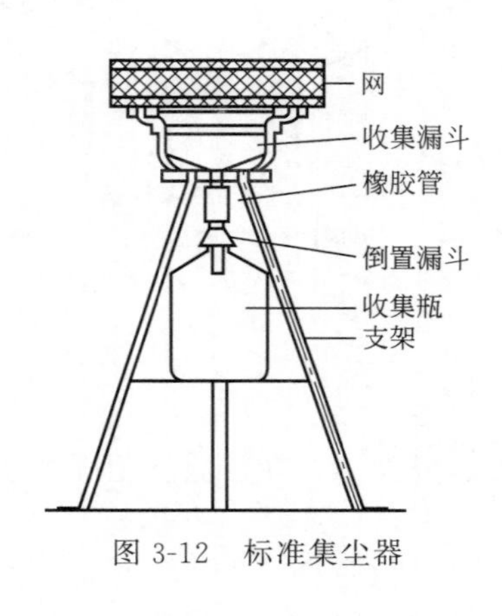

图 3-12　标准集尘器

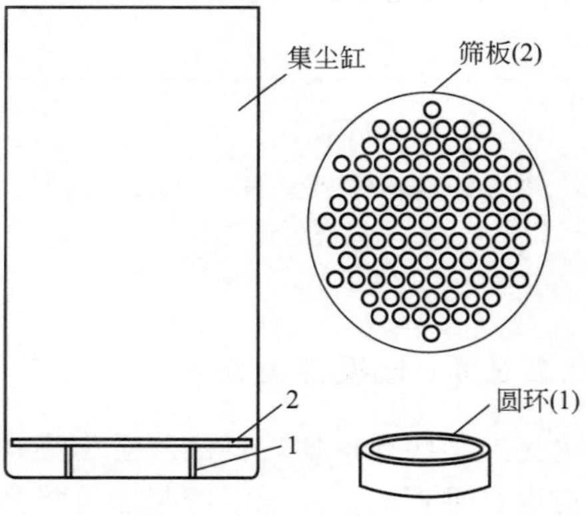

集尘缸
筛板(2)
2
1
圆环(1)

图 3-13　干法采样集尘缸

3.2.2.7　综合采样法

空气中的污染物并不是以单一状态存在的，可采用不同采样方法相结合的综合采样法，将不同状态的污染物同时采集下来。例如，在滤料采样夹后接上液体吸收管或填充柱采样管，则颗粒物收集在滤料上，而气体污染物收集在吸收管或填充柱中。又如，无机氟化物以气态（HF、SiF_4）和颗粒态（NaF、CaF_2 等）存在，两种状态毒性差别很大，需分别测定，此时可将两层或三层滤料串联起来采集。第一层用微孔滤膜，采集颗粒态氟化物；第二层用碳酸钠浸渍的滤膜采集气态氟化物。

3.3 环境空气污染物的测定方法

环境污染监测的对象不是污染源，而是整个大气。目的是了解和掌握环境污染的情况，进行大气污染质量评价，并提出警戒限度；研究有害物质在大气中的变化规律，二次污染物的形成条件；通过长期监测，为修订或制定国家卫生标准及其他环境保护法规积累资料，为预测、预报创造条件。

存在于大气中的污染物质多种多样，应根据优先监测原则，选择那些危害大、涉及范围广、已建立成熟的测定方法，并有标准可比的项目进行监测。我国《环境监测技术规范》中规定的例行监测项目如表 3-5、表 3-6 所示。

表 3-5 连续采样实验室分析项目

必测项目	选测项目
二氧化硫、氮氧化物、总悬浮颗粒物、硫酸盐化速率、灰尘自然沉降量	一氧化碳、可吸入颗粒物 PM_{10}、光化学氧化剂、氟化物、铅、苯并[a]芘、总烃及非甲烷烃

表 3-6 大气环境自动监测系统监测项目

必测项目	选测项目
二氧化硫、二氧化氮、总悬浮颗粒物或可吸入颗粒物 PM_{10}、一氧化碳	臭氧、总碳氢化合物

表 3-7 把环境空气中的主要监测项目按照有机污染物、无机污染物和颗粒物进行了分类。

表 3-7 环境空气监测指标一览表

序号	指标分类	监测指标	方法标准	标准号
1	有机污染物	总烃	气相色谱法	HJ 604—2011
2		苯并芘	高效液相色谱法	GB/T 15439—1995 详见第 2 章第 3 节
3	无机污染物	一氧化碳	非分散红外法	GB 9801—88 详见第 2 章第 3 节
4		二氧化氮	Saltzman 法	GB/T 15435—1995
5		二氧化硫	甲醛吸收-副玫瑰苯胺分光光度法	HJ 482—2009
6		氟化物	（1）滤膜采样氟离子选择电极法 （2）石灰滤纸采样氟离子选择电极法	HJ 480—2009 HJ 481—2009
7		臭氧	（1）紫外分光光度法 （2）靛蓝二磺酸钠分光光度法	HJ 590—2010 HJ 504—2009 详见第 2 章第 3 节
8		氮氧化物 NO_x	盐酸萘乙二胺分光光度法	HJ 479—2009

续表

序号	指标分类	监测指标	方法标准	标准号
9	颗粒物	PM_{10}	撞击式称重法	GB/T 17095—1997 详见第2章第3节
10		降尘	重量法	GB/T 15265—1994
11		TSP	重量法	GB/T 15432—1995

3.3.1 有机污染物

总烃(Total Hydrocarbons)指所有的碳氢化合物，对环境空气造成污染的主要是常温下为气态及常温下为液态但具有较大挥发性的烃类。空气中烃浓度高，对人的中枢神经系统有麻醉和抑制作用。大气中的烃类与氮氧化物经一系列光化学反应会形成光化学烟雾，对人体产生危害。甲烷在大多数光化学反应中呈惰性。中国大气污染物综合排放标准明确规定了非甲烷烃的最高允许排放浓度、最高允许排放速率和无组织排放限值。

总烃的测定方法为气相色谱法，执行标准为《环境空气总烃的测定 气相色谱法》(HJ 604—2011)，该标准规定了总烃的定义为“用氢火焰检测器所测得气态碳氢化合物及其衍生物的总量，以甲烷计。”

将样品直接注入气相色谱仪，用氢火焰离子化检测器测定样品中总烃和氧二者的总量(以甲烷计)，同时用除烃空气代替样品，可以测得氧的含量(以甲烷计)，从二者的总量中扣除氧的含量后即为总烃的含量。

测定范围：当进样体积为 1.0mL 时，本方法的检出限为 0.04mg/m^3，测定下限为 0.16mg/m^3。

3.3.2 无机污染物

3.3.2.1 二氧化氮

二氧化氮在臭氧的形成过程中起着重要作用。人为产生的二氧化氮主要来自高温燃烧过程的释放，比如机动车尾气、锅炉废气的排放等。二氧化氮还是酸雨的成因之一，所带来的环境效应多种多样，包括：对湿地和陆生植物物种之间竞争与组成变化的影响，大气能见度的降低，地表水的酸化、富营养化(由于水中富含氮、磷等营养物藻类大量繁殖而导致缺氧)以及增加水体中有害于鱼类和其他水生生物的毒素含量。

二氧化氮的测定方法为盐酸萘乙二胺分光光度法(Saltzman 法)，执行标准为《环境空气 二氧化氮的测定 Saltzman 法》(GB/T 15435—1995)。

方法原理：空气中的二氧化氮被吸收液吸收，形成亚硝酸根离子，与对氨基苯磺酸起重氮化反应，再与盐酸萘乙二胺偶合成玫瑰红色的偶氮染料，生成的偶氮染料在波长 540nm 处的吸光度与二氧化氮的含量成正比，从而进行比色定量。

测定范围：当采样体积为 4～24L 时，本标准适用于测定空气中二氧化氮的浓度范围为 0.015～2.0mg/m^3。

3.3.2.2 二氧化硫

二氧化硫是大气主要污染物之一。火山爆发时会喷出该气体，在许多工业过程中也会产生二氧化硫。由于煤和石油通常都含有硫元素，因此燃烧时会生成二氧化硫。当二氧化硫溶于水中，会形成亚硫酸，若把亚硫酸进一步在 PM_{25} 存在的条件下氧化，便会迅速高效地生成硫酸（酸雨的主要成分）。

环境空气中二氧化硫的检测方法执行标准为《环境空气 二氧化硫的测定 甲醛吸收-副玫瑰苯胺分光光度法》（HJ 482—2009）。

方法原理：二氧化硫被甲醛缓冲溶液吸收后，生成稳定的羟甲基苯磺酸加成化合物，在样品溶液中加入氢氧化钠使加成化合物分解，释放出的二氧化硫与副玫瑰苯胺、甲醛作用，生成紫红色化合物，用分光光度计在波长 577nm 处测量吸光度。

测定范围：当使用 10mL 吸收液、采样体积为 30L 时，测定空气中二氧化硫的检出限为 $0.007mg/m^3$，测定下限为 $0.028mg/m^3$，测定上限为 $0.667mg/m^3$。当使用 50mL 吸收液、采样体积为 288L、试份为 10mL 时，测定空气中二氧化硫的检出限为 $0.004mg/m^3$，测定上限为 $0.347mg/m^3$。

3.3.2.3 氟化物

氟化物指含负价氟的有机或无机化合物。与其他卤素类似，氟生成单负阴离子（氟离子）。氟可与除 He、Ne 和 Ar 外的所有元素形成二元化合物。从致命毒素沙林到药品依法韦仑，从难熔的氟化钙到反应性很强的四氟化硫都属于氟化物的范畴。

环境空气中氟化物的检测方法执行标准为《环境空气 氟化物的测定 滤膜采样氟离子选择电极法》（HJ 480—2009）、《环境空气 氟化物的测定 石灰滤纸采样氟离子选择电极法》（HJ 481—2009）。

（1）滤膜采样氟离子选择电极法 方法原理：已知体积的空气通过磷酸氢二钾浸渍的滤膜时，氟化物被固定或阻留在滤膜上，滤膜上的氟化物用盐酸溶液浸溶后，用氟离子选择电极法测定。

测定范围：本标准适用于环境空气中氟化物的小时浓度和日平均浓度的测定。当采样体积为 $6m^3$ 时，测定下限为 $0.9\mu g/m^3$。

（2）石灰滤纸采样氟离子选择电极法 方法原理：空气中的氟化物（氟化氢、四氟化硅等）与浸渍在滤纸上的氢氧化钙反应而被固定。用总离子强度调节缓冲液浸提后，以氟离子选择电极法测定，获得石灰滤纸上氟化物的含量，测定结果反映的是放置期间空气中氟化物的平均污染水平。

测定范围：本标准适用于环境空气中氟化物长期平均污染水平的测定。当采样体积为一个月时，方法的测定下限为 $0.18\mu g/(dm^2 \cdot d)$。

3.3.2.4 氮氧化物

空气中的氮氧化物以一氧化氮、二氧化氮、三氧化二氮、四氧化二氮、五氧化二氮等多种形态存在，其中二氧化氮和一氧化氮是主要存在形态，为通常所指的氮氧化物（NO_x）。它们主要来源于石化燃料高温燃烧和硝酸、化肥等生产排放的废气，以及汽车排气。

环境空气中氮氧化物的测定执行标准为《环境空气 氮氧化物（一氧化氮和二氧化氮）的测定 盐酸萘乙二胺分光光度法》（HJ 479—2009）。

方法原理：空气中的 NO_2 被串联的第一支吸收瓶中的吸收液吸收并反应生成粉红色偶氮染料。空气中的 NO 不与吸收液反应，通过氧化管时被酸性高锰酸钾溶液氧化为 NO_2，被串联的第二支吸收瓶中的吸收液吸收并反应生成粉红色偶氮染料。生成的偶氮染料在波长 540nm 处的吸光度与 NO_2 的含量成正比。分别测定第一支和第二支吸收瓶中样品的吸光度，计算两只吸收瓶内 NO_2 和 NO 的质量浓度，二者之和即为氮氧化物的质量浓度（以 NO_2 计）。

测定范围：方法检出限为0.36μg/10mL吸收液，测定环境空气中氮氧化物(NO_x)的测量范围为24～2000μg/m³。当吸收液体积为10mL、采样体积为24L时，空气中NO_x的检出限为15μg/m³；当吸收液体积为50mL、采样体积为288L时，检出限为6μg/m³。

3.3.3 颗粒污染物

3.3.3.1 降尘

降尘反映颗粒物的自然沉降量，用每月沉降于单位面积上颗粒物的质量表示(单位：t/km²·月)。降尘在空气中沉降较快，故不易吸入呼吸道。其自然沉降能力主要取决于自重和粒径大小，是反映大气尘粒污染的主要指标之一。

环境大气中降尘的检测标准执行《环境空气 降尘的测定 重量法》(GB/T 15265—1994)。

方法原理：空气中可沉降的颗粒物，沉降在装有乙二醇水溶液作收集液的集尘缸内，经蒸发、干燥、称重后，计算降尘量。

测定范围：适用于环境空气中可沉降的颗粒物。方法检出限为0.2t/(km²·30d)。

3.3.3.2 TSP(总悬浮颗粒物)

总悬浮颗粒物可分为一次颗粒物和二次颗粒物。一次颗粒物是由天然污染源和人为污染源释放到大气中直接造成污染的物质，如风扬起的灰尘、燃烧和工业烟尘；二次颗粒物则是通过某些大气化学过程所产生的微粒，如二氧化硫转化生成硫酸盐。粒径小于100μm的称为TSP，即总悬浮物颗粒；粒径小于10μm的称为PM_{10}，即可吸入颗粒；粒径小于2.5μm的称为$PM_{2.5}$。TSP和PM_{10}在粒径上存在着包含关系，即PM_{10}为TSP的一部分。

空气中总悬浮颗粒物(TSP)的检测方法为《环境空气 总悬浮颗粒物的测定 重量法》(GB/T 15432—1995)。

方法原理：通过具有一定切割特性的采样器，以恒速抽取一定体积的空气，空气中粒径大于100μm的颗粒被除去，小于100μm的悬浮颗粒物被截留在已恒重的滤膜上，根据采样前后滤膜质量之差及气体采样体积，可计算总悬浮颗粒物的质量浓度。滤膜经处理后，也可进行颗粒物组分分析。

测定范围：本方法适用于大流量或中流量总悬浮颗粒物采样器进行空气中总悬浮颗粒物的测定。方法检出限为0.001mg/m³。总悬浮颗粒物含量过高或雾天采样使滤膜阻力大于10kPa时，本方法不适用。

3.4 实训 校园环境监测

3.4.1 氮氧化物的测定——盐酸萘乙二胺分光光度法

【背景知识】

氮氧化物包括多种化合物，如一氧化二氮(N_2O)、一氧化氮(NO)、二氧化氮(NO_2)、三氧化二氮(N_2O_3)、四氧化二氮(N_2O_4)和五氧化二氮(N_2O_5)等。除二氧化氮以外，其他氮氧化物均极不稳定，遇光、湿或热变成二氧化氮及一氧化氮，一氧化氮又变为二氧化氮。因此，职业环境中接触的几种气体混合物常称为硝烟(气)，主要成分为一氧化氮和二氧化氮，并以二氧化氮为主。氮氧化物都具有不同程度的毒性，研究显示，氮氧化物对人体呼吸系统、免疫功能、生殖功能等均会产生危害。氮氧化物与空气中的水结合最终会转化成硝酸和硝酸盐，硝酸是酸雨的成因之一，它与其他污染物在一定条件下能产生光化学烟雾污染。

3.4.1.1 实训目的

① 掌握分光光度计的使用方法。

② 学会标准曲线定量方法。

③ 掌握盐酸萘乙二胺分光光度法测定 NO_x 的操作。

3.4.1.2 测定依据

空气中氮氧化物的检测依据为《环境空气 氮氧化物(一氧化氮和二氧化氮)的测定 盐酸萘乙二胺分光光度法》(HJ 479—2009)。

3.4.1.3 实训程序

(1) 仪器准备与清洗

确定仪器及规格、数量 → 洗净，晾干，备用

(2) 试剂的准备与溶液的配制

(3) 氮氧化物的测定

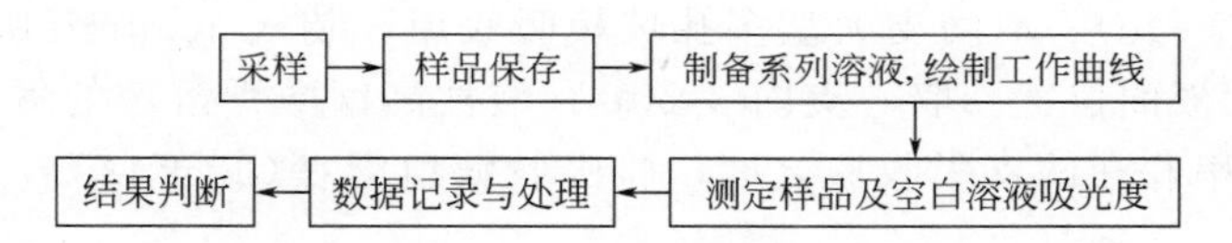

3.4.1.4 实验准备

(1) 仪器

① 空气采样器：流量范围 0.1～1.0L/min，采气流量为 0.4L/min 时，相对误差小于±5%。

② 可见分光光度计。

③ 棕色多孔玻板吸收瓶：10mL 多孔玻板吸收瓶，用于短时间采样；50mL 多孔玻板吸收瓶，用于 24h 连续采样。

④ 氧化瓶：可装 5mL、10mL 或 50mL 酸性高锰酸钾溶液的洗气瓶，液柱高度不能低于 80mm。

⑤ 具塞比色管：10mL 用于短时间采样；50mL 用于 24h 连续采样。

(2) 溶液配制

① 冰乙酸。

② 盐酸羟胺溶液，ρ=0.2～0.5g/L。

③ 硫酸溶液，$c(1/2H_2SO_4)$=1mol/L：取 15mL 浓硫酸(ρ=1.84g/mL)，缓缓加入

500mL 水中，搅拌均匀，冷却备用。

④ 酸性高锰酸钾溶液，$\rho(KMnO_4)=25g/L$：称取 25g 高锰酸钾于 1000mL 烧杯中，加入 500mL 水，微热使其全部溶解，然后加入 1mol/L 硫酸溶液 500mL，混匀，贮于棕色试剂瓶中。

⑤ N-（1-萘基）乙二胺盐酸盐贮备液，$\rho[C_{10}H_7NH(CH_2)_2NH_2 \cdot 2HCl]=1.00g/L$：称取 0.50g N-(1-萘基)乙二胺盐酸盐于 500mL 容量瓶中，用水稀释至刻度线。此溶液贮于密封的棕色试剂瓶中，在冰箱中冷藏可稳定保存 3 个月。

⑥ 显色液：称取 5.0g 对氨基苯磺酸（$NH_2C_6H_4SO_3H$），溶于约 200mL 40～50℃热水中，将溶液冷却至室温，全部移入 1000mL 容量瓶中，加入 50mL N-(1-萘基)乙二胺盐酸盐贮备液和 50mL 冰乙酸，用水稀释至刻度线。此溶液于密闭的棕色瓶中，在 25℃以下暗处存放，可稳定 3 个月。若溶液呈现淡红色，应弃之重配。

⑦ 吸收液：临用时将显色液和水按 4∶1(体积比)混合。吸收液的吸光度应≤0.005。

⑧ 亚硝酸钠标准贮备液，$\rho(NO_2^-)=250\mu g/mL$：准确称取 0.3750g 亚硝酸钠($NaNO_2$，优级纯，使用前在 105℃±5℃干燥恒重)，溶于水后，移入 1000mL 容量瓶中，用水稀释至标线。贮于密闭的棕色瓶中于暗处存放，可稳定保存 3 个月。

⑨ 亚硝酸钠标准工作线，$\rho(NO_2^-)=2.5\mu g/mL$：准确吸取上述贮备液 1.00mL 于 100mL 容量瓶中，用水稀释至标线。临用现配。

3.4.1.5 项目实施

(1) 样品采集

① 短时间采样(1h 以内)：取两支内装 10.0mL 吸收液的多孔玻板吸收瓶和一支内装 5～10mL 酸性高锰酸钾溶液的氧化瓶(液柱高度不低于 80mm)，用尽量短的硅橡胶管将氧化瓶串联在两支吸收瓶之间，以 0.4L/min 流量采气 4～24L。

② 长时间采样(24h)：取两支大型多孔玻板吸收瓶，装入 50.0mL 吸收液(液柱高度不低于 80mm)，标记液面位置。取一支内装 50mL 酸性高锰酸钾溶液的氧化瓶，用尽量短的硅橡胶管将氧化瓶串联在两支吸收瓶之间，将吸收液恒温在(20±4)℃，以 0.2L/min 流量采气 288L。

③ 现场空白：将装有吸收液的吸收瓶带到采样现场，除了不采气之外，其他环境条件与样品相同。要求每次采样至少做两个现场空白试验。

(2) 样品保存

① 样品采集、运输及存放过程中应避光保存，样品采集后尽快分析。

② 若不能及时测定，可将样品于低温暗处存放。在 30℃暗处存放，可稳定 8h；在 20℃暗处存放，可稳定 24h；于 0～4℃冷藏，至少可稳定 3d。

(3) 分析测试

① 标准曲线绘制

a. 取 6 支 10mL 具塞比色管，按表 3-8 配置标准系列。

表 3-8 亚硝酸盐标准系列

管号	0	1	2	3	4	5
亚硝酸钠标准使用液/mL	0.00	0.40	0.80	1.20	1.60	2.00
水/mL	2.00	1.60	1.20	0.80	0.40	0.00

续表

管号	0	1	2	3	4	5
显色液/mL	8.00	8.00	8.00	8.00	8.00	8.00
亚硝酸根含量/(μg/mL)	0.00	0.10	0.20	0.30	0.40	0.50

b. 各管混匀，于暗处放置20min(室温低于20℃时，显色40min以上)，用10mm比色皿，在波长540nm处，以水为参比测定吸光度。扣除空白试样的吸光度后，对应NO_2^-的浓度(μg/mL)，用最小二乘法计算标准曲线的回归方程。标准曲线斜率控制在0.180～0.195(mL/μg)，截距控制在±0.003之间。

② 空白测定。

a. 实验室空白试验：取实验室内未经采样的空白吸收液，用10mm比色皿，在波长540nm处，以水为参比测定吸光度。实验室空白吸光度A_0在显色规定条件下波动范围不超过±15%。

b. 现场空白：同实验室空白试验测定吸光度。将现场空白和实验室空白的测量结果相对照，若现场空白与实验室空白相差过大，查找原因，重新采样。

③ 样品测定。采样后放置20min(室温低于20℃时，放置40min以上)，将样品全部转移至10mL具塞比色管中，并用水补至刻度线，混匀，按绘制标准曲线的步骤测定样品和空白吸光度。若样品的吸光度超过标准曲线的上限，应用实验室空白溶液稀释，再测定其吸光度。但稀释倍数不得大于6。

3.4.1.6 原始记录

认真填写空气采样原始数据记录表(表3-9)和氮氧化物分析（分光光度法）原始数据记录表(表3-10)。

表3-9 空气采样原始数据记录表

任务名称______ 方法依据______ 任务编号______

采样地点______ 测定项目______ 采样方法______ 采样仪器型号______

采样日期	样品编号	采样时间			气温/℃	大气压/kPa	采样流量/(L/min)	采样体积V_s/m^3	天气状况
		开始	结束	累积/min					
备注									

分析人______ 校对人______ 审核人______

表 3-10 氮氧化物分析(分光光度法)原始数据记录表

样品种类__________ 分析方法__________ 分析日期__________

	标准管号		0	1	2	3	4	5	6	
标准曲线	标液量	mL								标准溶液名称及浓度：________
		μg								标准曲线方程及相关系数：________
	A									$r=$________ 方法检出限：________
	$A-A_0$									

	样品编号	取样量/mL	定容体积/mL	样品吸光度	空白吸光度	校正吸光度	回归方程计算结果/μg	样品浓度/(μg/m³)	计算公式：
样品测定									

	仪器名称	仪器型号	显色温度/℃	显色时间/min	参比溶液	波长/nm	比色皿/mm	室温/℃	湿度/%
标准化记录									

分析人__________ 校对人__________ 审核人__________

3.4.1.7 数据处理

① 按下式计算空气中 NO_2 浓度 $\rho(NO_2)$($\mu g/m^3$)：

$$\rho(NO_2)=\frac{(A_1-A_0-a)VD}{bV_sf}$$

② 按下式计算空气中 NO 浓度 $\rho(NO)$ ($\mu g/m^3$)：

$$\rho(NO)=\frac{(A_2-A_0-a)VD}{bV_sfk}$$

③ 按下式计算空气中 NO_x 浓度 ρ (NO_x) ($\mu g/m^3$)：

$$\rho(NO_x)=\rho(NO_2)+\rho(NO)$$

式中 A_1，A_2——串联的第一支、第二支吸收瓶中样品的吸光度；

A_0——实验室空白溶液的吸光度；

a——标准曲线的截距；

b——标准曲线的斜率，吸光度·mL/μg；

V——采样用吸收液体积，mL；

V_s——标准状态下(273.15K,101.325kPa)的采样体积，m^3；

D——样品的稀释倍数；

f——Saltzman实验系数，0.88(若NO_2浓度高于720μg/m^3，f值为0.77)

k——NO⟶NO_2的氧化系数，0.68。

计算结果保留到整数位。

3.4.1.8 注意事项

① 吸收液的吸光度不超过0.005，否则，应检查水、试剂纯度或显色液的配置时间和贮存方法。

② 采样过程注意观察吸收液颜色变化，避免因氮氧化物浓度过高而穿透。

③ 采样、样品运输及存放过程中应避免阳光照射。气温超过25℃时，长时间(8h以上)运输及存放样品应采取降温措施。

④ Saltzman实验系数：用渗透法制备的NO_2校准用混合气体，在采气过程中被吸收液吸收生成的偶氮染料相当于亚硝酸根的量与通过采样系统的NO_2总量的比值。该系数为多次重复实验测定的平均值。

⑤ 氧化系数k：空气中的NO通过酸性高锰酸钾溶液氧化管后，被氧化为NO_2且被吸收液吸收生成偶氮染料的量与通过采样系统的NO的总量之比。

3.4.2 总悬浮颗粒物(TSP)的测定——重量法

【背景知识】

总悬浮颗粒物(TSP)是指飘浮在空气中的固体和液体颗粒物的总称，其粒径范围为0.1～100μm。它不仅包括被风扬起的大颗粒物，也包括烟、雾以及污染物相互作用产生的二次污染物等极小颗粒物。总悬浮颗粒物是大气质量评价中的一个通用的重要染指标。它主要来源于燃料燃烧时产生的烟尘、生产加工过程中产生的粉尘、建筑和交通扬尘、风沙扬尘以及气态污染物经过复杂物理化学反应在空气中生成的相应的盐类颗粒。在我国甘肃、新疆、陕西、山西的大部分地区，河南、吉林、青海、宁夏、内蒙古、山东、四川、河北、辽宁的部分地区，总悬浮颗粒物污染较为严重。

3.4.2.1 实训目的

① 学习和掌握质量法测定大气中总悬浮颗粒物(TSP)的方法。

② 掌握中流量TSP采样基本技术及采样方法。

3.4.2.2 测定依据

空气中总悬浮颗粒物(TSP)检测依据为《环境空气 总悬浮颗粒物的测定 重量法》(GB/T 15432—1995)。

3.4.2.3 实训程序

(1) 仪器准备与清洗

确定仪器及规格、数量 → 检查,清点,备用

（2）滤膜的准备

（3）总悬浮颗粒物（TSP）的测定

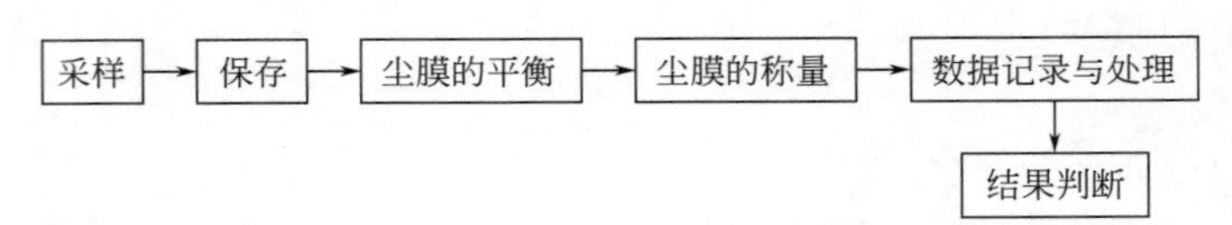

3.4.2.4 实验准备

（1）大流量或中流量采样器　应按 HYQ 1.1—89《总悬浮颗粒物采样技术要求（暂行）》的规定。

（2）孔口流量计

① 大流量孔口流量计：量程 $0.7\sim1.4m^3/min$；流量分辨率 $0.01m^3/min$；精度优于±2%。

② 中流量孔口流量计：量程 70～160L/min；流量分辨率 1L/min；精度优于±2%。

（3）U 形管压差计　最小刻度 0.1hPa（1hPa＝100Pa）。

（4）X 光看片机　用于检查滤膜有无缺损。

（5）打号机　用于在滤膜及滤膜袋上打号。

（6）镊子　用于夹取滤膜。

（7）滤膜　超细玻璃纤维滤膜，对 0.3μm 标准粒子的截留效率不低于 99%，在气流速度为 0.45m/s 时，单张滤膜阻力不大于 3.5kPa，在同样气流速度下，抽取经高效过滤器净化的空气 5h，$1cm^2$ 滤膜失重不大于 0.012mg。

（8）滤膜袋　用于存放采样后对折的采尘滤膜。袋面印有编号、采样日期、采样地点、采样人等项。

（9）滤膜保存盒　用于保存、运送滤膜，保证滤膜在采样前处于平展不受折状态。

（10）恒温恒湿箱　箱内空气温度要求在 15～30℃范围内连续可调，控温精度±1℃；箱内空气相对湿度应控制在（50±5）%。恒温恒湿箱可连续工作。

（11）天平

① 总悬浮颗粒物大盘天平：用于大流量采样滤膜称量。称量范围≥10g；感量 1mg；再现性（标准差）≤2mg。

② 分析天平：用于中流量采样滤膜称量。称量范围≥10g；感量 0.1mg；再现性（标准差）≤0.2mg。

（12）采样器的流量校准　新购置或维修后的采样器在启用前，需进行流量校准；正常使用的采样器每月需进行一次流量校准。流量校准步骤如下。

① 计算采样器工作点的流量。采样器应在规定的采气流量下工作，该流量称为采样器的工作点。在正式采样前，需调整采样器，使其在正确的工作点上工作，按下述步骤进行。

采样器采样口的抽气速度 W 为 0.3m/s。大流量采样器的工作点流量 Q_H（m^3/min）为：

$$Q_H=1.05$$

中流量采样器的工作点流量 Q_M（L/min）为：

$$Q_M = 60000A$$

式中　A——采样器采样口截面积，m^2。

将 Q_H 或 Q_M 计算值换算成标况下的流量 Q_{HN}（m^3/min）或 Q_{MN}（L/min）：

$$Q_{HN} = (Q_H p T_N)/(T p_N) \tag{3-1}$$

$$Q_{MN} = (Q_M p T_N)/(T p_N) \tag{3-2}$$

$$\lg p = \lg 101.3 - h/18400 \tag{3-3}$$

式中　T——测试现场月平均温度，K；

p_N——标况压力，101.3kPa；

T_N——标况温度，273K；

p——测试现场平均大气压，kPa；

h——测试现场海拔高度，m。

将式（3-4）中 Q_N 用 Q_{HN} 或 Q_{MN} 代入，求出修正项 Y，再按式（3-5）计算 ΔH（Pa）。

$$Y = BQ_N + A \tag{3-4}$$

式中，斜率 B 和截距 A 由孔口流量计的标定部门给出。

$$\Delta H = (Y^2 p_N T)/(p T_N) \tag{3-5}$$

② 采样器工作点流量的校准。打开采样头的采样盖，按正常采样位置，放一张干净的采样滤膜，将孔口流量计的接口与采样头密封连接。孔口流量计的取压口接好压差计。

接通电源，开启采样器，待工作正常后，调节采样器流量，使孔口流量计压差值达到式（3-5）计算的 ΔH 值。

校准流量时，要确保气路密封连接，流量校准后，如发现滤膜上尘的边缘轮廓不清晰或滤膜安装歪斜等情况，可能造成漏气，应重新进行校准。

校准合格的采样器，即可用于采样，不得再改动调节器状态。

3.4.2.5　项目实施

（1）准备滤膜

① 每张滤膜均需用 X 光看片机进行检查，不得有针孔或任何缺陷。在选中的滤膜光滑表面的两个对角上打印编号。滤膜袋上打印同样编号备用。

② 将滤膜放在恒温恒湿箱中平衡 24h，平衡温度取 15～30℃中任一点，记录下平衡温度与湿度。

③ 在上述平衡条件下称量滤膜，大流量采样器滤膜称量精确到 1mg，中流量采样器滤膜称量精确到 0.1mg。记录下滤膜重量 W_0（g）。

④ 称量好的滤膜平展地放在滤膜保存盒中，采样前不得将滤膜弯曲或折叠。

（2）安放滤膜及采样

① 打开采样头顶盖，取出滤膜夹。用清洁干布擦去采样头内及滤膜夹的灰尘。

② 将已编号并称量过的滤膜绒面向上，放在滤膜支持网上，放上滤膜夹，对正，拧紧，使不漏气。安好采样头顶盖，按照采样器使用说明，设置采样时间，即可启动采样。

③ 样品采完后，打开采样头，用镊子轻轻取下滤膜，采样面向里，将滤膜对折，放入

号码相同的滤膜袋中。取滤膜时，如发现滤膜损坏，或滤膜上尘的边缘轮廓不清晰、滤膜安装歪斜（说明漏气），则本次采样作废，需重新采样。

（3）尘膜的平衡及称量

① 尘膜在恒温恒湿箱中，与干净滤膜平衡条件相同的温度、湿度，平衡 24h。

② 在上述平衡条件下称量滤膜，大流量采样器滤膜称量精确到 1mg，中流量采样器滤膜称量精确到 0.1mg。记录下滤膜重量 W_1（g）。滤膜增重，大流量滤膜不小于 100mg，中流量滤膜不小于 10mg。

3.4.2.6 原始记录

认真填写总悬浮颗粒物现场采样记录表（表 3-11）和总悬浮颗粒物浓度分析记录表（表 3-12）。

表 3-11 总悬浮颗粒物现场采样记录表

月日	采样器编号	滤膜编号	采样起始时间	采样终了时间	累积采样时间	测试人签名

表 3-12 总悬浮颗粒物浓度分析记录表

月日	滤膜编号	采样标况流量 /（m^3/min）	累积采样时间 /min	累积采样时间 /m^3	滤膜重量/g			总悬浮微粒浓度 /（$\mu g/m^3$）
					空膜	尘膜	差值	

3.4.2.7 数据处理

$$总悬浮颗粒物含量(\mu g/m^3)=\frac{K(W_1-W_0)}{Q_N t}$$

式中 t——累积采样时间，min；

Q_N——采样器平均抽气流量，即式（3-1）或式（3-2）Q_{HN}或 Q_{MN}的计算值；

K——常数，大流量采样器 $K=1\times10^6$；中流量采样器 $K=1\times10^9$。

3.4.2.8 注意事项

① 要经常检查采样头是否漏气。若滤膜上颗粒物与四周白边之间的界线模糊，表明板面密封垫没有垫好或密封性能不好，应更换面板密封垫，否则测定结果将偏低。

② 取采样后的滤膜时，应注意滤膜是否出现物理损伤，以及采样过程中是否有穿孔漏气现象，若发现有损伤、穿孔漏现象，应作废，重新取样。

③ 测定任何一次浓度，每次需更换滤膜，采样时间不得少于 1h。

④ 采样高度入口距离地面 1.5～2m。

【思考题】

一、简答题

1. 重量法测定大气中总悬浮颗粒物时，如何获得“标准滤膜”?

2. 如何用“标准滤膜”来判断所称中流量“样品滤膜”是否合格？

3. 环境空气样品的间断采样的含义是什么？

4. 环境空气中颗粒物采样结束后，取滤膜时，发现滤膜上尘的边缘轮廓不清晰，说明什么问题？应如何处理？

5. 环境空气 24h 连续采样时，气态污染物采样系统由哪几部分组成？

6. 简述什么是环境空气的无动力采样。

二、计算题

1. 空气采样时，现场气温为 18℃，大气压力为 85.3kPa，实际采样体积为 450mL。问标准状态下的采样体积是多少？(在此不考虑采样器的阻力。)

2. 用碘量法测得某台锅炉烟气中二氧化硫的浓度为 $722mg/m^3$，若测定时标干风量为 $2.27\times104m^3/h$，二氧化硫的排放量是多少？(二氧化硫的摩尔质量为 64g/mol。)

第4章

工业废气监测

4.1 工业废气监测方案的制定

4.1.1 调研及资料收集

4.1.1.1 污染源分布及排放情况

调查清楚当地主要工业废气污染源，包括污染源类型、数量、位置、排放的主要污染物、排放量；了解所用原料、燃料及消耗量。

4.1.1.2 气象资料

了解风向、风速、气温、气压、降水量、日照时间、相对湿度、温度垂直梯度和逆温层底部高度等情况；了解本地常年主导风向，大致估计出污染物的可能扩散情况。

4.1.1.3 地形资料

地形对当地的风向、风速和大气稳定情况等有影响，因此是设置监测网点时应考虑的重要因素。

4.1.1.4 土地利用和功能分区情况

不同功能区的污染状况是不同的，如工业区、商业区、混合区、居民区等污染状况各不相同。

4.1.1.5 人口分布及人群健康情况

利用群众来信来访和人群调查，初步判断污染物的影响程度，了解居民和动植物受工业废气污染危害情况及流行性疾病。

4.1.2 监测项目

4.1.2.1 必测项目

硫酸盐化速率、降尘、二氧化硫、二氧化氮、可吸入颗粒物(PM_{10})、一氧化碳、臭氧。

4.1.2.2 可选监测项目

铅、氟化物、总悬浮颗粒物(TSP)、苯并芘、有害有毒有机物。

4.1.3 监测布点方案的确定

具体内容同第 3 章 3.1.3，在此不再赘述。

4.2 工业废气的采集

工业废气样品的采集原则是根据监测目的和检验项目，采集具有代表性的样品，以保证空气理化检验结果的真实性和可靠性。为此，在对采样现场调查的基础上，应该选择好采样点、采样时间和频率；要根据待测物在空气中的存在状态、理化性质、浓度和分析方法的灵敏度选择合适的采样方法和采样量；正确使用采样仪器，要建立相应的空气采样质量保证体系；在采样过程中尽量避免采样误差；在样品的采集、运输、贮存、处理和分析等过程中，要确保样品待测组分稳定、不变质、不受污染；保证采集到足够的样品量，以满足分析方法的要求。

根据检测目的不同，根据工业废气可能出现在大气和工作场所，分别阐述空气样品采样点的选择；根据待测物在空气中的存在状态，按空气中气态、气溶胶和两种状态共存的检测物分别介绍空气样品的采集方法。

采集工业废气样品的地点称为采样点。采样点的选择是否正确，直接关系到所采集样品的代表性和真实性。

4.2.1 采样点的选择

4.2.1.1 工业废气样品采样点的选择

对于工业废气污染调查的采样点选择，首先应根据大气污染监测目的进行调查研究，收集必要的基础资料，经过综合分析，设计布点网络，确定采样频率、采样方法和监测技术。

(1) 工业废气污染采样调查　大气污染是由固定污染源和流动污染源排放的检测物扩散造成的，工业废气是很重要的一种大气污染物，而工业废气污染物的扩散又直接与排放量、时间和空间有关，受气象、季节、地形等因素的影响极大。在设计采样方案和选择采样点前，应根据监测的目的，对所检测区域的污染源类型、位置、主要检测物及排放量、排放高度、一次污染物及二次污染物等情况进行全面调查；了解采样地区的功能、人口分布、居民和动植物受大气污染危害情况及流行性疾病等资料；掌握该地区所处的地理位置、气象条件(包括风向、风速、气温、温度变化和温度的垂直分布)、大气稳定性等地形和气象情况。综合考虑上述因素的影响，正确选择空气样品的采样点，使采集的样品具有代表性和真实性。

空气污染物对周围区域空气的污染程度，与风向、风速和检测物的排出高度直接相关，选择采样点时应首先考虑这些因素的影响。

(2) 风向和风速的影响　风向通常分为北、东北、东、东南、南、西南、西和西北八个方位。在长期观测风向的记录中，从某个方位吹来的风的重复次数与各个方位吹来的风的总次数的百分比，称为风向频率。可根据风向频率绘制风向频率图。

风向频率最高的风向称为主导风向，简称主风向。若各方位的平均风速差异不大，主风向的下风向受污染严重。通常从污染源排出的废气受主风向影响最大。主风向的上风向较远处为无污染区，常选作无污染的清洁对照采样点。

如果各个方位的平均风速差异较大，必须用烟污强度系数来评价污染情况，考虑风向和风速两个因素的综合影响，污染源周围区域受污染的程度与风向频率成正比，与风速成反比。

烟污强度系数＝某方位的风向频率/该方位的平均风速

某个方位烟污强度系数的大小，通常采用烟污强度系数的百分比来表示。

烟污强度系数百分比(%)

＝(某方位的烟污强度系数/各方位烟污强度系数的总和)×100%

烟污强度系数百分比是判断污染程度的指标。根据烟污强度系数百分比绘制的烟污强度系数图，可以比较直观地反映污染源周围区域受风向和风速的综合影响情况。由图 4-1 可见，烟污强度系数百分比最大的风向是南风，最小的是西南风，因此受污染最严重的区域在污染源的北方，污染源的东北方受污染最轻。

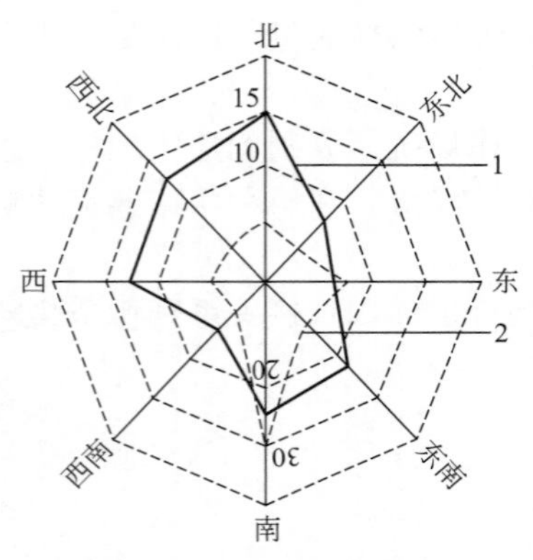

图 4-1　风向频率和烟污强度系数百分比图

1—风向频率；2—烟污强度系数

(3) 废气排出高度的影响　废气排出高度是指烟囱的有效排出高度，即烟囱本身的高度与烟气排出后上升高度之和。在其他条件相同时，废气有效排出高度越高，烟波接触地面时的截面越大，排出口的风速越大，烟气中有害物质越容易扩散和稀释。当烟气中的检测物接触地面时距离烟囱越远，其浓度越低。反之，烟气中有害物质越不易扩散和稀释，地面受到的污染越严重。因此，废气经烟囱排放时，烟波被推进一定距离后才能接触地面，烟囱附近地面处废气浓度反而较低。当废气由家用炉灶无组织排放时，废气中有害物质沿地面扩散，随着距离的增加，浓度降低。

为了掌握检测物的垂直分布情况，对于建筑物沿山坡层层分布的城市，除了设置水平采样点外，还需设置一些垂直采样点。在实际工作中，应因地制宜，往往采用以一种布点方法为主，兼用其他方法的综合布点，使采样网点布设更加完善合理。

目前，监测大气污染最有效的方法是建立大气污染自动监测系统，即在一个城市、一个区域或一个国家设置监测网，由监测中心站控制和指挥一系列的监测站，各监测站与中心站之间保持自动的信息联系。在一个监测区域内，采样点设置应根据监测范围大小、检测物的空间分布特征、人口分布及密度、气象条件、地形及经济条件等因素综合考虑确定。

4.2.1.2　工作场所采样点的选择

对工作场所空气污染状况调查主要是为了评价工作场所的环境条件，为改善劳动环境、职业卫生评价和经常性卫生监督工作提供科学依据；鉴定和评价工作场所中通风、消烟除尘等卫生技术设施的效果；调查职业中毒原因；通过现场观察与理化检验相结合，为制订职业卫生标准和厂房设计等提供依据。

(1) 工作场所空气污染情况调查　工作场所指劳动者进行职业活动的全部地点。为了正确选择采样点、采样对象、采样方法和采样时机，采样前必须对工作场所进行现场调查，必要时可进行预采样。现场调查主要包括：调查工作过程中使用的原料、辅料、生产的产品、副产品和中间产物等的种类、数量、纯度、杂质及其理化性质等；了解工作流程包括原料投入方式、生产工艺、加热温度和时间、生产方式和设备的完好程度等；了解工作地点(即劳动者从事职业活动或进行生产管理过程中经常或定时停留的地点)、劳动者的工作状况、劳动人数，了解劳动者在工作地点停留时间、工作方式、接触有害物质的程度、频度及持续时间等；了解工作地点空气中有害物质的产生和扩散规律、存在状态、浓度等；了解工作地点的卫生状况和环境条件、卫生防护设施及其使用情况、个人防护设施及使用状况等。

（2）采样点的选择　工作场所采样点是指根据监测需要和工作场所状况，选定具有代表性的、用于空气样品采集的工作地点。2004 年我国制定了《工作场所空气中有害物质监测的采样规范》(GBZ 159—2004)，包括了工作场所空气中有毒物质和粉尘监测的采样方法，适用于时间加权平均容许浓度、短时间接触容许浓度和最高容许浓度的监测。

① 采样点的选择原则。工作场所中采样点应该选择有代表性的工作地点，应包括空气中有害物质浓度最高、劳动者接触时间最长的工作地点。在不影响劳动者工作的情况下，采样点应尽可能靠近劳动者，空气收集器应尽量接近劳动者工作时的呼吸带。采样点应设在工作地点的下风向，远离排气口和可能产生涡流的地点。

在评价工作场所防护设备或措施的防护效果时，应根据设备的情况设置采样点，在工作地点劳动者工作时的呼吸带进行采样。以观察措施实施前后，工人呼吸带的有毒物质浓度的变动情况。

② 采样点数量的确定。工作场所按产品的生产工艺流程，凡逸散或存在有害物质的工作地点，至少应设置 1 个采样点。

一个有代表性的工作场所内有多台同类生产设备时，按 1～3 台设置 1 个采样点；4～10 台设置 2 个采样点；10 台以上的，至少设置 3 个采样点。对一个有代表性的工作场所，有 2 台以上不同类型的生产设备，逸散同一种有害物质时，采样点应设置在逸散有害物质浓度大的设备附近的工作地点；逸散不同种有害物质时，将采样点设置在逸散待测有害物质设备处。劳动者在多个工作地点工作时，在每个工作地点设置 1 个采样点。劳动者的工作流动时，在其流动的范围内，一般每 10m 设置 1 个采样点。仪表控制室和劳动者休息室，至少设置 1 个采样点。

③ 采样时段的选择。在空气中有害物质浓度最高的时段进行采样，采样时间一般不超过 15min。采样必须在正常工作状态和环境下进行，避免人为因素的影响。空气中有害物质浓度随季节发生变化的工作场所，应将空气中有害物质浓度最高的季节选择为重点采样季节。在工作周内，应将空气中有害物质浓度最高的工作日选择为重点采样日。在工作日内，应将空气中有害物质浓度最高的时段选择为重点采样时段。

对于职业接触限值为最高容许浓度的有害物质的采样，当劳动者实际接触时间不足 15min 时，按实际接触时间进行采样；对于短时间接触容许浓度的有害物质的采样，采样时间一般为 15min；采样时间不足 15min 时，可进行 1 次以上的采样；对于时间加权平均容许浓度的有害物质的采样，根据工作场所空气中有害物质浓度的存在状况，可选择个体采样或定点采样，长时间采样或短时间采样方法。以个体采样和长时间采样为主。个体采样应选择有代表性的、接触空气中有害物质浓度最高的劳动者作为重点采样对象。

在所选择的每个采样点都应采集平行样品。即在相同条件下，用同一台采样器的两个收集器的进气口（相距 5～10cm），同时采集两份样品。当平行样品测定结果的偏差不超过 20%时，所采样品为有效样品，否则为无效样品。平行样品间的偏差计算公式为：

$$D=\frac{2(a-b)}{a+b}\times 100\%$$

式中，D 为平行样品间的偏差；a，b 分别为两个平行样品的浓度值。

如果现场空气检测物的浓度受周围环境影响很大，平行样品测定结果的偏差超过了20%，此时可用多次单个采样分析结果的平均值或浓度波动范围来表示现场待测物的浓度。

4.2.2 工业样品的采样方法

4.2.2.1 工业废气样品采样方法

气态检测物的采样方法通常分为直接采样法和浓缩采样法两大类。内容同环境空气的采样方法，具体见第3章3.2。

4.2.2.2 气溶胶检测物的采样方法

气溶胶的采样方法主要有静电沉降法和滤料采样法等。

(1) 静电沉降法　静电沉降法是使空气样品通过高压电场（12～20kV)，气体分子被电离，产生离子，气溶胶粒子吸附离子而带电荷，在电场的作用下，带电荷的微粒沉降到极性相反的收集电极上，将收集电极表面的沉降物清洗下来，进行测定。此法采样速度快，采样效率高。但当现场有易爆炸性的气体、蒸气或粉尘时，不能使用该采样方法。

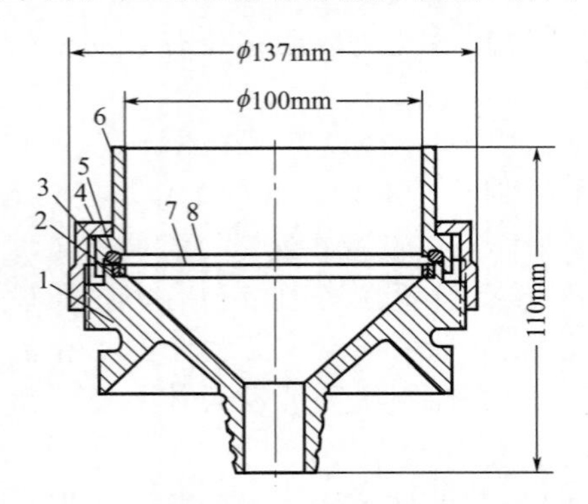

图 4-2　滤料采样夹

1—底座；2—过滤网外圈；3—过滤网内圈；4—压盖；5—密封圈；6—接尘圈；7—过滤网；8—玻璃纤维滤纸

(2) 滤料采样法　将滤料(滤纸或滤膜)安装在滤料采样夹(见图4-2)上，抽气，空气穿过滤料时，空气中的悬浮颗粒物被阻留在滤料上，用滤料上采集检测物的质量和采样体积，计算出空气中检测物浓度，这种采样方法称为滤料采样法。由于滤料具有体积小、重量轻、易存放、携带方便、保存时间较长等优点，滤料采样法已被广泛用于采集空气中的颗粒态检测物。

用滤纸或滤膜等滤料采样时，滤料对颗粒物不仅有直接阻挡作用，还有惯性沉降、扩散沉降和静电吸引等作用。滤料采样法的采样效率与滤料和气溶胶的性质有关，同时还受采样流速等因素的影响。

滤料采样夹用优质塑料制成，采样时要根据采集大气样品、采集作业场所样品的不同要求，选用直径适当的滤料和滤料垫。滤料采样夹的气密性要好，用前要进行相关性能检查：在采样夹内装上不透气的塑料薄膜，放于盛水的烧杯中，然后向采样夹内送气加压，当压差达到1kPa时，水中不产生气泡，表明滤料采样夹的气密性好。

常用滤料有定量滤纸、玻璃纤维滤纸、聚氯乙烯滤膜、微孔滤膜和聚氨酯泡沫塑料等。

① 定量滤纸。这种滤料由植物纤维素浆制成。它的优点是灰分低、机械强度高、不易破损、耐热（150℃)、价格低廉。但由于滤纸纤维较粗、孔隙较小，因此通气阻力大。采集的气溶胶颗粒能进入滤纸内部，解吸较困难。滤纸的吸湿性大，不宜用作称重法测定空气中颗粒物的浓度。空气采样时主要使用中、慢速定量滤纸或层析滤纸。

② 玻璃纤维滤纸。这种滤纸是用超细玻璃纤维制成的，厚度小于1mm。其优点是耐高温，可在低于500℃的温度下烘烤，去除滤纸上存在的有机杂质；吸湿性小、通气阻力小，适用于大流量法采集空气中低浓度的有害物质。玻璃纤维滤纸不溶于酸、水和有机溶剂，采样后可用水、有机溶剂和稀硝酸等提取待测物质。其缺点是金属空白值高，机械强度较差；溶液提取时，易成糊状，需要过滤；若要将玻璃纤维消解，需用氢氟酸或焦磷酸。石英玻璃纤维滤纸是以石英为原料制成的，克服了普通玻璃纤维滤纸空白值高的缺点，但是价格昂贵。

③ 聚氯乙烯滤膜。聚氯乙烯滤膜又称测尘滤膜，静电性强、吸湿性小、阻力小、耐酸碱、孔径小、机械强度好、重量轻，金属空白值较低，可溶于某些有机溶剂(如乙酸乙酯、乙酸丁酯)，常用于粉尘浓度和分散度的测定。它的主要缺点是不耐热，最高使用温度为55℃；采样后样品处理时，加热会发生卷曲，可能包裹颗粒物；一般不应采用高氯酸消解样品，以防发生剧烈氧化燃烧，造成样品损失。

④ 微孔滤膜。这是一种用硝酸纤维素或乙酸纤维素制作的多孔有机薄膜，质轻色白、表面光滑、机械强度较好，最高使用温度为125℃，可在沸水甚至高压釜中蒸煮。它能溶于丙酮、乙酸乙酯、甲基异丁酮等有机溶剂，也易溶于热的浓酸，但几乎不溶于稀酸中。微孔滤膜的采样效率高、灰分低，所采集的样品特别适宜气溶胶中金属元素的分析。微孔滤膜具有不同大小和孔径规格，常用的孔径规格为0.1～1.2μm。一般选用0.8μm孔径的微孔滤膜采集气溶胶。由于微孔滤膜的通气阻力较大，它的采样速率明显低于聚氯乙烯滤膜和玻璃纤维滤纸的采样速率。

⑤ 聚氨酯泡沫塑料。它是由泡沫塑料的细泡互相连通而成的多孔滤料，表面积大、通气阻力小，适宜较大流量的采样。常用于同时采集气溶胶和蒸气状态两相共存的某些检测物。使用前应进行处理，先用1mol/L NaOH煮沸浸泡数十分钟，然后用水洗净，风干。用于有机检测物的采集时，可用正己烷等有机溶剂经索氏提取4～8h后，除尽溶剂，再风干。处理好的聚氨酯泡沫塑料应密闭保存，使用过的聚氨酯泡沫塑料经处理后可以反复使用。

采样滤料种类较多，采样时应根据分析目的和要求，选择使用。所选的滤料应采样效率高、采气阻力小、重量轻、机械强度好、空白值低、采样后待测物易洗脱提取。玻璃纤维滤纸和聚氯乙烯滤膜的阻力较小，可用于较大流量的采样。

表4-1为常用滤料中杂质的含量。分析金属检测物时，最好选用金属空白值低的微孔滤膜；分析有机检测物时，要选用经高温预处理后的玻璃纤维滤纸等。

表4-1　几种滤料中的无机元素含量(本底值，单位：$\mu g/cm^2$)

元素	玻璃纤维	有机滤膜	银薄膜	元素	玻璃纤维	有机滤膜	银薄膜
As	0.08	—	—	Mo	—	0.0001	—
Be	0.04	0.0003	0.2	Ni	<0.08	0.001	0.1
Bi	—	<0.001	—	Pb	0.8	0.008	0.2
Cd	—	0.005	—	Sb	0.03	0.001	—
Co	—	0.00002	—	Si	7000	0.1	13
Cr	0.08	0.002	0.06	Sn	0.05	0.001	—
Cu	0.02	0.006	0.02	Ti	0.8	2	0.2
Fe	4	0.03	0.3	V	0.03	0.001	—
Mn	0.4	0.01	0.03	Zn	160	0.002	0.01

4.2.2.3　气态和气溶胶两种状态检测物的同时采样方法

许多工业废气检测物并不是以单一状态存在的，而是常以气态和气溶胶两种状态共存于空气中，有时需要同时采集和测定，并要求采样时不能改变它们原来的存在状态。两种状态检测物的同时采样法主要有浸渍滤料法、泡沫塑料采样法、多层滤料采样法以及环形扩散管与滤料组合采样法等。

（1）浸渍滤料法　先将某种化学试剂浸渍在滤料(滤纸或滤膜)上，采样时，利用滤料的物理阻留作用、吸附作用，以及待测物与滤料上化学试剂的反应，同时采集气态和颗粒态检测物，这种采样方法称为浸渍滤料法。浸渍滤料的采样效率高，应用范围广泛。

（2）泡沫塑料采样法　聚氨酯泡沫塑料比表面积大、气阻小，适用于较大流量的采样。聚氨酯泡沫塑料具有多孔性，它既可以阻留气溶胶，又可以吸附有机蒸气。杀虫剂、农药等检测物是一种半挥发性物质，常以蒸气和气溶胶两种状态共存于空气中，可用泡沫塑料采样法采集分析。

采样时，通常在滤料采样夹后连接一个圆筒，组成采样装置(见图 4-3)。采样夹内安装玻璃纤维滤纸，用于采集颗粒物；圆筒内可装 4 块泡沫塑料（每块长 4cm、直径 3cm)，用于采集蒸气状态的检测物。泡沫塑料使用前需预处理，除去杂质。这一方法已成功用于空气中多环芳烃的蒸气和气溶胶的测定。

（3）多层滤料采样法　用两层或三层滤料串联组成一个滤料组合体(见图 4-4)，第一层滤料采集颗粒物，常用的滤料是聚四氟乙烯滤膜、玻璃纤维滤纸或其他有机纤维滤料；第二层或第三层滤料是浸渍过化学试剂的滤纸，用于采集通过第一层的气态组分。例如，采集无机氟化物时，第一层是乙酸纤维素或硝酸纤维素滤膜，采集颗粒态氟化物，第二层是用甲酸钠或碳酸钠浸渍过的滤纸，采集气态氟化物。为了减少气态氟化物在第一层滤膜上的吸附，第一层可采用带有加热套的采样夹。

多层滤料采样法存在的主要问题是：气体通过第一层滤料时，可能部分气体被吸附或发生反应而造成损失，使用玻璃纤维滤膜采样时这一现象更为突出；一些活泼的气体与采集在第一层滤料上的颗粒物反应，以及颗粒物在采样过程中分解，导致气相组分和颗粒物组成发生变化，造成采样和测定误差。

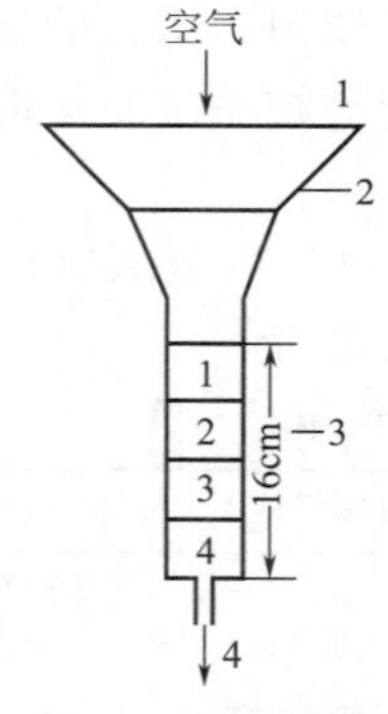

图 4-3　泡沫塑料采样装置

1—采样夹罩；2—装滤料的采样夹；3—装泡沫塑料的圆筒；4—接抽气泵

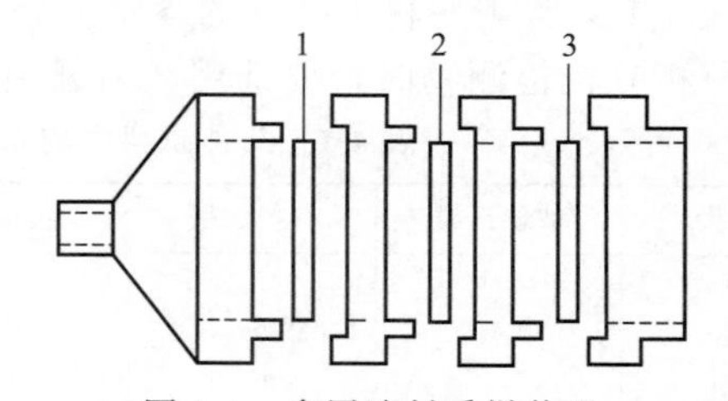

图 4-4　多层滤料采样装置

1—第一层滤料；2—第二层滤料；3—第三层滤料

（4）环形扩散管与滤料组合采样法

① 扩散管与滤料组合采样法。扩散管和滤料组合采样法是针对多层滤料采样法的缺点发展起来的。采样装置由扩散管和滤料夹组成，扩散管为内壁涂有吸收液膜的玻璃管。如图 4-5 所示，当空气进入扩散管时，气体检测物分子质量小、惯性小，易扩散到管壁上，被吸收液吸收；颗粒物则受惯性作用通过扩散管，被后面的滤料阻留。气体的采样效率与扩散管

的长度和气体流量有关。通常扩散管的内径为2～6mm，长度为100～500mm，采气流量小于2L/min。

② 环形扩散管与滤料组合采样法。环形扩散管与滤料组合采样法是在扩散管与滤料组合采样法的基础上进一步发展起来的，可以在较大流量下采样。

环形扩散管与滤料组合采样装置由颗粒物切割器、环形扩散管和滤料夹三部分组成，基本结构见图4-6。环形扩散管是用玻璃制成的两个同心玻璃管，外管长20～30cm，内径3～4cm。内管为两端封闭的空心玻管，内外管之间的环缝为0.1～0.3cm，两段环形扩散管可以涂渍不同的试剂。临用前，在环形扩散管上涂渍适当的吸收液后，用净化的热空气流干燥，密闭待用。采样时，先将涂渍不同试剂的两段环形扩散管连接，再与后面的滤膜采样夹相连接。常用的颗粒物切割器有撞击式和旋风式两种，在设计流量下，50%的切割直径（D_{50}）为2.5μm或4μm（$PM_{2.5}$或PM_4）和10μm（PM_{10}）。

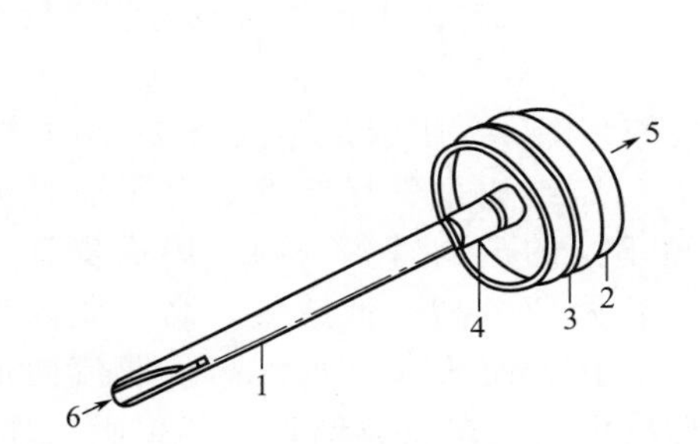

图4-5 扩散管与滤料组合采样法示意图

1—扩散管；2—滤料夹；3—滤料；4—连接二通；5—至抽气泵；6—样气入口

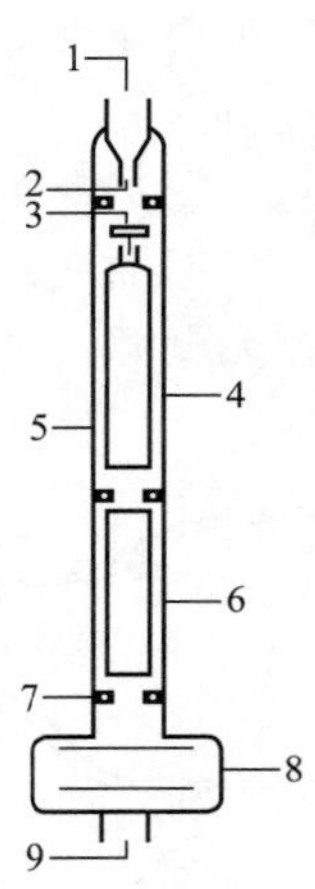

图4-6 环形扩散管与滤料组合采样器示意图

1—进气口；2—气体加速喷嘴；3—撞击式切割器；4—第一环型扩散管；5—环型狭缝；6—第二环型扩散管；7—密封圈；8—两层滤料夹；9—连接采样动力

当采样气流以层流状态（雷诺数<2000）通过扩散管时，根据Possanzini等人的推导，环形扩散管对气体组分的采气效率可按下式计算：

$$E=1-\frac{c}{c_0}\approx 1-0.819\exp(-22.53\Delta_a)$$

$$\Delta_a=\frac{\pi DL(d_1+d_2)}{4Q(d_2-d_1)}$$

式中，c_0为进入管内待测气体的浓度，μg/m^3；c为从管内流出待测气体的平均浓度，μg/m^3；D为该气体的扩散系数，cm^2/s；L为涂渍部分的管长，cm；Q为通过扩散管的气体流量，cm^3/s；d_1、d_2分别为环形扩散管内管的外径、外管的内径，cm。

当采样气流呈层流状态通过环形扩散管时，环型扩散管采集气体的效率主要决定于扩散管的几何尺寸和采样速度。

环形扩散管与滤料组合采样法已广泛应用于大气、室内空气中气态和气溶胶共存的污染物采样。例如用分别涂渍1%Na_2CO_3甲醇溶液和5%H_3PO_3甲醇溶液的两段环形扩散管同时收集室内空气和大气中的气态氨、硝酸、氯化氢和二氧化硫气体，并用聚四氟乙烯滤膜和尼龙（Nylon）滤膜置于环形扩散管之后采集相应的颗粒物，均获得满意的结果。

环形扩散管价格低廉，可反复使用，但是环形扩散管的设计和加工精度要求较高，否则，颗粒物通过扩散管环缝时也可能因碰撞或沉积而造成损失。

4.2.3 采样仪器

空气采样仪器又称为空气采样器，指以一定的流量采集空气样品的仪器，通常由收集器、抽气动力和流量调节装置等组成。采样时应按照收集器、流量计、采样动力的先后顺序串联，保证空气样品首先进入收集器而不被污染和被吸附，使所采集的空气样品具有真实性。

4.2.3.1 采气动力

采样过程中需要使用抽气动力，使空气进入或通过收集器。实际工作中，应根据采样方法的流量和采样体积选择合适的抽气动力。常用的采气动力有手抽气筒、水抽气瓶、电动抽气机和压缩空气吸引器等。

(1) 手抽气筒　它是由一个金属圆筒和活塞构成的。拉动活塞柄，利用活塞往返运动，可连续抽气采样。根据抽气筒的容积和抽气次数控制和计算采气量，利用抽气快慢控制采样速率。它适用于在无电源、采气量小和采气速度慢的情况下采样。手抽气筒使用前应校正容积，检查是否漏气。

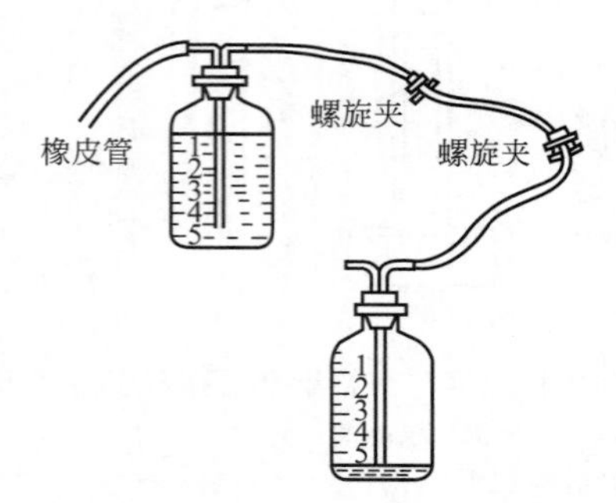

图 4-7　水抽气瓶示意图

(2) 水抽气瓶　图 4-7 所示是用两个 2～10L 带容积刻度的小口玻璃瓶组成采气样装置。每个瓶口的橡皮塞内插入长短不同的玻璃管各一根，用橡皮管连接两根长玻璃管，将两瓶一高一低放置，高位瓶内充满水后盖好橡皮塞，松开螺旋夹，水由高位瓶流向低位瓶，在高位瓶形成负压，在短玻璃管处产生吸气作用。采样时，将收集器与高位瓶的短玻璃管连接，并通过螺旋夹调节水流速率来调节采样速率。采集所需的气体体积后，夹紧螺旋夹，高位瓶中水面下降的体积刻度，即为所采集的空气体积。适用于采样速度≤2 L/min、无电源或者易燃、易爆的现场采样。水抽气瓶可用玻璃瓶，也可采用塑料瓶。为了准确测量采样体积，采样前应对水抽气瓶进行气密性能检查。

(3) 电动抽气机　电动抽气机种类较多，常见的有以下几种。

① 吸尘器：是一种流速较大、阻力较小的采气动力。采样过程中，每隔 30min 应停机片刻，以防电动机发热，损坏电动机。在电动机转动过程中，若出现声音异常、产生火花或动力突然下降，应立即停机检查。吸尘器的采样动力易受外界电压变化的影响，产生采样误差。采样时应注意观察流量的变化。

② 真空泵：适于用作阻力较大的采集器的采气动力。真空泵可长时间采样，但机身笨重，不便于现场使用。

③ 刮板泵：适用于各种流速的采集器，可进行较长时间采样，具有重量轻、体积小、使用寿命长和克服阻力性能好等特点。

④ 薄膜泵：利用电动机通过偏心轮带动泵上的橡皮薄膜不断地做抬起、压下运动，产生吸气、排气作用，达到采气目的。该泵噪声小、重量轻，能克服一定的阻力。根据泵体的大小，采气范围为 0.5～3L/min。它被广泛用作大气采样器和大气自动分析仪器的抽气动力。

(4) 压缩空气吸引器　压缩空气吸引器又称为负压引射器(见图 4-8)。利用压缩空气高速喷射时，吸引器产生的负压作为抽气动力。适用于禁用明火及无电源但具备压缩空气的场所，特别适宜矿山井下采样，可以连续使用。采样时控制压缩空气的喷射量可调节采样速率。

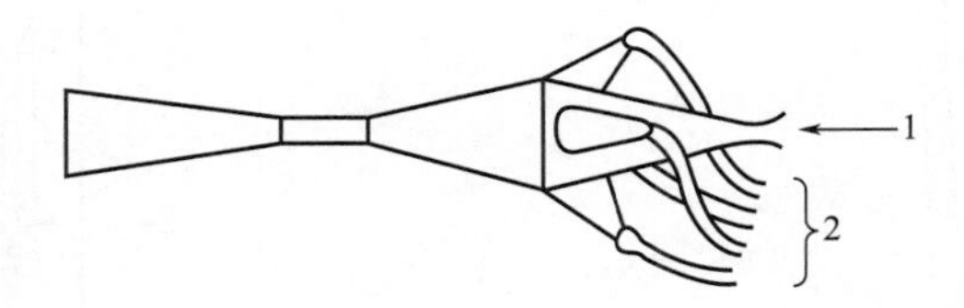

图 4-8　压缩空气吸引器
1—压缩空气；2—吸气口接吸气管

4.2.3.2　气体流量计

测量气体流量的仪器称为气体流量计。气体流量计种类很多，常用的主要有转子流量计、孔口流量计、皂膜流量计和湿式流量计四种。转子流量计和孔口流量计轻便、易于携带，适用于现场采样；皂膜流量计和湿式流量计测量气体流量比较精确，一般用来校正其他流量计。皂膜流量计、湿式流量计直接测量气体流过的体积值；转子流量计、孔口流量计测量气体的流速。

由于空气的体积受到很多因素的影响，使用前应校正流量计的刻度。

(1) 转子流量计　转子流量计由一根内径上大下小的玻璃管和一个转子组成(见图 4-9)。转子可以是铜、铝、不锈钢或塑料制成的球体或上大下小的锥体。由于玻璃管中转子下端的环形孔隙截面积比上端的大，当气体从玻璃管下端向上流动时，转子下端的流速小，上端的流速大。因此，气体对转子的压力下端比上端大，这一压力差（Δp）使转子上升。另外，气流对转子的摩擦力也使转子上升。当压力差、摩擦力共同产生的上升作用力与转子自身的重量相等时，转子就停留在某一高度，这一高度的刻度值指示这时气体的流量（Q）。气体流量与采样时间的乘积即为采集气体的量。气体流速越大，转子上升越高。气体流量计算公式如下：

$$Q=k\sqrt{\frac{\Delta p}{\rho}}$$

式中，k 为常数；ρ 为空气密度，mg/m^3。由于气温、气压等因素对空气密度有影响，因此气体流量也受气温和气压的影响。

采样前，应将转子流量计的流量旋钮关至最小，开机后由小到大调节流量至所需的刻度。使用前，应在收集器与流量计之间连接一个小型缓冲瓶，以防止吸收液流入流量计而损坏采样仪。在实际采样工作中，若空气湿度大，应在转子流量计进气口前连接干燥管除湿，以防转子吸附水分增加自身质量，使流量测量结果偏低。

(2) 孔口流量计　孔口流量计是一种压力差计，有隔板式和毛细管式两种类型。在水平玻璃管的中部有一个狭窄的孔口(隔板)，孔口前后各连接 U 形管的一端(见图 4-10)，U 形管中装有液体。不采样时 U 形管两侧液面在同一水平面上；采样时，气体流经孔口，因阻力产生压力差。孔口前压力大，液面下降；孔口后压力小，液面上升。液柱差与两侧压力差成正比，与气体流量成正相关关系。常用流量计的孔口为 1.5mm 或 3.0mm，相应的流量为 5L/min 或 15L/min。

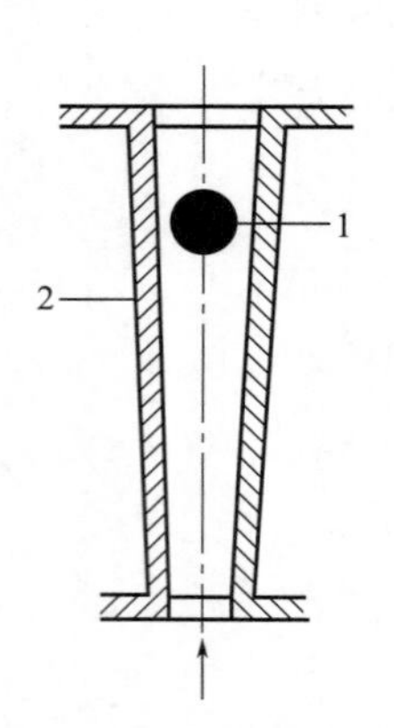

图 4-9　转子流量计

1—转子；2—锥形玻璃管

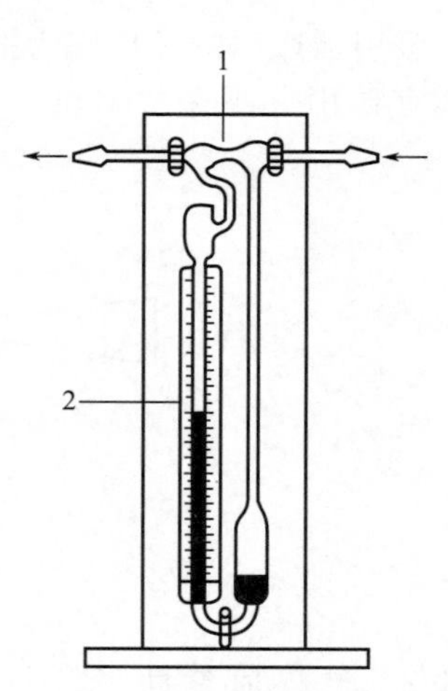

图 4-10　孔口流量计

1—孔口；2—标尺

(3) 皂膜流量计　皂膜流量计由一根有体积刻度的玻璃管和橡皮球组成(见图 4-11)。玻璃管下端有一支管，橡皮球内装满肥皂水，当用手挤压橡皮球时，肥皂水液面上升至支管口，从支管流入的气流使肥皂水产生致密的肥皂膜，并推动其沿管壁缓慢上升。肥皂膜从起始刻度到终止刻度所示的体积值就是流过气体的量，记录相应的时间，即可计算出气体的流速。

肥皂膜气密性良好、质量轻，沿清洁的玻璃管壁移动的摩擦力只有 20～30Pa，阻力很小。由于皂膜流量计的体积刻度可以进行校正，并用秒表计时，因此皂膜流量计测量气体流量精确，常用于校正其他种类的流量计。根据玻璃管内径大小，皂膜流量计可以测量 1～100mL/min 的流量，测量误差小于 1%。皂膜流量计测定气体流量的主要误差来源是时间的测量，因此要求气流稳定，皂膜上升速度不超过 4cm/s，保证皂膜有足够长的时间通过刻度区。

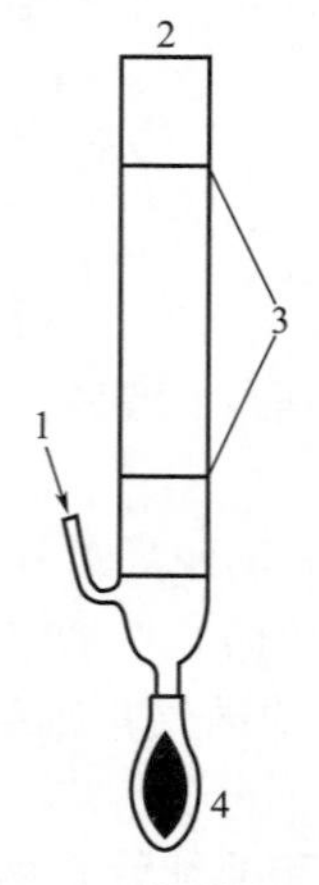

图 4-11　皂膜流量计

1—进气口；2—出气口；3—刻度线；4—橡皮球

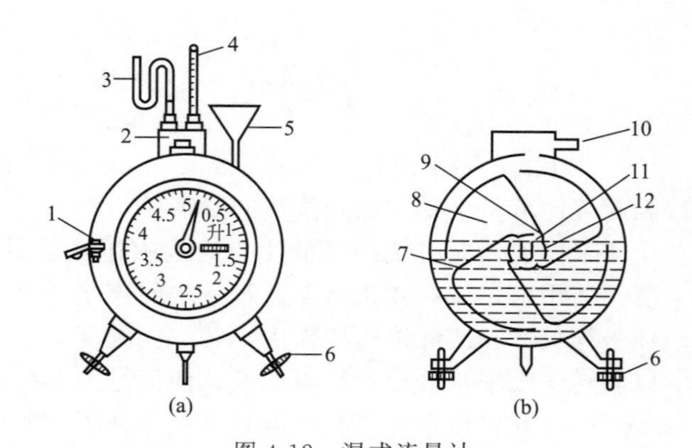

图 4-12　湿式流量计

1—水位口；2—水平仪；3—开口压力计；4—温度计；5—加水漏斗；6—水平螺丝；7—小室外孔；8—小室；9—小室内孔；10—出气管；11—进气管；12—圆柱形室

(4) 湿式流量计　它由一个金属筒制成，内装半筒水，筒内装有一个绕水平轴旋转的鼓轮，将圆筒内腔分成四个小室(见图 4-12)。当气体由进气管进入小室时，推动鼓轮旋转，鼓轮的转轴与筒外刻度盘上的指针连接，指针所示读数即为通过气体的流量。刻度盘上的指针每旋转一圈为5L或10L。记录测定时间内指针旋转的圈数就能算出气体流过的体积。在湿式流量计上方配有压力计和温度计，可测定通过气体的温度和压力。湿式流量计上附有一个水平仪，底部装有螺旋，可以调节水平位置；前方一侧有一水位计，多加的水可从水位计的出水口溢出，保证筒内水量准确。使用前应进行漏气、漏水检查，否则会影响流量的准确测量。

不同的湿式流量计由于进气管内径不同，最大流量限额不一样。盘面最大刻度为10L的湿式流量计，其最大流量限额为25L/min；5L的则为12.5L/min。湿式流量计测量气体流量准确度较高，测量误差不超过5%。但自身笨重，携带不便，常用于实验室中校正其他流量计。

4.2.3.3 专用采样器

在空气理化检验工作中，为了便于采样，通常将收集器、气体流量计和抽气动力组装在一起形成专用采样器。根据采样工作需要，采样时可以选择不同的收集器。一般专用采样器选用转子流量计测量气体流量，以电动抽气机作为采样动力。不少采样器上还装有自动计时器，能方便、准确地控制采样时间。专用采样器体积小、重量轻、携带方便、操作简便。

根据其用途，专用采样器可分为以下六种。

(1) 大流量采样器　大流量采样器如图4-13所示。其流量范围为1.1～1.7m^3/min，滤料夹上可安装200mm×250mm的玻璃纤维滤纸，以电动抽气机为抽气动力。空气由山形防护顶盖下方狭缝处进入水平过滤面，采集颗粒物的粒径范围为0.1～100μm，采样时间可持续8～24h，利用压力计或自动电位差计连续记录采样流量，适用于大气中总悬浮颗粒物的采集。新购置的采样器和更换电机后的采样器应进行流量校准，采样器在使用期间，每月应定期校准流量。

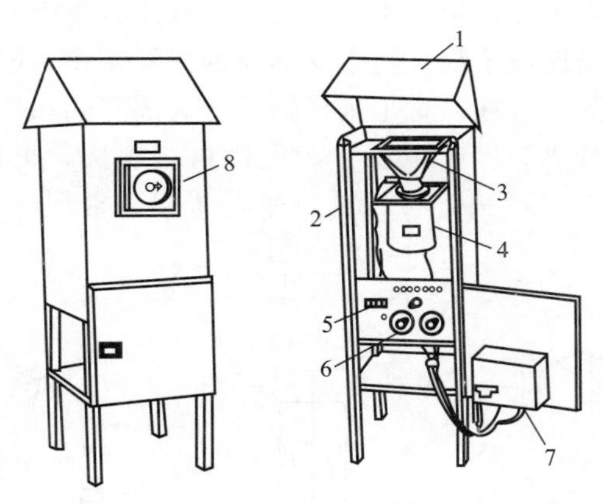

图4-13　大流量采样器

1—防护盖；2—支架；3—滤料夹；4—大容量涡流风机；5—计时器；6—计时程序控制器；7—流量控制器；8—流量记录器

(2) 中流量采样器　中流量采样器由空气入口防护罩、采样夹、转子流量计、吸尘器等组成(见图4-14)。其工作原理与大流量采样器基本相同，但采气流量和集尘有效过滤面积较大流量采样器小，有效集尘面的直径为100mm，通常以200～250L/min流量采集大气中的总悬浮颗粒物。采样滤料常用玻璃纤维滤纸或聚氯乙烯滤膜，采样时间为8～24h。使用前，应校准其流量计在采样前后的流量。

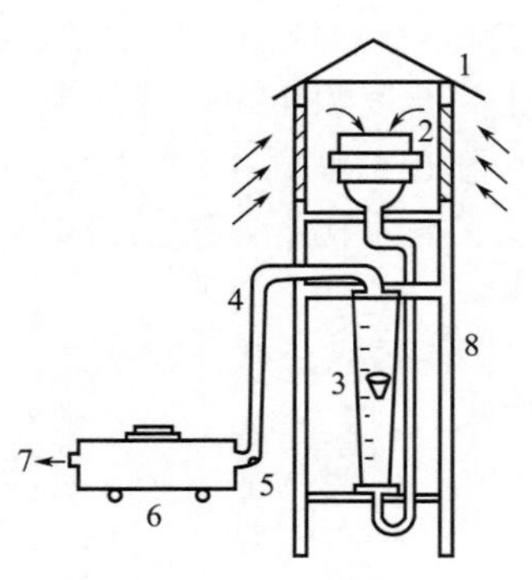

图 4-14 中流量采样器

1—空气入口防护罩；2—采样夹；3—转子流量计；4—导气管；5—流量调节孔；6—吸尘器；7—排气；8—支架

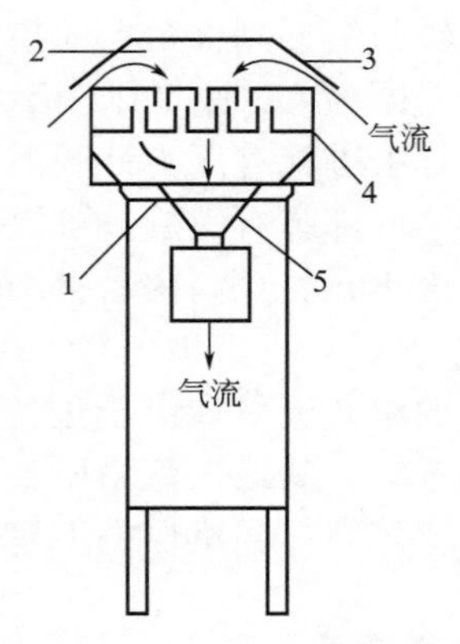

图 4-15 大流量分级采样器

1—滤膜；2—分级挡板；3—入口盖；4—分离切割器；5—标准大流量采样器

（3）小流量采样器　小流量采样器的结构与中流量采样器相似。采样夹可装直径 40mm 的滤纸或滤膜，采气流量 20～30L/min。由于采气量少，需要较长时间的采样才能获得足够量的样品，通常只适宜做单项组分的测定。如可吸入颗粒物采样器或 PM_{10} 采样器，采气流量为 13L/min，入口切割器上切割粒径为 30μm，$D_{50}=(10\pm1)\ \mu m$。

（4）分级采样器　通常可在采样器的入口处加一个粒径分离切割器构成分级采样器。图 4-15 是大流量分级采样器。粗的颗粒被粒径分离切剖器截留，细的颗粒通过切割器后，被装在后面的滤料收集。采样后，分别测定各级滤料上所采集颗粒物的含量和成分。分级采样器有二段式和多段式两种类型。二段式主要用于测定 TSP 和 PM_{10}，多段式可分别采集不同粒径范围的颗粒物，用于测定颗粒物的粒度分布。粒径分离切割器的工作原理有撞击式、旋风式和向心式等多种形式。

（5）粉尘采样器　粉尘采样器用于采集粉尘，以测定空气中粉尘浓度、分散度、游离二氧化硅等化学有害物质和病原微生物。粉尘采样器的采样速率一般为 10～30L/min。它配有滤料采样夹，可用滤纸或滤膜采样。粉尘采样器又分为固定式和携带式两种。携带式粉尘采样器(见图 4-16)由滤料采样夹、转子流量计、电动机等组成，可用三脚支架支撑，采样高度为 1.0～1.5m。它有两个采样夹，可以进行平行采样。常用于采集工作场所空气中的烟和尘。

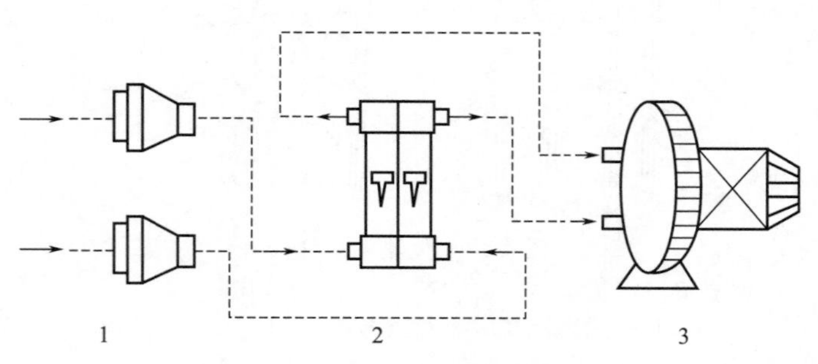

图 4-16 携带式粉尘采样器

1—滤料采样夹；2—转子流量计；3—电动机

（6）气体采样器　图 4-17 为携带式气体采样器的结构示意图。它用于采集空气中气体和蒸气状态有害物质，采样速度一般在 0.2～1.5L/min 范围内，所用抽气动力多为薄膜泵。携带式气体采样器适用于与阻力和流量较小的气泡吸收管、多孔玻板吸收管等收集器配套采样。该仪器轻便、易携，常用于现场采样。

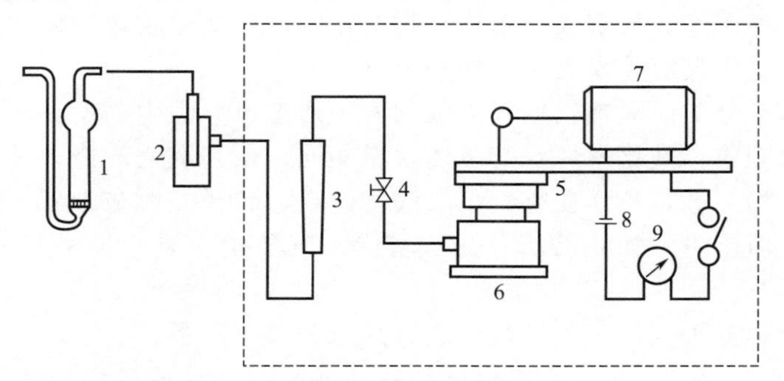

图 4-17 携带式气体采样器结构示意图

1—吸收管；2—滤水阱；3—流量计；4—流量调节阀；5—抽气泵；6—稳流器；7—电动机；8—电源；9—定时器

综上所述，采样仪器在使用前，应按仪器说明书对仪器进行检验和标定；对采样系统进行气密性检查，不得漏气；要用一级皂膜计校准采样系统的流量，误差不超过5%。

4.3 工业废气污染物的测定方法

工业废气污染物的主要监测指标和环境空气污染物的主要监测指标相同，因此具体指标的测定方法可参见第3章3.3。

4.3.1 空气检测物的存在形态

空气中检测物的存在状态，取决于它们本身的理化性质和形成过程。气象条件对其也有一定影响。空气检测物有气体、蒸气和气溶胶三种存在状态。因此根据存在状态的不同，空气检测物可分为气体、蒸气和气溶胶状态检测物。

4.3.1.1 气体和蒸气状态检测物

（1）气体状态检测物　气体状态检测物是指在常温、常压下以气体状态分散在空气中的检测物。常见的气体状态检测物有 SO_2、CO、CO_2、NO_2、NH_3、H_2S、HF 等，它们的沸点都比较低，在常温常压下以气体形式存在，从污染源进入空气后，仍然以气体形式存在。

（2）蒸气状态检测物　蒸气状态检测物是指固态或液态物质受热升华或挥发而分散在空气中的检测物。例如汞蒸气、苯蒸气和硫酸蒸气等。蒸气遇冷后，仍能逐渐恢复至原有的固体或液体状态。

气体和蒸气状态检测物均匀地分布在空气中，它们的运动速度较大，可以扩散到较远的地方。不同的气体或蒸气的密度各不相同，相对密度大的向下沉降，相对密度小的可以长时间的飘浮在空气中。

4.3.1.2 气溶胶状态检测物

气溶胶是由固态颗粒和液态颗粒分散在空气中形成的一种多相分散体系。气溶胶粒度大小不同，其化学和物理学性质差异也很大。极细的颗粒几乎与气体和蒸气一样，受布朗运动支配，在空气中经过碰撞，能聚集或凝聚成较大的颗粒；而较大的颗粒因受重力影响很大，很少聚集或凝聚，易沉降。气溶胶状态检测物的化学性质受颗粒物的化学组成和表面所吸附物质的影响。目前对于气溶胶尚无统一的分类方法。

（1）按物理形态分类　通常根据气溶胶的物理形态可分为尘、烟和雾。尘是由于各种机械作用粉碎而成的颗粒，其化学性状与母体材料相同。烟是燃烧产物，是炭粒、水汽、灰分等燃烧产物的混合物。雾是悬浮在空气中的液体微粒，粒径一般在 10μm 以下。雾一般由蒸气冷凝或液体雾化而产生，如硫酸雾、硝酸雾等。气象学上是指使大气能见度减小到 1km 内的水滴悬浮体系。

（2）按形成方式分类　气溶胶按其形成方式分为以下三类。

① 分散性气溶胶。由固态或液态物质经粉碎或喷射，形成微小粒子，分散在空气中形成的气溶胶称为分散性气溶胶。如煤粉尘、矿石粉尘属于固态分散性气溶胶，硫酸雾、喷洒农药产生的微小液滴属于液态分散性气溶胶。

② 凝聚性气溶胶。白气体或蒸气（其中包括固态升华而成的蒸气）遇冷凝聚成液态或固态微粒形成的气溶胶称为凝聚性气溶胶。例如金属冶炼时，形成的金属氧化物烟尘；有机溶剂遇冷凝聚形成的雾滴等，这些都属于凝聚性气溶胶。

③ 化学反应形成的气溶胶。有些一次检测物在空气中可发生多种化学反应，形成颗粒状物质，悬浮在空气中形成气溶胶，这种气溶胶称为化学反应形成的气溶胶。如 NO_2、SO_2 在一定条件下氧化并与水反应生成硝酸、亚硝酸和硫酸，再与空气中无机尘粒反应形成硝酸盐、亚硝酸盐和硫酸盐气溶胶。

空气气溶胶不仅参与空气中云、雨、雾、雪等湿沉降过程，而且还造成一系列的环境问题，如臭氧层破坏、酸雨的形成、烟雾事件的发生等。空气气溶胶颗粒的化学成分、粒径大小和浓度不同时，对环境和健康的影响程度也不同。近年来，人们进一步认识到空气气溶胶的细颗粒物 PM_{10}、$PM_{2.5}$ 易于富集空气中的有毒重金属、酸性氧化物、有机检测物、细菌和病毒等，细颗粒气溶胶可附着于呼吸道，甚至进入肺部沉积，对人体健康危害极大。因此，对气溶胶的卫生检验是空气污染监测的重要部分。

空气检测物的存在状态非常复杂，许多检测物以多种状态存在于空气中。例如 SO_2、NO_x 在空气中可以气态存在，也可与 NH_3 反应生成硫酸铵和硝酸铵以气溶胶状存在；PAHs 多数聚集在颗粒物表面以气溶胶状态存在，也可能以 PAHs 蒸气状态存在。因此，采样时应该根据气溶胶的实际存在状态，选用正确的采样方法，确保采样效率，以便获得正确的检验结果。空气样品具有流动性和易变性，空气中有害物质的存在状态、浓度和分布状况易受气象条件的影响而发生变化，要正确地反映空气污染的程度、范围和动态变化的情况，必须正确采集空气样品。否则，即使采用灵敏和精确的分析方法，所测得的结果也不能代表现场空气污染的真实情况。因此，空气样品的采集是空气理化检验中至关重要的环节。

4.3.2 空气检测物浓度的表示方法

空气检测物浓度的表示方法通常有以下几种。

（1）质量体积浓度　这种方法以每立方米空气中含有物质的毫克数表示，单位为 mg/m^3。这是我国法定计量单位之一，可用于表示气体、蒸气和气溶胶状态空气检测物的浓度。

（2）体积浓度　指每立方米空气中含有检测物的毫升数，单位为 mL/m^3。这种表示法仅适用于表示气体和蒸气状态检测物的浓度，不适用于气溶胶状态检测物的浓度。

（3）数量浓度　指每立方米空气中含有多少个分子、原子或自由基，单位为个数/m^3。

通常用来表示空气中浓度水平极低的检测物的含量。

我国颁布的居住区大气和车间空气中有害物质的最高容许浓度以及室内空气质量卫生标准中空气检测物的浓度均以 mg/m^3 表示，国外一些文献有时以体积浓度（ppm 或 ppb）表示空气检测物的浓度。这两种浓度可按下式换算。

$$检测物浓度(mg/m^3)=M\times 22ppm/22.4$$

在测定空气中有害物质时，不同现场的气象条件可能不同，为了使污染物的测定结果具有可比性，必须将采样体积换算成标准状况下的体积，再进行空气中有害物质浓度的计算。因此，采样时应记录采样现场的气温和气压，并根据气体状态方程将其换算成标准状况下的采样体积。

$$V_0=V_t\times\frac{T_0}{T}\times\frac{p}{p_0}=V_t\times\frac{273}{T}\times\frac{p}{101.325}$$

式中，V_0 为标准状况下的采样体积，m^3；V_t 为实际采样体积，m^3；T_0 为标准状况下的绝对温度，273K；T 为采样时的绝对温度，K；p_0 为标准状况下的大气压，101.325kPa；p 为采样时的大气压，kPa。

4.4 实训 工业废气的监测

4.4.1 自然降尘量的测定——重量法

【背景知识】

降尘是指从空气中自然降落于地面的颗粒物。颗粒物是大气污染中数量最多、成分复杂、性质多样、危害较大的一种，它本身可以是有毒物质，还可以是其他有害物质在大气中的运载体、催化剂或反应床。在某些情况下，颗粒物质与所吸附的气态或蒸气态物质结合会产生比单个组分更大的协同毒性作用，大气中的悬浮颗粒污染物，特别是细小颗粒对人体的健康损害极大，各种呼吸道疾病的产生无不与之有关。悬浮颗粒污染物对环境也有严重影响，大雾弥漫会减弱太阳辐射和黑度，使局部区域气候恶化等。监测大气中悬浮颗粒物浓度对于治理悬浮颗粒物、保护人类、保护环境、保护自然意义重大。对颗粒物质的研究有助于了解空气质量。

4.4.1.1 实训目的

① 掌握降尘的测定方法和原理。
② 掌握采样技巧和采样应注意的事项。
③ 熟悉蒸发、干燥的全过程。

4.4.1.2 测定依据

本实训采用重量法定大气中总悬浮颗粒物的含量，依据为《环境空气 总悬浮颗粒物的测定 重量法》(GB/T 15432—1995)。

4.4.1.3 实训程序

（1）仪器准备与清洗

确定仪器及规格、数量 → 洗净，烘干至恒重，备用

（2）试剂的准备与溶液的配制

（3）自然降尘量的测定

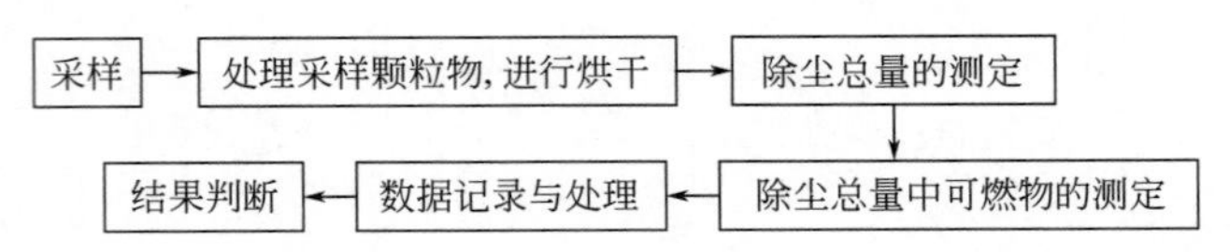

4.4.1.4 实验准备

（1）仪器　集尘缸：内径（15±0.5）cm、高 30cm 的圆筒形玻璃缸，缸底要平整。100mL 瓷坩埚，电热板（2000W），搪瓷盘，分析天平(感量 0.1mg)。

（2）试剂　本标准所用试剂除另有说明外，均为公认的分析纯试剂和蒸馏水或同等纯度的水、乙二醇（$C_2H_6O_2$）。

（3）采样点的设置和样品的收集　在采样前，首先要选好采样点。选择采样点时，应先考虑集尘缸不易损坏的地方，还要考虑操作者易于更换集尘缸。普通的采样点一般设在矮建筑物的屋顶，或根据需要也可以设在电线杆上；采样点附近不应有高大建筑物，并避开局部污染源；集尘缸放置高度应距离地面 5～12m。在某一地区，各采样点集尘缸的放置高度尽力保持在大致相同的高度，如放置于屋顶平台上，采样口应距平台 1～1.5m，以避免平台扬尘的影响；集尘缸的支架应稳定、坚固，以防止被风吹倒或摇摆；在清洁区设置对照点。

集尘缸放到采样点之前，应加入乙二醇水溶液(加乙二醇既可以防止冰冻，又可以保持缸底湿润，还能抑制微生物及藻类的生长)，加入量以占满缸底为准，视当地的气候情况而定，例如冬季和夏季加 50mL，其他季节可加 100～200mL。加好后，罩上塑料袋，直到把缸放在采样点的固定架上后再把塑料袋取下，开始收集样品。记录放缸地点、缸号、时间（年、月、日、时）。

按月定期更换集尘缸一次（30d±2d）。取缸时应核对地点、缸号，并记录取缸时间(年、月、日、时)，罩上塑料袋，带回实验室。取换缸的时间规定为月底 5d 内完成。在夏季多雨季节，应注意缸内积水情况，防止水满溢出，及时更换新缸，将采集的样品合并后测定。

4.4.1.5 项目实施

（1）瓷坩埚的准备　将 100mL 的瓷坩埚洗净、编号，在（105±5)℃下，于烘箱内烘 3h，取出放入干燥器内，冷却 50min，在分析天平上称量，再烘 50min，冷却 50min，再称量，直至恒重（两次重量之差小于 0.4mg），此值为 W_0。然后将其在 600℃灼烧 2h，待炉内温度降至 300℃以下时取出，放入干燥器中，冷却 50min，称重。再在 600℃下灼烧 1h，冷却，称量，直至恒重，此值为 W_b。

（2）降尘总量的测定　首先用尺子测量集尘缸的内径（按不同方向至少测定三处，取其

算术平均值)，然后用光洁的镊子将落入缸内的树叶、昆虫等异物取出，并用水将附着在上面的细小尘粒冲洗下来后扔掉，用淀帚把缸壁擦洗干净，将缸内溶液和尘粒全部转入500mL烧杯中，在电热板上蒸发，使体积浓缩到10～20mL，冷却后用水冲洗杯壁，并用淀帚把杯壁上的尘粒擦洗干净，将溶液和尘粒全部转移到已恒重的100mL瓷坩埚中，放在搪瓷盘里，在电热板上小心蒸发至干（溶液少时注意不要迸溅)，然后放入烘箱于（105±5)℃烘干，按上述方法称量至恒重，此值为W_1。

注：淀帚是在玻璃棒的一端，套上一小段乳胶管，然后用止血夹夹紧，放在（105±5)℃的烘箱中，烘3h后使乳胶管黏合在一起，剪掉不黏合的部分制得，用来扫除尘粒。

（3）降尘总量中可燃物的测定　将上述已测降尘总量的瓷坩埚放入马弗炉中，在600℃灼烧3h，待炉内温度降至300℃以下时取出，放入干燥器中，冷却50min，称重。再在600℃下灼烧1h，冷却，称量，直至恒重，此值为W_2。

将与采样操作等量的乙二醇水溶液，放入500mL的烧杯中，在电热板上蒸发浓缩至10～20mL，然后将其转移至已恒重的瓷坩埚内，将瓷坩埚放在搪瓷盘中，再放在电热板上蒸发至干，于（105±5)℃烘干，称量至恒重，减去瓷坩埚的重量W_0，即为W_c。然后放入马弗炉中在600℃灼烧，称量至恒重，减去瓷坩埚的重量W_b，即为W_d。测定W_c、W_d时所用乙二醇水溶液与加入集尘缸的乙二醇水溶液应是同一批溶液。

4.4.1.6　原始记录

认真填写环境空气采样及现场检测原始数据记录表(表4-2)、降尘总量测定原始数据记录表(表4-3)和降尘总量中可燃物测定原始数据记录表(表4-4)。

表4-2　环境空气采样及现场检测原始数据记录表

采样地点______　日期______　气温______　气压______　相对湿度______　风速______

项目	点位	编号	采样面积/cm²	采样天数/d	质量/mg	仪器名称及编号
现场情况及布点示意图：						
备注						

采样及现场监测人员______　质控人员______　运送人员______　接收人员______

表4-3　降尘总量测定原始数据记录表

采样编号	1	2	3	4	5
W_1					
W_c					
W_0					
M					
M的平均值					

表4-4　降尘总量中可燃物测定原始数据记录表

采样编号	1	2	3	4	5
W_b					
W_2					
W_d					
M'					
M'的平均值					

4.4.1.7 数据处理

降尘量为单位面积上单位时间内从大气中沉降的颗粒物的质量，其计量单位为每月每平方公里面积上沉降的颗粒物的吨数[即 t/(km^2·30d)]。

(1) 计算方法　降尘总量按下式计算：

$$M=\frac{W_1-W_0-W_c}{sn}\times 30\times 10^4$$

式中　M——降尘总量，t/ (km^2·30d)；

W_1——降尘、瓷坩埚和乙二醇水溶液蒸发至干并在(105±5)℃恒重后的质量，g；

W_0——在(105±5)℃烘干的瓷坩埚重量，g；

W_c——与采样操作等量的乙二醇水溶液蒸发至干并在(105±5)℃恒重后的质量，g；

s——集尘缸缸口面积，cm^2；

n——采样天数(准确到 0.1d)。

降尘中可燃物按下式计算：

$$M'=\frac{(W_1-W_0-W_c)-(W_2-W_b-W_d)}{sn}\times 30\times 10^4$$

式中　M'——可燃物量，t/ (km^2·30d)；

W_b——瓷坩埚于 600℃灼烧后的质量，g；

W_2——降尘、瓷坩埚及乙二醇水溶液蒸发残渣于 600℃灼烧后的质量，g；

W_d——与采样操作等量的乙二醇水溶液蒸发残渣于 6000C 灼烧后的质量，g；

s——集尘缸缸口面积，cm^2；

n——采样天数(准确到 0.1d)

(2)报告结果　结果要求保留一位小数。

4.4.1.8 注意事项

① 大气降尘系指可沉降的颗粒物，故应除去树叶、枯枝、鸟粪、昆虫、花絮等干扰物。

② 每一个样品所使用的烧杯、瓷坩埚等的编号必须一致，并与其相对应的集尘缸的缸号一并及时填入记录表中。

③ 瓷坩埚在烘箱、马弗炉及干燥器中，应分离放置，不可重叠。

④ 蒸发浓缩实验要在通风柜中进行，样品在瓷坩埚中浓缩时，不要用水洗涤坩埚，否则在乙二醇与水的界面上将发生剧烈沸腾使溶液溢出。当浓缩至 20mL 以内时应降低温度并不断摇动，使降尘黏附在瓷坩埚壁上，避免样品溅出。

⑤ 应尽量选择缸底比较平的集尘缸，可以减少乙二醇的用量。

4.4.2 二氧化硫的测定——甲醛吸收-副玫瑰苯胺分光光度法

【背景知识】

二氧化硫（SO_2）又名亚硫酸酐，分子量为 64.06，为无色有很强刺激性气体，沸点 −10℃，熔点 −76.1℃，对空气的相对密度为 2.26。二氧化硫极易溶于水，在 0℃时，1L 水可溶解 79.8L，20℃溶解 39.4L，也溶于乙醇和乙醚。二氧化硫是一种还原剂，与氧化剂作用生成三氧化硫或硫酸。

二氧化硫对结膜和上呼吸道黏膜具有强烈辛辣刺激性，其浓度在 0.9mg/m³ 或大于此浓度就能被大多数人嗅到。吸入后主要对呼吸器官产生损伤，可致支气管炎、肺炎，严重者可致肺水肿和呼吸麻痹。

二氧化硫是大气中分布较广、影响较大的主要污染物之一，常以它作为大气污染的主要指标。二氧化硫主要来源于以煤或石油为燃料的工厂企业，如火力发电厂、钢铁厂、有色金属冶炼厂和石油化工厂等，此外，硫酸制备过程及一些使用硫化物的工厂也可能排放出二氧化硫。

测定二氧化硫最常用的化学方法是盐酸副玫瑰苯胺比色法，吸收液是四氯汞钠（钾）溶液，其与二氧化硫形成稳定的络合物。为避免汞的污染，近年用甲醛溶液代替汞盐作吸收液。

4.4.2.1 实训目的

掌握甲醛吸收-副玫瑰苯胺分光光度法测定大气中二氧化硫浓度的分析原理和操作技术。

4.4.2.2 测定依据

本实训采用副玫瑰苯胺分光光度法测定大气中二氧化硫的含量，依据为《环境空气 二氧化硫的测定 甲醛吸收-副玫瑰苯胺分光光度法》(HJ 482—2009)。

4.4.2.3 实训程序

（1）仪器准备与清洗

确定仪器及规格、数量 → 洗净，晾干，备用

（2）试剂的准备与溶液的配制

（3）二氧化硫的测定

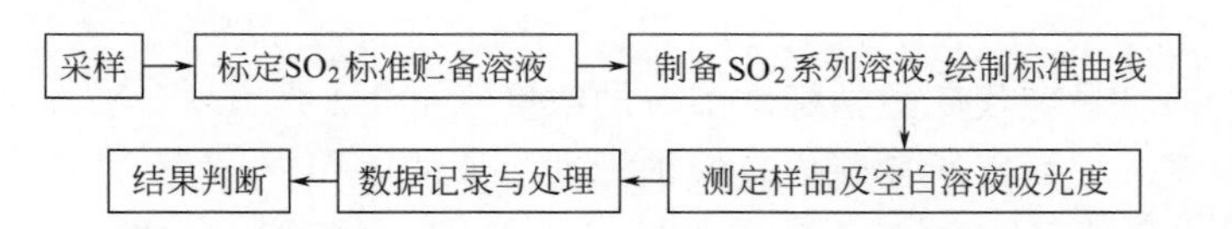

4.4.2.4 实验准备

（1）仪器的准备　多孔玻板吸收管，10mL(用于短时间采样)；空气采样器，短时间采样的采样器，流量范围 0～1L/min；分光光度计(可见光波长 380～780nm)；具塞比色管，10mL；恒温水浴器；广口冷藏瓶内放置圆形比色管架；长约 150mm、0～40℃温度计，其误差范围不大于 0.5℃。

（2）试剂准备与溶液配制

① 氢氧化钠溶液 c(NaOH)＝1.5mol/L：称取氢氧化钠 6g 溶于水中，稀释至 100mL。

② 环己二胺四乙酸二钠溶液 c(CDTA-2Na)＝0.050mol/L：称取 1.82g 反式 1,2-环己二胺四乙酸 CDTA，加入 6.5mL 氢氧化钠溶液(1.5mol/L)，溶解后用水稀释至 100mL。

③ 甲醛缓冲吸收液贮备液：吸取 36%～38%的甲醛溶液 5.5mL、上述 CDTA-2Na 溶液 20.00mL，称取 2.04g 邻苯二甲酸氢钾，溶于少量水中，将三种溶液合并用水稀释至

100mL，贮于冰箱。

④ 甲醛缓冲吸收液：用时现配。用水将甲醛缓冲吸收液贮备液稀释 100 倍。此溶液每毫升含 0.2mg 甲醛。

⑤ 0.60% (m/V) 氨磺酸钠溶液：称取 0.60g 氨磺酸(H_2NSO_3H)于烧杯中，加入氢氧化钠①溶液 4.0mL，完全溶解后移入 100mL 容量瓶中，用水稀释至标线，摇匀。此溶液密封保存可用 10d。

⑥ 碘贮备液 $c(1/2I_2)=0.10mol/L$：称取 12.7g 碘(I_2)于烧杯中，加入 40g 碘化钾和 25mL 水，搅拌至完全溶解，用水稀释至 1000mL，贮存于棕色细口瓶中。

⑦ 碘使用溶液 $c(1/2I_2)=0.05mol/L$：量取碘贮备液 250mL，用水稀释 500mL，贮于棕色细口瓶中。

⑧ 0.5%淀粉溶液：称取 0.5g 可溶性淀粉，用少量水调成糊状(可加 0.2g 二氯化锌防腐)，慢慢倒入 100mL 沸水中，继续煮沸至溶液澄清，冷却后贮于试剂瓶中。临用现配。

⑨ 碘酸钾标准溶液 $c(1/6KIO_3)=0.1000mol/L$：称取 3.5667g 碘酸钾(KIO_3 优级纯，经 110℃干燥 2h)溶于水，移入 1000mL 容量瓶中，用水稀释至标线，摇匀。

⑩ (1+9)盐酸溶液：量取 10mL 浓盐酸溶于 90mL 水中。

⑪ 硫代硫酸钠贮备液 $c(Na_2S_2O_3)=0.10mol/L$：称取 25.0g 硫代硫酸钠($Na_2S_2O_3 \cdot 5H_2O$)溶于 1000mL 新煮沸但已冷却的水中，加入 0.20g 无水碳酸钠(Na_2CO_3)，贮于棕色细口瓶中，放置一周后备用。如溶液呈现浑浊，必须过滤。

⑫ 硫代硫酸钠标准溶液 $c(Na_2S_2O_3)=0.05mol/L$。取 250.0mL 硫代硫酸钠贮备液置于 500mL 容量瓶中，用新煮沸但已冷却的水稀释至标线，摇匀，贮于棕色细口瓶中。

标定方法：吸取三份 0.1000mol/L 的碘酸钾标准溶液 10.00mL，分别置于 250mL 碘量瓶中，加 70mL 新煮沸但已冷却的水，加 1g 碘化钾，振摇至完全溶解后，加 10mL(1+9)盐酸溶液，立即盖好瓶塞，摇匀，于暗处放置 5min 后，用硫代硫酸钠标准溶液滴定溶液至浅黄色，加 2mL 淀粉溶液，继续滴定溶液至蓝色刚好褪去为终点。硫代硫酸钠标准溶液的浓度按下式计算：

$$c(Na_2S_2O_3)=\frac{0.1000\times 10.00}{V}$$

式中　$c(Na_2S_2O_3)$——硫代硫酸钠标准溶液的浓度，mol/L；

V——滴定所耗硫代硫酸钠标准溶液的体积，mL。

⑬ 0.05% (m/V) 乙二胺四乙酸二钠盐(Na_2EDTA)溶液：称取 0.25g EDTA-2Na 溶于 500mL 新煮沸但已冷却的水中。

⑭ 二氧化硫标准溶液：称取 0.200g 亚硫酸钠(Na_2SO_4)，溶于 200mL 浓度为 0.05%乙二胺四乙酸二钠盐溶液(用新煮沸并冷却的水配制)，放置 2～3h 后标定出准确浓度。此溶液每毫升相当于 320～400μg 二氧化硫。

标定方法：吸取三份 20.00mL 二氧化硫标准溶液，分别置于 250mL 碘量瓶中，加入 50mL 新煮沸但已冷却的水、0.05mol/L 碘使用液 20.00mL 及 1mL 冰乙酸，盖塞，摇匀。于暗处放置 5min 后，用 0.05mol/L 硫代硫酸钠标准溶液滴定溶液至浅黄色，加入 2mL 淀粉溶液，继续滴定至溶液蓝色刚好褪去为终点。记录体积消耗量 V。

另吸取三份配制亚硫酸钠溶液所用的 0.05%EDTA-2Na 溶液各 20mL，用同法进行空白试验。记录滴定硫代硫酸钠标准溶液的体积 V_0，mL。

注：平行样滴定所耗硫代硫酸钠标准溶液体积之差应不大于 0.04mL。取其平均值。

二氧化硫标准溶液浓度按下式计算：

$$c(SO_2)=\frac{(V_0-V)\times c(Na_2S_2O_3)\times 32.02}{20.00}\times 1000$$

式中 c——二氧化硫标准溶液的浓度，μg/mL；

V_0——空白滴定所耗硫代硫酸钠标准溶液的体积，mL；

V——滴定二氧化硫标准溶液所耗硫代硫酸钠标准溶液的体积，mL；

$c(Na_2S_2O_3)$——硫代硫酸钠标准溶液的浓度，mol/L；

32.02——二氧化硫摩尔质量，g/mol。

⑮ 二氧化硫标准贮备液：待标定出亚硫酸钠溶液中二氧化硫准确浓度后，立即用甲醛缓冲溶液吸收液将亚硫酸钠溶液稀释成每毫升含10.00μg二氧化硫的标准溶液贮备液(存于冰箱,可存3个月)。

⑯ 二氧化硫标准使用溶液：用吸收液稀释贮备液，为每毫升含1.00μg二氧化硫的标准溶液为使用液，用于绘制标准曲线。在冰箱中5℃保存。

⑰ 0.20g/100mL盐酸副玫瑰苯胺(prarosaniline,简称PRA,即副品红或对品红)贮备液：取正丁醇和1.0mol/L盐酸溶液各500mL，放入1000mL分液漏斗中，盖塞，振荡3min，使其互溶达到平衡，静置15min待完全分层后，将下层水相和上层有机相分别移入细口瓶中备用。称取0.100g盐酸副玫瑰苯胺($C_{19}H_{18}N_3Cl\cdot 3HCl$)放入小烧杯中，加平衡过的1.0mol/L盐酸40mL，用玻棒搅拌至完全溶解后，移入250mL分液漏斗中，再用80mL平衡过的正丁醇洗涤小烧杯数次，洗涤液并入同一分液漏斗中，盖塞，振荡3min，静置15min，待完全分层后，将下层水相移入另一250mL分液漏斗中，再加80mL平衡过的正丁醇，依上法反复提取8～10次后，将水相滤入50mL容量瓶中，用1.0mol/L盐酸溶液稀释至标线，摇匀，此贮备液为橙黄色。

⑱ 0.05g/100mL盐酸副玫瑰苯胺使用液：吸取0.2%盐酸副玫瑰苯胺贮备液25.00mL移入100mL容量瓶中，加30mL85%的浓磷酸、12mL浓盐酸，用水稀释至标线，摇匀，放置过夜后使用。避光密封保存，可使用9个月。

4.4.2.5 项目实施

(1) 标准曲线的绘制 取14支10mL具塞比色管，分A、B两组，每组7支，分别对应编号。

A组：按表4-5配制标准溶液系列。

表4-5 二氧化硫标准系列

管号(A组)	0	1	2	3	4	5	6
二氧化硫标准溶液/mL	0	0.50	1.00	2.00	5.00	8.00	10.00
甲醛吸收液/mL	10.00	9.50	9.00	8.00	5.00	2.00	0
其二氧化硫含量/μg	0	0.50	1.00	2.00	5.00	8.00	10.00

B组：各管加入1.00mL0.05%PRA贮备液。A组各管分别加入0.60%氨磺酸钠溶液0.5mL和1.5mol/L氢氧化钠溶液0.5mL，混匀。再逐管迅速将溶液全部倒入对应编号并盛有PRA贮备液的B管中，立即具塞混匀后放入恒温水浴中显色，显色温度与室温之差应不超过3℃，根据不同季节和环境条件按表4-6选择显色温度与显色时间。

表 4-6　显色温度与显色时间

显色温度/℃	10	15	20	25	30
显色时间/min	40	25	20	15	5
稳定时间/min	35	25	20	15	10

用 1cm 比色皿，在波长 577nm 处，以水为参比，测定吸光度。可以用最小二乘法计算标准曲线的回归方程式：

$$y=bx+a$$

式中　y——$A-A_0$，校准溶液吸光度 A 与试剂空白吸光度 A_0 之差；

x——二氧化硫含量，μg；

b——回归方程的斜率(由斜率倒数求得校正因子：$B_s=1/b$)；

a——回归方程的截距(一般要求小于 0.005)。

要求校准曲线斜率为 0.044±0.002，试剂空白吸光度 A 在显色规定条件下波动范围不超过±15%。

也可以用校正吸光度为纵坐标、二氧化硫含量为横坐标，直接绘制标准曲线。

(2) 采样　采取短时间采样：采用内装 10.00mL 吸收液的多孔玻板吸收管，以 0.5 L/min流量避光采样 60min(小时平均至少 45min)。采样、运输和贮存应避光。采样时吸收液温度的最佳范围在 23～29℃。

(3) 样品测定　样品溶液中如有浑浊物，则应离心分离除去。采样后样品放置 20min，以使臭氧分解。

短时间样品：将吸收管中样品溶液全部移入 10mL 比色管中，用甲醛吸收液稀释至标线，加 0.5mL 氨基磺酸钠溶液，混匀，放置 10min 以除去氮氧化物的干扰，以下步骤同标准曲线的绘制。

(4) 空白试验　如样品吸光度超过校准曲线上限，则可用试剂空白溶液稀释，在数分钟内再测量其吸光度，但稀释倍数不要大于 6。

4.4.2.6　原始记录

认真填写环境空气采样及现场检测原始数据记录表(表 4-7)、二氧化硫分析(分光光度法)原始数据记录表(表 4-8)。

表 4-7　环境空气采样及现场检测原始数据记录表

采样地点________　日期________　气温________　气压________　相对湿度________　风速________

项目	点位	编号	采样时间/min	采样流量/(L/min)	质量浓度/(mg/m³)	仪器名称及编号

现场情况及布点示意图：

备注	

采样及现场监测人员________　质控人员________　运送人员________　接收人员________

表 4-8　二氧化硫分析（分光光度法）原始数据记录表

样品种类＿＿＿＿＿　分析方法＿＿＿＿＿＿　分析日期＿＿＿年＿＿＿月＿＿＿日

标准曲线	标准管号		0	1	2	3	4	5	6	7	8	标准溶液名称及浓度：＿＿＿＿
	标液量	mL										
		μg										标准曲线方程及相关系数：
	A											r=＿＿＿＿
	$A-A_0$											方法检出限：＿＿＿＿

样品测定	样品编号	取样量/mL	定容体积/mL	样品吸光度	空白吸光度	校正吸光度	回归方程计算结果/μg	样品质量浓度/(mg/m³)	计算公式：＿＿＿＿

标准化记录	仪器名称	仪器编号	显色温度/℃	显色时间/min	参与溶液	波长/nm	比色皿/mm	室温/℃	湿度/%

分析人＿＿＿＿＿　校对人＿＿＿＿＿　审核人＿＿＿＿＿

4.4.2.7　数据处理

二氧化硫浓度按下式进行计算：

$$c(SO_2)=\frac{(A-A_0)\times B_s}{V_N}\times\frac{V_t}{V_a}$$

式中　$c(SO_2)$——二氧化硫的浓度，mg/m^3；

A——样品溶液的吸光度；

A_0——试剂空白溶液的吸光度(用吸收液未吸收空气)；

B_s——校正因子 $1/b$，μg/吸光度；

V_t——样品溶液总体积，mL；

V_a——测定时所取样品溶液体积，mL；

V_N——标准状况下的采样体积，L(0℃，101.325kPa)。

4.4.2.8　注意事项

① 因为温度对显色影响较大，一般需用恒温水浴法控制温度。

② 对品红的提纯很重要，因提纯后可降低试剂空白值和提高方法的灵敏度。提高酸度虽可降低空白值，但灵敏度也有下降。

③ 六价铬能使紫红色络合物褪色，产生负干扰，所以应尽量避免用硫酸或铬酸洗液洗涤玻璃器皿，若已洗，则要用(1+1)盐酸浸泡 1h，用水充分洗涤，除去六价铬。

④ 此操作关键的一步是将含有标准溶液或样品溶液、吸收液、氨基磺酸钠及氢氧化钠溶液倒入对品红溶液时，一定要倒干净，为此在绘制标准曲线及进行测定时，应尽量选择台肩小的比色管，同时每倒 3 个溶液后，等 3min，再倒 3 个，依次进行，以确保每支比色管的显色时间皆为 15min。

⑤ 用过的比色管及比色皿及时用酸洗涤，否则红色难于洗净，比色管用(1+4)的盐酸及 1/3 体积的 95%乙醇混合液洗涤。

【思考题】

一、简答题

1. 怎样根据空气理化检验的目的正确选择采样点？
2. 什么是主导风向和烟污强度系数？
3. 采样方法分为哪几类？选择采样方法的依据是什么？
4. 同时采集以气态和气溶胶两种状态存在的空气检测物，有哪几种采样方法？
5. 用来采集气态检测物的收集器有哪几种？简述其适用范围。
6. 空气采样动力主要有哪几种？
7. 简述转子流量计测定气体流量的原理。
8. 常用的专用采样器有哪些？

二、计算题

已知在标准状态下，用总面积为 $400cm^2$ 滤膜采集空气中总悬浮颗粒物，标准状态下的采气体积为 $1.50\times10^3m^3$，取面积为 $10.0cm^2$ 的样品膜进行消解处理，定容体积为 50.0mL，用 ICP 进行测量，测得该样品溶液中铍的浓度为 $0.023\mu g/mL$，同时进行了全程空白试验，测得空白溶液中铍的浓度为 $0.003\mu g/mL$，求空气中总悬浮颗粒物中铍的浓度（mg/m^3）。

第5章 地表水水质监测

5.1 地表水水质监测方案的制定

5.1.1 基础资料收集与实地调查

地表水存在于地壳表面，是暴露于大气中的水，如海洋、河流、湖泊、水库、沟渠中的水。

5.1.1.1 资料收集

在制定地表水水质监测方案之前，应尽可能完备地收集欲监测水体及所在区域的有关资料，具体如下。

① 收集相关的环境保护方面的法律、法规、标准和规范。

② 目标水体的水文、气候、地质和地貌等自然背景资料。如水位、水量、流速及其流向的变化、支流污染情况等；全年的平均降雨量、水蒸发量及其历史上的水情；河流的宽度、深度、河床结构及其地质状况；湖泊沉积物的特性、间温层分布、等深线等。

③ 水体沿岸城市分布、入口分布、工业分布、污染源及其排污等情况。

④ 水体沿岸的资源情况和水资源的用途，饮用水源分布和重点水源保护区，水体流域土地功能及近期使用计划等。

⑤ 历年水资源资料等。如目标水体的丰水期、枯水期、平水期的时间范围情况变化等。

⑥ 地面径流污水、雨污水分流情况，以及农田灌溉排水、农药和化肥等使用情况等。

5.1.1.2 实地调查

在基础资料和文献资料收集的基础上，有必要进行目标水体的实地调查，以判断和确定收集到的资料数据的可靠性、可信度，更全面地了解和掌握目标水体区域诸多环境信息的动态变化情况及其变化趋势。

深入实地了解以往水质监测时所设置的监测断面或采样点是否需要进行增减或调整，为更科学、合理地制定监测方案提供新的依据。

实地调查工作还要针对目标水体进行对其周围居民健康影响的公众调查，调查沿岸居民有没有因饮用水、食用水生生物和食用所灌溉的作物而影响健康。目标水体作为当地的饮用水源时，应开展一定数量的公众调查，必要时还要进行流行病学的调查，并与历史数据和文献资料信息综合分析。

5.1.2 监测项目

5.1.2.1 监测项目的确定原则

① 选择国家和地方的地表水环境质量标准中要求控制的监测项目。

② 选择对人和生物危害大、对地表水环境影响范围广的污染物。

③ 选择国家水污染物排放标准中要求控制的监测项目。

④ 所选监测项目有“标准分析方法”“全国统一监测分析方法”。

⑤ 各地区可根据本地区污染源的特征和水环境保护功能的划分，酌情增加某些选测项目；根据本地区经济发展、监测条件的改善及技术水平的提高，可酌情增加某些污染源和地表水监测项目。

5.1.2.2 监测项目的确定

监测项目要根据水体被污染情况、水体功能和废(污)水中所含污染物及经济条件等因素确定。随着科学技术和社会经济的发展，生产、使用化学物质品种不断增加，导致进入水体的污染物质种类繁多，不可能也没有必要一一监测，而要根据实际情况，选择那些国家和地方地表水环境质量标准及水污染排放标准中要求控制的、对人和生物危害大的、对地表水环境影响范围广的、有标准分析方法或全国统一监测分析方法的监测项目。我国《地表水和污水监测技术规范》(HJ/T 91—2002)规定的地表水具体监测项目见表 5-1。

表 5-1 地表水监测项目

类别	必测项目	选测项目
河流	水温、pH、溶解氧、高锰酸盐指数、化学需氧量、BOD_5、氨氮、总氮、总磷、铜、锌、氟化物、硒、砷、汞、镉、铬(六价)、铅、氰化物、挥发酚、石油类、阴离子表面活性剂、硫化物和粪大肠菌群	总有机碳、甲基汞，其他项目参照工业废水监测项目，根据纳污情况由各级相关环境保护主管部门确定
集中式饮用水源地	水温、pH、溶解氧、悬浮物、高锰酸盐指数、化学需氧量、BOD_5、氨氮、总磷、总氮、铜、锌、氟化物、铁、锰、硒、砷、汞、镉、铬(六价)、铅、氰化物、挥发酚、石油类、阴离子表面活性剂、硫化物、硫酸盐、氯化物、硝酸盐和粪大肠菌群	三氯甲烷、四氯化碳、三溴甲烷、二氯甲烷、1,2-二氯乙烷、环氧氯丙烷、氯乙烯、1,1-二氯乙烯、1,2-二氯乙烯、三氯乙烯、四氯乙烯、氯丁二烯、六氯丁二烯、苯乙烯、甲醛、乙醛、丙烯醛、三氯乙醛、苯、甲苯、乙苯、二甲苯、异丙苯、氯苯、1,2-二氯苯、1,4-二氯苯、三氯苯、四氯苯、六氯苯、硝基苯等
湖泊水库	水温、pH、溶解氧、高锰酸盐指数、化学需氧量、BOD_5、氨氮、总磷、总氮、铜、锌、氟化物、硒、砷、汞、镉、铬(六价)、铅、氰化物、挥发酚、石油类、阴离子表面活性剂、硫化物和粪大肠菌群	总有机碳、甲基汞、硝酸盐、亚硝酸盐，其他项目参照工业废水监测项目，根据纳污情况由各级相关环境保护主管部门确定
排污河(渠)	根据纳污情况，参照工业废水监测项目	—

5.1.3 监测断面和采样点的布设

5.1.3.1 监测断面的布设原则

① 在对调查研究和对有关资料进行综合分析的基础上，根据水域尺度范围，考虑代表

性、可控性及经济性等因素，确定监测断面类型和采样点数量，并不断优化，尽可能以最少的断面获取足够的代表性环境信息。

② 有大量废(污)水排入江、河的主要居民区、工业区的上游和下游，支流与干流汇合处，入海河流河口及受潮汐影响的河段，国际河流出入国境线的出入口，湖泊、水库出入口，应设置监测断面。

③ 饮用水源地和流经主要风景游览区、自然保护区、与水质有关的地方病发病区、严重水土流失区及地球化学异常区的水域或河段，应设置监测断面。

④ 监测断面的位置要避开死水区、回水区、排污口处，尽量选择河床稳定、水流平稳、水面宽阔、无浅滩的顺直河段。

⑤ 监测断面应尽可能与水文测量断面一致，以便利用其水文资料。

5.1.3.2 监测断面的设置方法

(1) 河流监测断面的布设　为评价完整江、河水系的水质，需要设置背景断面、对照断面、控制断面和消减断面；对于某一河段，只需设置对照、控制和消减(或过境)三种断面，如图 5-1 所示。

① 对照断面指具体判断某一区域水环境污染程度时，位于该区域所有污染源上游处，能够提供这一区域水环境本底值的断面。图 5-1 中 A—A'为对照断面，应设置在水系进入本区域且尚未受到本区域污染源影响处。

② 控制断面指为了解水环境受污染程度及其变化情况的断面。图 5-1 中 B—B'、C—C'、D—D'、E—E'、F—F'为控制断面，一般应设置在排污区(口)的下游 500～1000m 处，即污水与河水基本混合均匀处。

③ 消减断面指工业废水或生活污水在水体内流经一定距离而达到最大程度混合，污染物受到稀释、降解，其主要污染物浓度有明显降低的断面。图 5-1 中 G—G'为消减断面，应布设在控制断面下游约 1500m 以外的河段上，主要污染物浓度有显著下降处，该断面处左、中、右三点浓度差异较小。

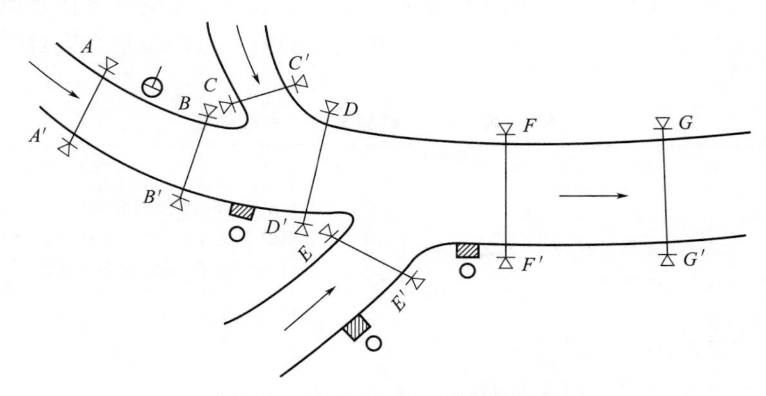

图 5-1　河流监测断面设置示意图

→—水流走向；⊖—自来水厂取水点；○—污染源；▨—排污口；A—A'—对照断面；B—B'，C—C'，D—D'，E—E'，F—F'—控制断面；G—G'—消减断面

(2) 湖泊、水库监测垂线的布设

① 湖泊、水库通常只设监测垂线，如有特殊情况可参照河流的有关规定设置监测断面。

② 在湖(库)区的不同水域，如进水区、出水区、深水区、浅水区、湖心区、岸边区，按水体类别设置监测垂线。

③ 湖(库)区若无明显功能区别，可用网格法均匀设置监测垂线。

④ 监测垂线上采样点的布设一般与河流的规定相同，但对有可能出现温度分层现象的情况，应作水温、溶解氧的探索性试验后再定。

⑤ 受污染物影响较大的重要湖泊、水库，应在污染物主要输送路线上设置控制断面。

5.1.3.3 采样点的确定

设置监测断面后，应根据水面的宽度确定断面上的监测垂线，再根据监测垂线处水深确定采样点的数目和位置。

对于江、河水系，在任何一个监测断面上布设的采样垂线和相应垂线上的采样点数应符合表 5-2 和表 5-3 的要求。

表 5-2 采样垂线数的设置

水面宽	垂线数	说明
≤50m	一条（中泓）	①垂线布设应避开污染带，要测污染带应另加垂线 ②确能证明该断面水质均匀时，可仅设中泓垂线 ③凡在该断面要计算污染物通量时，必须按本表设置垂线
50～100m	二条（近左、右岸有明显水流处）	
>100m	三条（左、中、右）	

表 5-3 采样垂线上的采样点数的设置

水深	采样点数	说明
≤5m	上层一点	①上层指水面下 0.5m 处，水深不到 0.5m 时，在水深 1/2 处 ②下层指河底以上 0.5m 处 ③中层指 1/2 水深处 ④封冻时在冰下 0.5m 处采样，水深不到 0.5m 处时，在水深 1/2 处采样 ⑤凡在该断面要计算污染物通量时，必须按本表设置采样点
5～10m	上、下层两点	
>10m	上、中、下三层三点	

湖泊、水库监测垂线上采样点的布设与河流相同，但湖泊、水库的水体可能存在分层现象，水质有不均匀性，应先测定不同水深处的水温、溶解氧等参数，掌握水质湖泊深度、温度的变化规律。确定分层情况后，再决定监测垂线上的采样点的位置和数目，具体设置见表 5-4。

表 5-4 湖(库)监测垂线采样点的设置

水深	分层情况	采样点数	说明
≤5m		一点（水面下 0.5m 处）	①分层是指湖水温度分层状况 ②水深不足 1m，在 1/2 水深处设置测点 ③有充分数据证实垂线水质均匀时，可酌情减少测点
5～10m	不分层	二点（水面下 0.5m，水底上 0.5m）	
5～10m	分层	三点（水面下 0.5m，1/2 斜温层，水底上 0.5m 处）	
>10m		除水面下 0.5m，水底上 0.5m 处外，按每一斜温分层 1/2 处设置	

5.1.4 采样时间和采样频率的确定

依据不同的水体功能、水文要素和污染源、污染物排放等实际情况，力求以最低的采样频次，取得最有时间代表性的样品，既要满足能反映水质状况的要求，又要切实可行。确定合理的采样时间和采样频次的基本原则如下。

① 饮用水源地、省(自治区、直辖市)交界断面中需要重点控制的监测断面，每月至少采样一次。

② 国控水系、河流、湖、库上的监测断面，逢单月采样一次，全年六次。

③ 水系的背景断面每年采样一次。

④ 受潮汐影响的监测断面的采样，分别在大潮期和小潮期进行。每次采集涨、退潮水样分别测定。涨潮水样应在断面处水面涨平时采样，退潮水样应在水面退平时采样。

⑤ 如某必测项目连续三年均未检出，且在断面附近确定无新增排放源，而现有污染源排污量未增的情况下，每年可采样一次进行测定。一旦检出，或在断面附近有新的排放源或现有污染源有新增排污量时，即恢复正常采样。

⑥ 国控监测断面(或垂线)每月采样一次，在每月 5 日至 10 日内进行采样。

⑦ 遇有特殊自然情况，或发生污染事故时，要随时增加采样频次。

⑧ 在流域污染源限期治理、限期达标排放的计划中和流域受纳污染物的总量削减规划中，以及为此所进行的同步监测，按“流域监测”执行。

⑨ 为配合局部水流域的河道整治，及时反映整治的效果，应在一定时期内增加采样频次，具体由整治工程所在地方环境保护行政主管部门制定。

5.1.5 分析方法的选择

5.1.5.1 选择分析方法的原则

对同一个监测项目，可以选择不同的分析方法，正确选用监测分析方法是获得准确测试结果的关键所在。一般而言，选择水质分析方法的基本原则如下。

① 首先选用国家标准分析方法，统一分析方法或行业标准方法。

② 当实验室不具备使用标准分析方法时。也可采用原国家环境保护局监督管理司环监[1994]017 号文和环监[1995]号文公布的方法体系。

③ 在某些项目的监测中，尚无“标准”和“统一”分析方法时，可采用 ISO、美国 EPA 和日本 JIS 方法体系等其他等效分析方法，但应经过验证合格，其检出限、准确度和精密度应能达到质控要求。

④ 当规定的分析方法应用于污水、底质和污泥样品分析时，必要时要注意增加消除基体干扰的净化步骤，并进行可适用性检验。

5.1.5.2 水质监测分析方法

按照监测分析方法原理，用于测定无机污染物的方法主要有：化学分析法、原子吸收光谱法、分光光度法、电感耦合等离子体原子发射光谱(ICP-AES)法、电化学法、离子色谱法、其他方法等。

用于测定有机污染物的监测分析方法主要有：气相色谱(GC)法、液相色谱(HPLC)法、气相色谱-质谱(GC-MS)法、其他方法等。

5.2 地表水水样的采集、保存与预处理

5.2.1 水样的分类

5.2.1.1 瞬时水样

瞬时水样指从水中不连续地随机(就时间和断面而言)采集的单一样品，一般在一定的时

间和地点随机采取。对于组成较稳定的水体，或水体的组成在相当长的时间和相当大的空间范围变化不大，瞬时样品具有较好的代表性。当水体的组成随时间发生变化，则要在适当时间间隔内进行瞬时采样，分别进行分析，测出水质的变化程度、频率和周期。当水体的组成发生空间变化时，就要在各个相应的部位采样。

5.2.1.2 混合水样

混合水样分为等比例混合水样和等时混合水样，前者是指在某一时段内，在同一采样点位所采水样量随时间或流量成比例的混合水样，这种水样适用于流量和污染物浓度不稳定的水样；后者是指在某一时段内，在同一采样点位(断面)按等时间间隔所采等体积水样的混合水样，这种水样在观察某一时段平均浓度时非常有用，但不适用于被测组分在贮存过程中发生明显变化的水样。

5.2.1.3 综合水样

综合水样是指把从不同采样点同时采集的各个瞬时水样混合起来所得到的样品。什么情况下采综合水样，视水样的具体情况和采样目的而定。例如：当为几条排污河、渠建立综合处理厂时，以综合水样取得的水质参数作为设计的依据更为合理。

5.2.2 地表水的采样方法

地表水水样采样时，通常采集瞬时水样；遇到重要支流的河段，有时需要采集综合水样或等比例混合水样。

5.2.2.1 表层水

采集表层水水样时，可用适当的容器，如聚苯乙烯塑料桶等直接采集。从桥上等地方采样时，可将系着绳子的聚苯乙烯桶或带有坠子的采样瓶投于水中汲水。注意不能混入漂浮于水面上的物质。

5.2.2.2 一定深度的水

采集深层水水样时，可用简易采水器、深层采水器、采水泵等。这类装置在下沉过程中，水从采样器中流过，当达到预定的深度时，容器能够闭合而汲取水样。

5.2.2.3 河流、湖泊、水库中的水

在河流、湖泊、水库中采样，常乘监测船或采样船等交通工具到采样点采集，也可涉水或在桥上采集。

(1) 船只采样　按照监测计划预定的采样时间、采样地点，将船只停在采样点下游方向，逆流采样，以避免船体搅动起沉积物而污染水样。

(2) 桥梁采样　确定采样断面时应考虑尽量利用现有的桥梁。在桥上采样安全、方便，不受天气和洪水等气候条件的影响，适于频繁采样，并能在空间上准确控制采样点的位置。

(3) 索道采样　适用于地形复杂、险要、地处偏僻的小河流的水样采样。

(4) 涉水采样　适用于较浅的小河流和靠近岸边水浅的采样点。采样时，采样人应站在下游，向上游方向采集水样，以避免涉水时搅动水下沉积物而污染水样。

5.2.3 采样仪器

5.2.3.1 单层采水器

单层采水器(见图 5-2)适用于采集水流平缓的深层水样。单层采水器是一个装在金属框内用绳索吊起的玻璃瓶，框底有铅块，以增加重量，瓶口配塞，以绳索系牢，绳上标有高度，将采水瓶降落到预定的深度，然后将细绳上提，把瓶塞打开，待水样充满采样瓶后自提。

5.2.3.2 急流采水器

急流采水器(见图 5-3)适用于采集水流急、流量较大的水样。采集水样时，打开铁框的铁栏，将样瓶用橡皮塞塞紧，再把铁栏扣紧，然后沿船身垂直方向伸入水深处，打开钢管上部橡皮管的夹子，水样便从橡皮管的长玻璃流入样瓶中，瓶内空气由短玻璃管沿橡皮管排出。

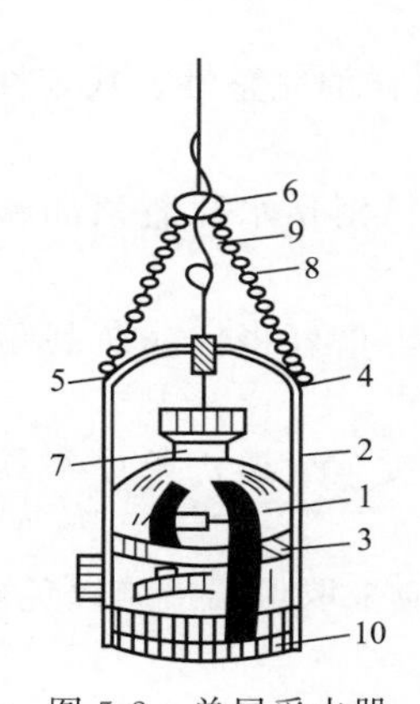

图 5-2 单层采水器

1—水样瓶；2，3—采样水架；4，5—平衡控制挂钩；6—固定采水瓶绳的挂钩；7—瓶塞；8—采水瓶绳；9—开瓶塞的软绳；10—铅锤

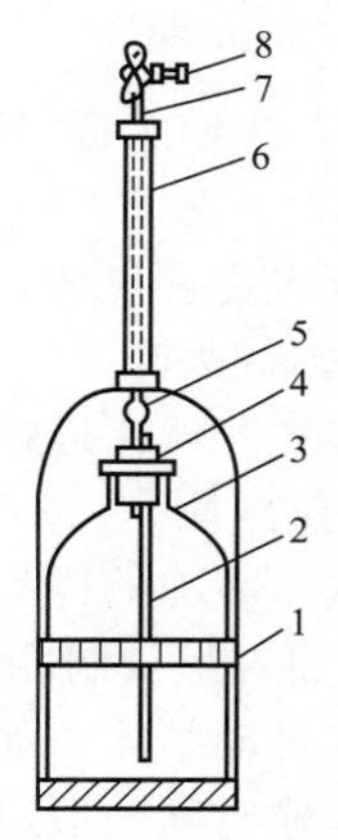

图 5-3 急流采水器

1—铁框；2—长玻璃管；3—采样瓶；4—橡胶塞；5—短玻璃管；6—钢管；7—橡胶管；8—夹子

5.2.3.3 双层采水器

双层采水器(见图 5-4)适用于采集测定溶解性气体的水样。将采样瓶沉入要求水深处后，打开上部的橡胶管夹，水样进入小瓶并将空气驱入大瓶，从连接大瓶短玻璃管排出，直到大瓶中充满水样，提出水面后迅速密封。

5.2.3.4 机械（泵）式采水器

机械(泵)式采水器(见图 5-5)是用泵通过采样管抽吸预定水层的水样。

5.2.4 水样的运输和保存

5.2.4.1 水样的运输

采集的水样除供一部分项目在现场监测使用外，大部分水样要运到监测室进行监测。在

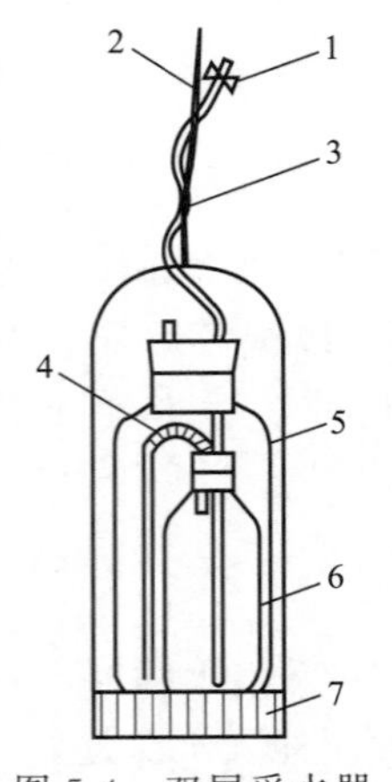

图 5-4 双层采水器

1—夹子；2—绳子；3—橡皮管；
4—塑管；5—大瓶；6—小瓶；
7—带重锤的夹子

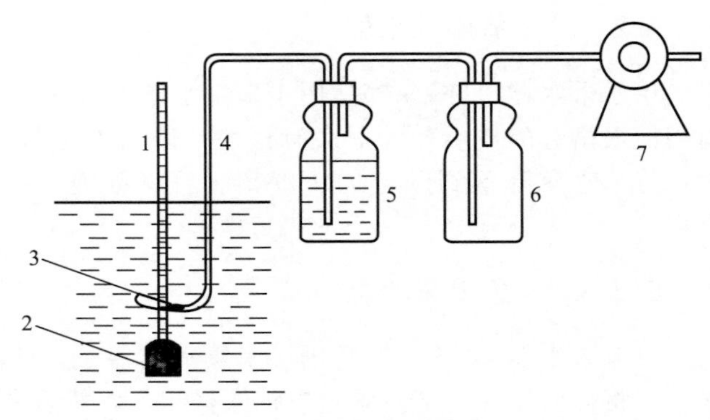

图 5-5 机械(泵)式采水器

1—细绳；2—重锤；3—采样头；4—采样管；
5—采样瓶；6—安全瓶；7—泵

水样运输过程中，为使水样不受污染、损坏和丢失，保证水样的完整性、代表性，应注意以下几点。

① 盛水器应当妥善包装，以免它们的外部受到污染，特别是水样瓶颈部和瓶塞，在运送过程中不应破损或丢失。

② 为避免水样容器在运输过程中因震动、碰撞而破损，最好将样品瓶装箱，并采用泡沫塑料减震或避免碰撞。

③ 需要冷藏、冷冻的样品，须配备专用的冷藏、冷冻货车运送；条件不具备时，可采用隔热容器，并加入足量制冷剂达到冷藏、冷冻的要求。

④ 冬季水样可能结冰。如果盛水器用的是玻璃瓶，则应采取保温措施以免破裂。

⑤ 水样的运输时间一般以 24h 为最大允许时间。

5.2.4.2 水样的保存方法

各种类型的水样，从采集到分析测定这段时间内，由于环境条件的改变、微生物新陈代谢活动和化学作用的影响等，会引起水样某些物理性质及化学组分的变化，不能及时运输或尽快分析时，则应根据不同监测项目的要求，放在性能稳定的材料制成的容器中，采取适宜的保存措施。

(1) 冷藏或冷冻　样品在 4℃冷藏或将水样迅速冷冻，贮存于暗处，可以抑制生物活动，减缓物理挥发作用和化学反应速率。冷藏是短期内保存样品的一种较好方法，对测定基本无影响。

(2) 加入化学保存剂

① 加入生物抑制剂：如在测定氨氮、硝酸盐氮、化学需氧量的水样中加入 $HgCl_2$，可抑制生物的氧化还原作用；对测定酚的水样，用 H_3PO_4 调节 pH 为 4，加入适量 $CuSO_4$，即可抑制苯酚菌的分解活动。

② 加入酸或碱：测定金属离子的水样常用 HNO_3 溶液酸化至 pH 为 1～2，既可防止重金属离子水解沉淀，又可避免金属被器壁吸附；测定氰化物或挥发酚的水样中加入 NaOH 溶液调节 pH 至 12，使之生成稳定的酚盐等。

③ 加入氧化剂或还原剂：如测定汞的水样需加入 HNO_3（至 pH＜1）和 KCr_2O_7（0.5

g/L)，使汞保持高价态；测定硫化物的水样，加入抗坏血酸，可以防止硫化物被氧化；测定溶解氧的水样则需加入少量 $MnSO_4$ 溶液和 KI 溶液固定(还原)溶解氧等。

应当注意，加入的保存剂不能干扰以后的测定；保存剂的纯度最好是优级纯，还应做相应的空白试验，对测定结果进行校正。

5.2.5 水样的预处理

5.2.5.1 水样的消解

当测定含有有机物水样的无机元素时，需进行消解处理。消解处理的目的是破坏有机物，溶解悬浮物，将各种价态的欲测元素氧化成单一高价态或转变成易于分离的无机物。消解后的水样应清澈、透明、无沉淀。消解水样的方法有湿式消解法、干式分解法和微波消解法等。

(1) 湿式消解法　湿式消解法是利用各种酸或碱进行消解。常用的消解氧化剂有单元酸体系、多元酸体系和碱分解体系。采用多元酸的目的是提高消解温度、加快氧化速率和改善消解效果。在进行水样消解时，应根据水样的类型和采用的测定方法进行消解试剂的选择。常用消解试剂的适用范围见表 5-5。

表 5-5　常用消解试剂的适用范围

序号	消解试剂	适用范围
1	硝酸	适用于较清洁的水样
2	硝酸-高氯酸	适用于含难氧化有机物、悬浮物较多的水样
3	硫酸-高锰酸钾	适用于消解测定汞的水样
4	硫酸-磷酸	适用于消除 Fe^{3+} 等干扰的水样

(2) 干式分解法　干式分解法又称高温分解法，多用于固态样品，如沉积物、底泥等，对含有大量有机物的水样也可采用本方法。但本方法不适用于处理测定易挥发组分(如砷、汞、镉、硒、锡等)的水样。

(3) 微波消解法　该方法是用微波作为热源，从样品和消解液内部进行加热并伴随激烈搅拌，加快了样品分解速率，提高了加热效率，并且消解在密闭容器中进行，避免了易挥发组分的损失和有害气体排放对环境造成污染。

5.2.5.2 富集与分离

当水样中的欲测组分含量低于测定方法的测定下限时，就必须进行富集或浓缩；当有共存干扰组分时，就必须采取分离或掩蔽措施。富集和分离过程往往是同时进行的，常用的方法有过滤、气提、顶空、蒸馏、萃取、吸附、离子交换、共沉淀、层析等，要根据具体情况选择使用。

5.3 地表水污染物的测定方法

以《地表水和污水监测技术规范》(HJ/T 91—2002)和《水和废水监测分析方法》(第四版)为主要依据标准，根据表 5-1 地表水的部分监测项目进行指标分类，大致可分为理化指标、无机阴离子指标、金属及其化合物指标、有机污染物综合指标、有机污染物指标和微生物指标六类，主要介绍表5-6中的15种监测指标。

表5-6 地表水部分污染物监测指标一览表

序号	指标分类	监测指标	方法标准	标准号
1	理化指标	水温	(1) 水温计法 (2) 深水温度计法 (3) 颠倒温度计法	GB 13195—91
2		浊度	(1) 分光光度法 (2) 目视比浊法 (3) 便携式浊度计法	GB 13200—91 《水和废水监测分析方法》(第四版)
3		pH值	(1) 玻璃电极法 (2) 便携式pH计法	GB 6920—86 《水和废水监测分析方法》(第四版)
4	无机阴离子指标	硫化物	(1) 碘量法 (2) 亚甲基蓝法分光光度法	HJ/T 60—2000 GB/T 16489—96
5		氰化物	(1) 硝酸银滴定法 (2) 异烟酸-吡唑啉酮光度法	HJ 484—2009
6		氯化物	(1) 硝酸银滴定法 (2) 离子色谱法	GB 11896—89 HJ 84—2016
7	金属及其化合物指标	铁	火焰原子吸收分光光度法	GB 11911—89
8		锰	(1) 火焰原子吸收分光光度法 (2) 高碘酸钾分光光度法	GB 11911—89 GB 11906—89
9		锌	(1) 双硫腙分光光度法 (2) 原子吸收分光光度法	GB 7472—87 GB 7475—87
10	有机污染物综合指标	溶解氧	(1) 碘量法 (2) 电化学探头法 (3) 便捷式溶解氧仪	GB/T 7489—87 HJ 506—2009 《水和废水监测分析方法》(第四版)
11		高锰酸盐指数	(1) 酸性高锰酸钾法 (2) 碱性高锰酸钾法	GB 11892—89
12		化学需氧量	重铬酸盐法	GB 11914—89
13	有机污染物指标	石油类	红外分光光度法	HJ 637—2012
14		挥发酚	(1) 溴化滴定法 (2) 4-氨基安替比林直接光度法 (3) 4-氨基安替比林萃取光度法	HJ 502—2009 HJ 503—2009
15	微生物指标	粪大肠菌群	(1) 多管发酵法 (2) 滤膜法	HJ/T 347—2007

5.3.1 理化指标

5.3.1.1 水温

水的物理化学性质与水温有密切关系。水中溶解性气体的溶解度，水中生物和微生物活动，非离子氢、盐度、pH值以及碳酸钙饱和度等都受水温变化的影响。

温度为现场监测项目之一，常用的测量仪器有水温计和颠倒温度计，执行标准为《水质 水温的测定 温度计或颠倒温度计测定法》(GB 13195—91)。

(1) 水温计法 在水样采集现场，利用专门的水银温度计，直接测量并读取水温。

测定范围：－6～＋40℃，分度值为0.2℃，适用于测量水的表层温度。

(2) 深水温度计法 测定范围：－2～＋40℃，分度值为0.2℃，适用于水深40m以内的水温的测量。

(3) 颠倒温度计法　测定范围：－2～＋32℃，分度值为0.1℃，适用于测量水深在40m以上的各层水温。

5.3.1.2 浊度

水中含有的泥土、细沙、有机物、无机物、浮游生物和微生物等悬浮物质，对进入水中的光产生散射或吸收，从而表现出浑浊现象。水中悬浮物对光线透过时所发生的阻碍程度称为浊度。浑浊的水会影响水的感官，也是水可能受到污染的标志之一。浊度高的水会明显阻碍光线的投射，从而影响水生生物的生存。

水的浊度测定方法有分光光度法和目视比浊法，执行标准为《水质 浊度的测定》(GB 13200—91)。

(1) 分光光度法　在适当温度下，硫酸肼与六亚甲基四胺聚合，形成白色高分子聚合物，以此作为浊度标准液，在一定条件下与水样浊度相比较。

测定范围：适用于饮用水、天然水及高浊度水，最低检测浊度为3度。

(2) 目视比浊法　将水样与用硅藻土配制的浊度标准液进行比较，规定相当于1mg一定粒度的硅藻泥在1000mL水中所产生的浊度为1度。

测定范围：适用于饮用水和水源水等低浊度的水，最低检测浊度为1度。

(3) 便携式浊度计法　根据ISO 7027国际标准设计进行测量，利用一束红外线穿过含有待测样品的样品池，光源为具有890nm波长的高发射强度的红外发光二极管，以确保使样品颜色引起的干扰达到最小。传感器处在与发射光线垂直的位置上，它测量由样品中悬浮颗粒散射的光量，微电脑处理器再将该数值转化为浊度值(透射浊度值和散射浊度值在数值上是一致的)。

5.3.1.3 pH值

pH值是水中氢离子活度的负对数。天然水的pH值一般在6～9之间，这也是我国污水排放标准中的pH控制范围；饮用水pH值要求在6.5～8.5之间；某些工业用水的pH值必须保持在7.0～8.5之间，以防金属设备和管道被腐蚀。此外，pH值在废水生化处理、评价有毒物质等方面也具有指导意义。

pH值是水化学中常用的和最重要的检验项目，检测方法有玻璃电极法和便携式pH计法，执行标准为《水质 pH值的测定 玻璃电极法》(GB 6920—86)。

(1) 玻璃电极法　以玻璃电极为指示电极，以饱和甘汞电极为参比电极，组成测量电池。在25℃下，溶液的每变化一个pH单位，电位差变化59.1mV。在仪器上直接以pH的读数表示。温度变化引起差异直接用仪器温度补偿调节。

(2) 便携式pH计法　以玻璃电极为指示电极，以Ag/AgCl等为参比电极合在一起组成pH复合电极。利用pH复合电极电动势随氢离子活度变化而发生偏移来测定水样的pH值。复合电极有温度补偿装置，用以校正温度对电极的影响，用于常规水样监测，可准确至0.1pH单位。

5.3.2 无机阴离子指标

5.3.2.1 硫化物

水中硫化物包含溶解性的H_2S、HS^-、S^{2-}和酸溶性的金属硫化物，以及不溶性的硫化物和有机硫化物。通常所测定的硫化物系指溶解性的及酸溶性的硫化物。硫化氢毒性很大，可危害细胞色素氢化酶，造成细胞组织缺氧，甚至危及生命；它还腐蚀金属设备和管道，并可被微生物氧化成硫酸，加剧腐蚀性。因此，硫化物是水体污染的重要指标。

测定水中硫化物的方法现主要介绍碘量法和亚甲基蓝分光光度法，执行标准为《水质 硫化物的测定 碘量法》(HJ/T 60—2000)和《水质 硫化物的测定 亚甲基蓝分光光度法》(GB/T 16489—1996)。

(1) 碘量法　在酸性条件下，硫化物与过量的碘作用，剩余的碘用硫代硫酸钠滴定。由硫代硫酸钠溶液所消耗的量，间接求出硫化物的含量。

测定范围：试样体积200mL，用0.01mol/L硫代硫酸钠溶液滴定时，适用于硫化物在0.40mg/L以上的水和废水的测定。

(2) 亚甲基蓝分光光度法　样品经酸化，硫化物转化成硫化氢，用氮气将硫化氢吹出，转移到盛有乙酸锌-乙酸钠溶液的吸收显色管中，与 N,N-二甲基对苯二胺和硫酸铁铵反应生成蓝色的络合物亚甲基蓝，在665nm波长处测定吸光度。

测定范围：试料体积为100mL、使用光程为1cm的比色皿时，方法的检出限为0.005mg/L，测定上限为0.700mg/L。对硫化物含量较高的水样，可适当减少取样量或将样品稀释后测定。

5.3.2.2　氰化物

水中氰化物可分为简单氰化物和络合氰化物两种。简单氰化物易溶于水、毒性大；络合氰化物在水体中受pH值、水温和光照等影响离解为毒性强的简单氰化物。氰化物属于剧毒物质，对人体的毒性主要是与高铁细胞色素氧化酶结合，生成氰化高铁细胞色素氧化酶而失去传递氧的作用，引起组织缺氧窒息。

水质氰化物的测定方法有硝酸银滴定法和异烟酸-吡唑啉酮光度法。硝酸银滴定法适用于高浓度水样；异烟酸-吡唑啉酮光度法灵敏度高，是易于推广应用的方法，执行标准为《水质 氰化物的测定 容量法和分光光度法》(HJ 484—2009)。

(1) 硝酸银滴定法　经蒸馏得到的碱性试样“A”，用硝酸银标准溶液滴定，氰离子与硝酸银作用生成可溶性的银氰络合离子 $[Ag(CN)_2]^-$，过量的银离子与试银灵指示剂反应，溶液由黄色变为橙红色。

测定范围：检出限为0.25mg/L，测定下限为1.00mg/L，测定上限为100mg/L，适用于受污染的地表水、生活污水和工业废水。

(2) 异烟酸-吡唑啉酮光度法　在中性条件下，样品中的氰化物与氯胺T反应生成氯化氰，再与异烟酸作用，经水解后生成戊烯二醛，最后与吡唑啉酮缩合生成蓝色染料，在波长638nm处测量吸光度。

测定范围：检出限为0.004mg/L，测定下限为0.016mg/L，测定上限为0.25mg/L，适用于受污染的地表水、生活污水和工业废水中氰化物的测定。

5.3.2.3　氯化物

氯离子(Cl^-)是水和废水中一种常见的无机阴离子。几乎所有的天然水中都有氯离子存在，它的含量范围变化很大。在河流、湖泊、沼泽地区，氯离子含量一般较低，而在海水、盐湖及某些地下水中，含量可高达数十克每升。若饮水中氯离子含量达到250mg/L，相应的阳离子为钠离子时，会感觉到咸味；水中氯化物含量高时，会损害金属管道和构筑物，并妨碍植物的生长。

水中氯离子的测定方法主要介绍硝酸银滴定法和离子色谱法，前者所需仪器设备简单，适合于清洁水测定，后者是目前国内外最为通用的方法。执行标准分别为《水质 氯化物的测定 硝酸银滴定法》(GB 11896—89)、《水质 无机阴离子(F^-、Cl^-、NO_2^-、Br^-、NO_3^-、PO_4^{3-}、SO_3^{2-}、SO_4^{2-})的测定 离子色谱法》(HJ 84—2016)。

(1) 硝酸银滴定法 在中性至弱碱性范围内(pH为6.5～10.5)，以铬酸钾为指示剂，用硝酸银滴定氯化物时，由于氯化银的溶解度小于铬酸银的溶解度，氯离子会首先被完全沉淀出来，然后铬酸盐以铬酸银的形式被沉淀，产生砖红色，指示滴定终点到达。该沉淀滴定的反应如下：

$$Ag^+ Cl^- \longrightarrow AgCl\downarrow \text{（白色）}$$

$$2Ag^+ + CrO_4^{2-} \longrightarrow Ag_2CrO_4\downarrow \text{（砖红色）}$$

测定范围：10～500mg/L的氯化物。高于此范围的水样经稀释后可以扩大其测定范围。

(2) 离子色谱法 水质样品中的阴离子，经阴离子色谱柱交换分离，抑制型电导检测器检测，根据保留时间定性，以峰高或峰面积定量。

测定范围：适用于地表水、地下水、工业废水和生活污水中8种可溶性无机阴离子(F^-、Cl^-、NO_2^-、Br^-、NO_3^-、PO_4^{3-}、SO_3^{2-}、SO_4^{2-})的测定。当进样量为25μL时，Cl^-的方法检出限为0.007mg/L，测定下限是0.028 mg/L。

5.3.3 金属及其化合物指标

5.3.3.1 铁

实际水样中铁的存在形态是多种多样的，可以在真溶液中以简单的水和离子和复杂的无机、有机络合物形式存在，也可以存在于胶体、悬浮物的颗粒物中，可能是二价，也可能是三价的。铁及其化合物均为低毒性和微毒性，含铁量高的水往往带黄色，有铁腥味，对水的外观有影响。我国有的城市饮用水用铁盐净化，若不能沉淀完全，会影响水的色度和味感。

水中铁的测定方法为火焰原子吸收分光光度法，该法操作简单、快速，结果的精密度、准确度高，执行标准为《水质 铁、锰的测定 火焰原子吸收分光光度法》(GB 11911—89)。

将样品或消解处理过的样品直接吸入火焰中，铁的化合物易于原子化，可于284.3nm处测量铁基态原子对其空心阴极灯特征辐射的吸收。在一定条件下，根据吸光度与待测样品中金属浓度成正比可得到铁的浓度。

测定范围：检测限为0.03mg/L，校准曲线的浓度范围为0.1～5mg/L。

5.3.3.2 锰

锰(Mn)有钢铁样的金属光泽，锰的化合物有多种价态，主要有二价、三价、四价、六价和七价。锰是生物必需的微量元素之一。锰盐毒性不大，但水中锰可使衣物、纺织品和纸呈现斑痕，因此一般工业用水锰含量不允许超过0.1mg/L。

水中锰的测定主要有火焰原子吸收分光光度法和高碘酸钾分光光度法，执行标准为《水质 铁、锰的测定 火焰原子吸收分光光度法》(GB 11911—89)、《水质 锰的测定 高碘酸钾分光光度法》(GB 11906—89)。

(1) 火焰原子吸收分光光度法 将样品或消解处理过得样品直接吸入火焰中，锰的化合物易于原子化，可于279.5nm处测量锰基态原子对其空心阴极灯特征辐射的吸收。在一定条件下，根据吸光度与待测样品中金属浓度成正比得到锰的浓度。

测定范围：检测限为0.01mg/L，校准曲线的浓度范围为0.05～3mg/L。

(2) 高碘酸钾分光光度法 在中性的焦磷酸钾介质中，室温条件下高碘酸钾可在瞬间将低价锰氧化到紫红色的七价锰，用分光光度法在525nm处进行测定。

测定范围：使用光程长为50mm的比色皿，试料体积为25mL时，方法的最低检出浓度为0.02mg/L，测定上限为3mg/L。含锰量高的水样，可适当减少试料量或使用10mm光程的比色皿，测定上限可达9mg/L。

5.3.3.3 锌

锌(Zn)是人体必不可少的有益元素，每升水含数毫克锌对人体和温血动物无害，但对鱼类和其他水生生物影响较大。锌对鱼类的安全浓度约为0.1mg/L。此外，锌对水体的自净过程有一定抑制作用。

水中锌的测定方法主要有原子吸收分光光度法和双硫腙分光光度法。原子吸收分光光度法具有较高的灵敏度，干扰少，适合测定各类水中的锌；对污水中高含量的锌，为了避免高倍稀释引入的误差，可选用双硫腙分光光度法。执行标准为《水质 锌的测定 双硫腙分光光度法》(GB 7472—87)、《水质 铜、锌、铅、镉的测定 原子吸收分光光度法》(GB 7475—87)。

(1) 双硫腙分光光度法　在pH为4.0～5.5的乙酸盐缓冲介质中，锌离子与双硫腙形成红色螯合物，用四氯化碳萃取后进行分光光度测定。水样中存在少量铅、铜、汞、镉、钴、铋、镍、金、钯、银、亚锡等金属离子时，对新的测定有干扰，但可用硫代硫酸钠作掩蔽剂和控制pH值而予以消除。

测定范围：测定锌浓度在5～50μg/L的水样。当使用光程长为20mm的比色皿、试份体积为100mL时，检出限为5μg/L。

(2) 原子吸收分光光度法　将样品或消解处理过的样品直接吸入火焰，在火焰中形成的原子对特征电磁辐射产生吸收，将测得的样品吸光度和标准溶液的吸光度进行比较，确定样品中被测元素的浓度。

测定范围：测定浓度范围与仪器的特性有关，一般仪器对于元素锌的浓度范围为0.05～1mg/L。

5.3.4 有机污染物综合指标

5.3.4.1 溶解氧

溶解氧指溶解在水中的分子态氧，通常记作*DO*，用每升水中氧的毫克数和饱和百分率表示。溶解氧的饱和含量与空气中氧的分压、大气压、水温和水质有密切的关系。水体受有机、无机还原性物质污染时溶解氧降低。当大气中的氧来不及补充时，水中溶解氧逐渐降低，以至趋近于零，此时厌氧菌繁殖、水质恶化，导致鱼虾死亡。鱼类死亡事故多是由于大量受纳污水，使水体中好氧性物质增多，溶解氧很低，造成鱼类窒息死亡，因此溶解氧是评价水质的重要指标之一。

测定水中溶解氧常采用碘量法、膜电极法和便捷式溶解氧仪法。清洁水可直接采用碘量法测定；大部分受污染的地表水和工业废水，必须采用修正的碘量法或膜电极法测定；便捷式溶解氧仪法简便、快速、干扰少，可用于现场测定。上述三种方法分别执行标准《水质 溶解氧的测定 碘量法》(GB 7489—87)、《水质 溶解氧的测定 电化学探头法》(HJ 506—2009)、《水和废水监测分析方法》(第四版)。

(1) 碘量法　在样品中溶解氧与刚刚沉淀的二价氢氧化锰(将氢氧化钠或氢氧化钾加入到二价硫酸锰中制得)反应。酸化后，生成的高价锰化合物将碘化物氧化游离出等当量的碘，用硫代硫酸钠滴定法，测定游离碘量。

测定范围：在没有干扰的情况下，适用于各种溶解氧浓度大于0.2mg/L和小于氧的饱和浓度两倍(约 20mg/L)的水样。

(2) 电化学探头法(膜电极法)　溶解氧电化学探头是一个用选择性薄膜封闭的小室，室内有两个金属电极并充有电解质。氧和一定数量的其他气体及亲液物质可透过这层薄膜，但水和可溶性物质的离子几乎不能透过这层膜。将探头浸入水中进行溶解氧的测定时，由于电池作用或外加电压在两个电极间产生电位差，使金属离子在阳极进入溶液，同时氧气通过薄膜扩散在阴极获得电子被还原，产生的电流与穿过薄膜和电解质层的氧的传递速率成正比，即在一定的温度下该电流与水中氧的分压(或浓度)成正比。

(3) 便捷式溶解氧仪　测定溶解氧的电极由一个附有感应器的薄膜和一个温度测量及补偿的内置热敏电阻组成。电极的可渗透薄膜为选择性薄膜，把待测水样和感应器隔开，水和可溶性物质不能透过，只允许氧气通过。当给感应器供应电压时，氧气穿过薄膜发生还原反应，产生微弱的扩散电流，通过测量电流值可测定溶解氧浓度。

5.3.4.2　高锰酸盐指数

以高锰酸钾溶液为氧化剂测得的化学需氧量，称高锰酸盐指数，以氧的含量表示。水中的亚硝酸盐、亚铁盐、硫化物等还原性无机物和在此条件下可被氧化的有机物，均可消耗高锰酸钾。因此，该指数常被作为地表水受有机物和还原性无机物污染程度的综合指标。

按测定溶液的介质不同，有酸性高锰酸钾法和碱性高锰酸钾法，执行标准为《水质 高锰酸盐指数的测定》(GB 11892—89)。

(1) 酸性高锰酸钾法　样品中加入已知量的高锰酸钾和硫酸，在沸水浴中加热 30min，高锰酸钾将样品中的某些有机物和无机还原性物质氧化，反应后加入过量的草酸钠还原剩余的高锰酸钾，再用高锰酸钾标准溶液回滴过量的草酸钠。通过计算得到样品中高锰酸盐指数。

测定范围：0.5～4.5mg/L，适用于饮用水、水源水和地面水的测定。

(2) 碱性高锰酸钾法　在碱性溶液中，加一定量高锰酸钾溶液于水样中，加热一定时间以氧化水中的还原性无机物和部分有机物。加酸酸化后，用草酸钠溶液还原剩余的高锰酸钾并加入过量，再以高锰酸钾溶液滴定至微红色。

5.3.4.3　化学需氧量

化学需氧量是指在一定条件下，氧化 1L 水样中还原性物质所消耗的氧化剂的量，以氧的 mg/L 表示。化学需氧量反映了水中受还原性物质污染的程度。基于水体被有机物污染是很普遍的现象，该指标也作为有机物相对含量的综合指标之一，但只能反映能被氧化剂氧化的有机污染物。

测定废(污)水的化学需氧量，我国规定用重铬酸钾法，执行标准为《水质 化学需氧量的测定 重铬酸盐法》(GB 11914—89)。

在水样中加入已知量的重铬酸钾溶液，并在强酸介质下以银盐作催化剂，经沸腾回流后，以试亚铁灵为指示剂，用硫酸亚铁铵滴定水样中未被还原的重铬酸钾，由消耗的硫酸亚铁铵的量换算成消耗氧的质量浓度。

测定范围：适用于各种类型的 *COD* 值大于 30mg/L 的水样，对未经稀释的水样的测定上限为 700mg/L。

5.3.5　有机污染物指标

5.3.5.1　石油类

石油类污染物主要来自于原油的开采、加工、运输及各种炼制油的使用等行业。石油类碳氢化合物漂浮在水体表面，将影响空气与水体界面之间氧的交换；分散于水中以及吸附于悬浮微粒上或以乳化状态存在于水中的油，它们将微生物氧化分解，将消耗水中的溶解氧，使水质恶化。

水中石油类物质的检测可用红外分光光度法，执行标准为《水质 石油类和动植物油类的测定 红外分光光度法》(HJ 637—2012)。

用四氯化碳萃取样品中的油类物质，测定总油，然后将萃取液用硅酸镁吸附，除去动植物油类等极性物质后，测定石油类。总油和石油类的含量均由波数分别为 $2930cm^{-1}$(CH_2 基团中 C—H 键的伸缩振动)、$2960cm^{-1}$(CH_3 基团中 C—H 键的伸缩振动)和 $3030cm^{-1}$(芳香环中 C—H 键的伸缩振动)谱带处的吸光度 A_{2930}、A_{2960}、A_{3030} 进行计算，其差值为动植物油类浓度。

测定范围：当样品体积为 1000mL、萃取液体积为 25mL、使用 4cm 比色皿时，检出限为 0.01mg/L，测定下限为 0.04mg/L；当样品体积为 500mL、萃取液体积为 50mL、使用 4cm 比色皿时，检出限为 0.04mg/L，测定下限为 0.16mg/L。

5.3.5.2 挥发酚

根据酚类能否与水蒸气一起蒸出，分为挥发酚和不挥发酚。挥发酚通常是指沸点在 230℃以下的酚类，通常属一元酚。酚类为原生质毒，属高毒物质，主要来自炼油、煤气洗涤、炼焦、造纸、合成氨、木材防腐和化工等废水。

水中挥发酚的测定主要介绍溴化滴定法、4-氨基安替比林直接光度法和 4-氨基安替比林萃取光度法三种方法，执行标准《水质 挥发酚的测定 溴化容量法》(HJ 502—2009)、《水质 挥发酚的测定 4-氨基安替比林分光光度法》(HJ 503—2009)。

(1) 溴化滴定法　用蒸馏法使挥发性酚类化合物蒸馏出，并与干扰物质和固定剂分离。由于酚类化合物的挥发速率随馏出液体积变化而变化，因此，馏出液体积必须与试样体积相等。

在含过量溴的溶液中，被蒸馏出的酚类化合物与溴生成三溴酚，并进一步生成溴代三溴酚。在剩余的溴与碘化钾作用、释放出游离碘的同时，溴代三溴酚与碘化钾反应生成三溴酚和游离碘，用硫代硫酸钠溶液滴定释出的游离碘，并根据其消耗量，计算出挥发酚的含量。

测定范围：检出限为 0.1mg/L，测定下限为 0.4mg/L，测定上限为 45.0mg/L。对于质量浓度高于标准测定上限的样品，可适当稀释后进行测定。

(2) 4-氨基安替比林直接光度法　用蒸馏法使挥发性酚类化合物蒸馏出，并与干扰物质和固定剂分离。由于酚类化合物的挥发速率随馏出液体积变化而变化，因此，馏出液体积必须与试样体积相等。

被蒸馏出的酚类化合物，于 pH 为 10.0±0.2 的介质中，在铁氰化钾存在下，与 4-氨基安替比林反应生成橙红色的安替比林染料。显色后，在 30min 内，于 510nm 波长测定吸光度。

测定范围：工业废水和生活污水宜用此方法测定，检出限为 0.01mg/L，测定下限为 0.04mg/L，测定上限为 2.50mg/L。

(3) 4-氨基安替比林萃取光度法　被蒸馏出的酚类化合物，于 pH 为 10.0±0.2 的介质中，在铁氰化钾存在下，与 4-氨基安替比林反应生成橙红色的安替比林染料，用三氯甲烷萃取后，在 460nm 波长下测定吸光度。

测定范围：地表水、地下水和饮用水宜用此方法测定，检出限为 0.0003mg/L，测定下限为 0.001mg/L，测定上限为 0.04mg/L。

5.3.6 微生物指标

粪大肠菌群是总大肠菌群的一部分，主要来自粪便。在44.5℃下能生长并发酵乳糖产酸产气的大肠菌群称为粪大肠菌群。用提高培养温度的方法，造成不利于来自自然环境的大肠菌群生长的条件，使培养出来的菌主要为来自粪便中的大肠菌群，从而更准确地反映出水质受粪便污染的情况。

粪大肠菌群的测定可采用多管发酵法和滤膜法，执行标准为《水质 粪大肠菌群的测定 多管发酵法和滤膜法》(HJ/T 347—2007)。

(1) 多管发酵法　多管发酵法是以最可能数(简称*MPN*)来表示试验结果的。实际上它是根据统计学理论，估计水体中的大肠杆菌密度和卫生质量的一种方法。如果从理论上考虑，并且进行大量的重复检定，可以发现这种估计有大于实际数字的倾向。不过每一稀释度试管重复数目增加，这种差异便会减少。对于细菌含量的估计值，大部分取决于那些既显示阳性又显示阴性的稀释度。因此在实验设计上，水样检验所要求重复的数目，要根据所要求数据的准确度而定。

(2) 滤膜法　滤膜是一种微孔性薄膜。将水样注入已灭菌的放有滤膜(孔径0.45μm)的滤器中，经过抽滤，细菌即被截留在膜上，然后将滤膜贴于M-FC培养基上，在44.5℃下进行培养，计数滤膜上生长的此特性的菌落数，计算出每1L水样中含有的粪大肠菌群数。

5.4 实训 河流断面水质监测

5.4.1 浊度的测定——目视比浊法

【背景知识】

由于水中含有泥沙、细沙、有机物、无机物、浮游生物和微生物等悬浮物质，会对进入水中的光产生散射或吸收，从而使水出现浑浊现象。水中悬浮物对光线透过时所产生的阻碍程度称为浊度。浑浊的水会影响水的感官，也是水可能受到污染的标志之一。浊度高的水会明显阻碍光线的投射，从而影响水生生物的生存。

5.4.1.1 实训目的

① 掌握目视比浊法测定水质浊度的原理和方法。

② 掌握浊度标准溶液的配制。

5.4.1.2 测定依据

本实训采用目视比浊法测定水质的浊度，依据为《水质 浊度的测定》(GB 13200—91)。

5.4.1.3 实训程序

(1) 仪器准备与清洗

确定仪器及规格、数量 → 洗净,晾干,备用

（2）浊度标准液的配制

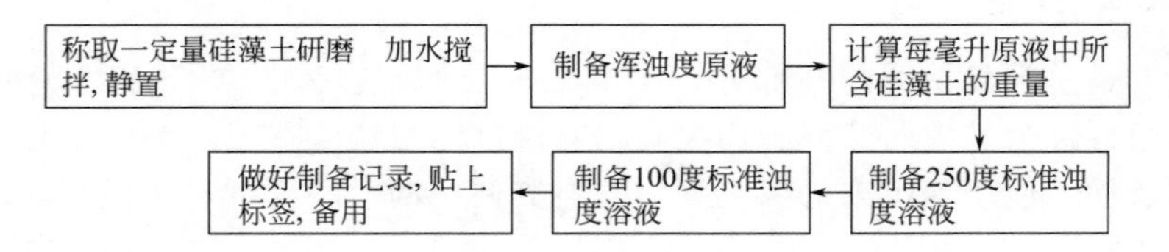

（3）水质浊度的测定

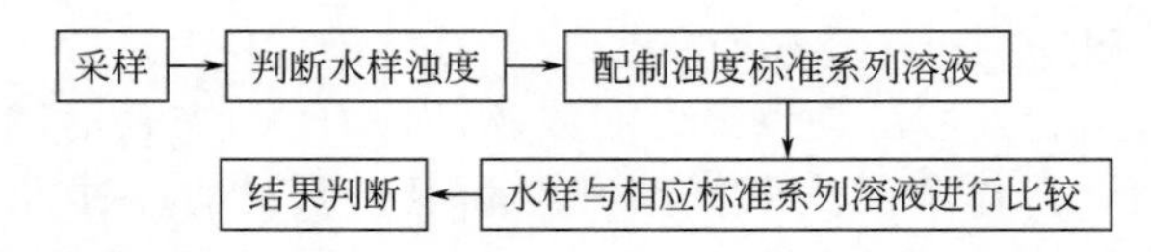

5.4.1.4 实验准备

（1）仪器与药品

① 仪器：100mL 具塞比色管、250mL 具塞无色玻璃瓶(玻璃质量和直径均需一致)、移液管、蒸发皿、研钵、1000mL 量筒、烘箱、干燥器等。

② 药品：硅藻土。

（2）溶液配制

浊度标准液配制步骤如下。

a. 称取 10g 通过 0.1mm 筛孔(150 目)的硅藻土，于研钵中加入少许蒸馏水调成糊状并研细，移至 1000mL 量筒中，加水至刻度。充分搅拌，静置 24h，用虹吸法仔细将上层 800mL 悬浮液移至第二个 1000mL 量筒中。向第二个量筒内加水至 1000mL，充分搅拌后再静置 24h。

b. 虹吸出上层含较细颗粒的 800mL 悬浮液，弃去。下部沉积物加水稀释至 1000mL。充分搅拌后贮于具塞玻璃瓶中，作为浑浊度原液。其中含硅藻土颗粒直径为 400μm 左右。

c. 取上述悬浊液 50.0mL 置于已恒重的蒸发皿中，在水浴上蒸干。于 105℃烘箱内烘 2h，置干燥器中冷却 30min，称重。重复以上操作，冷却，称重，直至恒重。求出每毫升悬浊液中所含硅藻土的重量(mg)。

d. 吸取含 250mg 硅藻土的悬浊液，置于 1000mL 容量瓶中，加水至刻度，摇匀。此溶液浊度为 250 度。

e. 吸取浊度为 250 度的标准液 100mL 置于 250mL 容量瓶中，用水稀释至标线，此溶液浊度为 100 度的标准液。

5.4.1.5 项目实施

（1）浊度低于 10 度的水样

① 吸取浊度为 100 度的标准液 0mL、1.00mL、2.00mL、3.00mL、4.00mL、5.00mL、6.00mL、7.00mL、8.00mL、9.00mL 及 10.00mL 于 100mL 比色管中，加水稀释至标线，混匀。配制成浊度依次为 0 度、1.0 度、2.0 度、3.0 度、4.0 度、5.0 度、6.0 度、7.0 度、8.0 度、9.0 度、10.0 度的标准液。

② 取 100mL 摇匀水样置于 100mL 比色管中，与浊度标准液进行比较，可在黑色底板上，由上往下垂直观察。

（2）浊度为 10 度以上的水样

① 吸取浊度为 250 度的标准液 0mL、10.00mL、20.00mL、30.00mL、40.00mL、50.00mL、60.00mL、70.00mL、80.00mL、90.00mL 及 100.00mL 于 250mL 的容量瓶中，加水稀释至标线，混匀。配制成浊度依次为 0 度、10 度、20 度、30 度、40 度、50 度、60 度、70 度、80 度、90 度、100 度的标准液，将其移入成套的 250mL 具塞玻璃瓶中，密塞保存。

② 取 250mL 摇匀水样，置于成套的 250mL 具塞玻璃瓶中，瓶后放一有黑线的白纸作为判别标志。从瓶前后观察，根据目标清晰程度，选出与水样产生视觉效果相近的标准液，记下其浊度值。

③ 水样浊度超过 100 度时，用水稀释后测定。

5.4.1.6 原始记录

认真填写浊度测定原始记录表(表 5-7)。

表 5-7 浊度测定原始记录表

样品名称： 收样日期： 年 月 日 分析日期： 年 月 日
方法依据： 方法检出限： 计算公式：
样品前处理方法：

	分析编号	样品名称	原水样体积 C/mL	稀释水体积 B/mL	稀释后水样浊度/度	样品浊度/度
样品测定						

分析人________校对人________审核人________

5.4.1.7 数据处理

$$浊度(度)=\frac{A(B+C)}{C}$$

式中 A——稀释后水样的浊度，度；

B——稀释水的体积，mL；

C——原水样的体积，mL。

5.4.1.8 注意事项

器皿应清洁，水样中应无碎屑、易沉颗粒及溶解的气泡。

5.4.2 石油类的测定——红外分光光度法

【背景知识】

石油类是指在规定的条件下，能够被四氯化碳萃取且不被硅酸镁吸附的物质。水体中的石油类主要来自工业废水和生活污水。工业废水中石油类(各种烃类的混合物)污染物主要来自原油的开采、加工、运输以及各种炼制油的使用等行业，一般以浮油、分散油、乳化油、溶解油四种形态存在。石油类碳氢化合物漂浮于水体表面，将影响空气与水体界面氧的交换；分散于水中以及吸附于悬浮微粒上或以乳化状态存在于水体中的油，可被微生物氧化分解，将消耗水中的溶解氧，使水质恶化。

红外分光光度法是测定水中油类物质的主要方法之一。红外分光光度法不受油品种的影响，适用于测定油质量浓度大于 0.01mg/mL 的水样，能比较准确地反映水中石油类的污染程度。

5.4.2.1 实训目的

① 掌握红外分光光度法测定水中石油类的原理和方法。
② 掌握水中油类的萃取操作技术。
③ 掌握红外分光光度计的使用方法。

5.4.2.2 测定依据

本实训采用红外分光光度法测定水中的石油类，依据为《水质 石油类和动植物油类的测定 红外分光光度法》(HJ 637—2012)。

5.4.2.3 实训程序

(1) 仪器准备与清洗

(2) 试剂的准备与溶液的配制

确定试剂及规格、确定实训用量 → 按用量配制溶液 → 做好制备记录,贴上标签,备用

(3) 石油类的测定

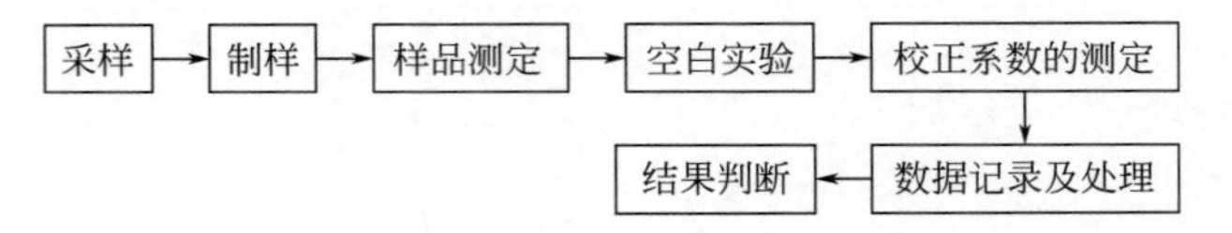

5.4.2.4 实验准备

(1) 仪器与药品

① 仪器：红外分光光度计、旋转振荡器、聚四氟乙烯旋塞分液漏斗(1000mL、2000mL)、G-1 型 40mL 玻璃砂芯漏斗、样品瓶(500mL、1000mL)、量筒(1000mL、2000mL)、吸附柱等。

② 药品：盐酸(优级纯)、正十六烷(光谱纯)、异辛烷(光谱纯)、苯(光谱纯)、四氯化碳、无水硫酸钠、硅酸镁(60～100 目)、石油类标准贮备液(ρ=1000mg/L)等。

(2) 溶液配制

① 正十六烷标准贮备液(ρ=1000mg/L)：称取 0.1000g 正十六烷于 100mL 容量瓶中，用四氯化碳定容，摇匀。

② 异辛烷标准贮备液(ρ=1000mg/L)：称取 0.1000g 异辛烷于 100mL 容量瓶中，用四氯化碳定容，摇匀。

③ 苯标准贮备液(ρ=1000mg/L)：称取 0.1000g 苯于 100mL 容量瓶中，用四氯化碳定容，摇匀。

5.4.2.5 项目实施

(1) 样品的采集与保存　参照《地表水和污水监测技术规范》(HJ/T 91—2002)的相关规

定进行样品的采集。用1000mL样品瓶采集地表水，采集好样品后，加入盐酸酸化至pH≤2。如样品不能在24h内测定，应在2～5℃下冷藏保存，3d内测定。

（2）样品的制备　将样品全部转移至2000mL分液漏斗中，量取25.0mL四氯化碳洗涤样品瓶后，全部转移至分液漏斗中。振荡3min，并经常开启旋塞排气，静置分层后，将下层有机相转移至已加入3g无水硫酸钠的具塞磨口锥形瓶中，摇动数次。如果无水硫酸钠全部结晶成块，需要补加无水硫酸钠，静置。将上层水相全部转移至2000mL量筒中，测量样品体积并记录。

向萃取液中加入3g硅酸镁，置于旋转振荡器上，以180～200r/min的速率连续振荡20min，静置沉淀后，上清液经玻璃砂芯漏斗过滤至具塞磨口锥形瓶中，用于测定石油类。

（3）样品测定　将经硅酸镁吸附后的萃取液转移至4cm比色皿中，以四氯化碳作参比溶液，于$2930cm^{-1}$、$2960cm^{-1}$、$3030cm^{-1}$处测量其吸光度$A_{1,2930}$、$A_{1,2960}$、$A_{1,3030}$，从而计算石油类的浓度。

（4）空白试验　以蒸馏水代替水样，按照样品的制备和测定相同步骤，做全程序空白试验，其测定结果应低于检出限。

（5）校正系数的测定　分别量取2.00mL正十六烷标准贮备液、2.00mL异辛烷标准贮备液和10.00mL苯标准贮备液于3个100mL容量瓶中，用四氯化碳定容至标线，摇匀。正十六烷、异辛烷、苯标准溶液的浓度分别为20mg/L、20mg/L和100mg/L。

用四氯化碳作参比溶液，使用4cm比色皿，分别测量正十六烷、异辛烷、苯标准溶液在$2930cm^{-1}$、$2960cm^{-1}$、$3030cm^{-1}$处测量其吸光度A_{2930}、A_{2960}、A_{3030}。按下式联立计算校正系数X、Y、Z和F。

$$F=A_{2930}(\mathrm{H})/A_{3030}(\mathrm{H})$$

$$\rho(\mathrm{H})=XA_{2930}(\mathrm{H})+YA_{2960}(\mathrm{H})$$

$$\rho(\mathrm{I})=XA_{2930}(\mathrm{I})+YA_{2960}(\mathrm{I})$$

$$\rho(\mathrm{B})=XA_{2930}(\mathrm{B})+YA_{2960}(\mathrm{B})+Z\left[A_{3030}(\mathrm{B})-\frac{A_{2930}(\mathrm{B})}{F}\right]$$

式中　$\rho(\mathrm{H})$——正十六烷标准溶液的浓度，mg/L；

$\rho(\mathrm{I})$——异辛烷标准溶液的浓度，mg/L；

$\rho(\mathrm{B})$——苯标准溶液的浓度，mg/L；

X，Y，Z——与各种C—H键吸光度相对应的系数；

F——脂肪烃对芳香烃影响的校正因子，即正十六烷在$2930cm^{-1}$与$3030cm^{-1}$处的吸光度之比；

$A_{2930}(\mathrm{H})$，$A_{2960}(\mathrm{H})$，$A_{3030}(\mathrm{H})$——各对应波长下测得正十六烷标准溶液的吸光度；

$A_{2930}(\mathrm{I})$，$A_{2960}(\mathrm{I})$，$A_{3030}(\mathrm{I})$——各对应波长下测得正十六烷标准溶液的吸光度；

$A_{2930}(\mathrm{B})$，$A_{2960}(\mathrm{B})$，$A_{3030}(\mathrm{B})$——各对应波长下测得正十六烷标准溶液的吸光度。

5.4.2.6　原始记录

认真填写石油类测定原始数据记录表（表5-8）。

表 5-8　石油类测定原始数据记录表

<table>
<tr><td rowspan="5">样品测定</td><td rowspan="2">编号</td><td colspan="2">样品前处理</td><td rowspan="2">萃取液体积/mL</td><td rowspan="2">定容体积/mL</td><td rowspan="2">稀释倍数</td><td colspan="3">样品吸光度</td><td rowspan="2">石油类浓度/(mg/L)</td></tr>
<tr><td>样品体积/mL</td><td>萃取溶剂体积/mL</td><td>3030 cm^{-1}</td><td>2960 cm^{-1}</td><td>2930 cm^{-1}</td></tr>
<tr><td></td><td></td><td></td><td></td><td></td><td></td><td></td><td></td><td></td><td></td></tr>
<tr><td></td><td></td><td></td><td></td><td></td><td></td><td></td><td></td><td></td><td></td></tr>
<tr><td></td><td></td><td></td><td></td><td></td><td></td><td></td><td></td><td></td><td></td></tr>
<tr><td rowspan="4">标准化记录</td><td>仪器名称</td><td>仪器编号</td><td>萃取液名称</td><td>扫描次次数</td><td>参比溶液</td><td>比色皿/mm</td><td colspan="2">室温/℃</td><td colspan="2">湿度</td></tr>
<tr><td></td><td></td><td></td><td></td><td></td><td></td><td colspan="2"></td><td colspan="2"></td></tr>
<tr><td colspan="4" rowspan="2">计算公式：</td><td colspan="6">校正系数</td></tr>
<tr><td>$X=$</td><td colspan="2">$Y=$</td><td colspan="2">$Z=$</td><td>$F=$</td></tr>
</table>

分析人＿＿＿＿＿＿　校对人＿＿＿＿＿＿　审核人＿＿＿＿＿＿

5.4.2.7　数据处理

样品中石油类的浓度 ρ_1(mg/L)，按下式进行计算：

$$\rho_1=\left[XA_{1,2930}+YA_{1,2960}+Z\left(A_{1,3030}-\frac{A_{1,2930}}{F}\right)\right]\times\frac{V_0D}{V_w}$$

式中　ρ_1——样品中石油类的浓度，mg/L；

X，Y，Z，F——校正系数；

$A_{1,2930}$，$A_{1,2960}$，$A_{1,3030}$——各对应波数下测得的经硅酸镁吸附后的滤出液的吸光度；

V_0——萃取溶剂的体积，mL；

V_w——样品体积，mL；

D——萃取液稀释倍数。

5.4.2.8　注意事项

① 每批样品分析前，应先做空白试验，空白值应低于检出限。

② 样品分析过程中产生的四氯化碳废液应存放于密闭容器中，妥善处理。

③ 萃取液经硅酸镁吸附剂处理后，由极性分子构成的动植物油类被吸附，而非极性的石油类不被吸附。某些含有如羰基、羟基的非动植物油类的极性物质同时也被吸附，当样品中明显含有此类物质时，应在测试报告中加以说明。

5.5　实训 景观湖水质监测

5.5.1　高锰酸盐指数的测定——酸性高锰酸钾法

【背景知识】

高锰酸盐指数是反映水体中有机及无机可氧化物质污染的常用指标，是指在一定条件下，用高锰酸钾氧化水中的某些有机物及无机还原性物质，由消耗的高锰酸钾量计算相当的氧量，以 I_{Mn}(mg/L)表示。

高锰酸盐指数不能作为理论需氧量或总有机物含量的指标，因为在规定的条件下，许多有机物只能部分被氧化，易挥发的有机物也不包含在测定值之内。

5.5.1.1 实训目的

① 熟悉滴定操作技术提高标准溶液的配制与标定技能。

② 掌握酸性法测定高锰酸钾指数的原理和方法。

③ 掌握高锰酸盐指数测定操作的基本技能。

5.5.1.2 测定依据

本实训采用酸性高锰酸钾法测定水质的高锰酸盐指数，依据为《水质 高锰酸盐指数的测定》(GB 11892—89)。

5.5.1.3 实训程序

(1) 仪器准备与清洗

确定仪器及规格、数量 → 洗净，晾干，备用

(2) 试剂的准备与溶液的配制

(3) 高锰酸盐指数的测定

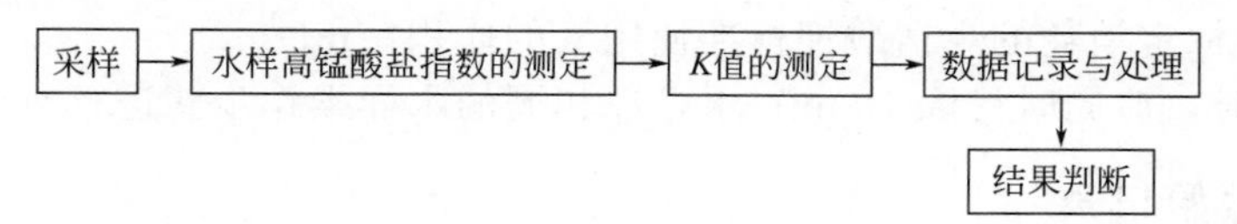

5.5.1.4 实验准备

(1) 仪器与药品

① 仪器：沸水浴装置、50mL 酸式滴定管、1000mL 容量瓶、100mL 容量瓶、10mL 吸量管、10mL 量筒、100mL 量筒、250mL 锥形瓶、电子天平等。

② 药品：高锰酸钾、草酸钠、浓硫酸等。

(2) 溶液配制

① 高锰酸钾贮备液[$c(1/5KMO_4)=0.1$mol/L]：称取 3.2g 高锰酸钾溶于 1.2L 水中，加热煮沸，使体积减少到约 1L，放置过夜，用 G-3 玻璃砂芯漏斗过滤后，滤液贮于棕色瓶中保存。

② 高锰酸钾使用液[$c(1/5KMO_4)=0.01$mol/L]：吸取 100mL 上述 0.1mol/L 高锰酸钾溶液，用水稀释混匀，定容至 1000mL，贮于棕色瓶中。使用当天应进行标定。

③ 草酸钠标准贮备液[$c(1/2Na_2C_2O_4)=0.1000$mol/L]：称取 0.6705g 在 120℃烘干 2h 并冷却的草酸钠溶于水，移入 100mL 容量瓶中，用水稀释至标线，混匀，置 4℃保存。

④ 草酸钠标准使用液[$c(1/2Na_2C_2O_4)=0.0100$mol/L]：吸取 10.00mL 上述草酸钠标准贮备液，移入 100mL 容量瓶中，用水稀释至标线，混匀。

⑤ (1+3)硫酸：在不断搅拌下，将 1 体积硫酸慢慢加入到 3 体积水中。趁热加入数滴

高锰酸钾溶液②直至出现粉红色。

5.5.1.5 项目实施

(1) 水样的采集与保存　选择玻璃瓶盛装水样，采样量为500mL。容器的洗涤方法按照HJ 493—2009规定(洗涤剂洗一次，自来水洗三次，蒸馏水洗一次)。加入硫酸将水样pH酸化至1～2，并尽快分析。如保存时间超过6h，则需置暗处，0～5℃下保存，不得超过2天。

(2) 样品测定

① 吸取100.0mL混匀水样(如高锰酸盐指数高于10mg/L，则酌情少取，并用水稀释至100mL)于250mL锥形瓶中。

② 加入5mL(1+3)硫酸，混匀。

③ 加入10.00mL 0.01mol/L的高锰酸钾溶液，摇匀，立即放入沸水浴中加热30min(从水浴重新沸腾起计时)。沸水浴液面要高于反应液体的液面。

④ 取下锥形瓶，趁热加入10.00mL 0.0100mol/L的草酸钠标准溶液，摇匀。立即用0.01mol/L的高锰酸钾溶液滴定至显微红色，记录消耗的高锰酸钾溶液的体积V_1。

(3) K值测定　将上述已滴定完毕的溶液加热至约70℃，准确加入10.00mL 0.0100mol/L的草酸钠标准溶液，再用0.01mol/L高锰酸钾溶液滴定至显微红色，记录消耗的高锰酸钾溶液的体积V_2。按下式求得高锰酸钾溶液的校正系数K。

$$K=\frac{10.00}{V_2}$$

式中　10.00——样品中加入草酸钠标准溶液的体积，mL；

V_2——标定消耗的高锰酸钾标准使用液的体积，mL。

水样经稀释时，应同时另取100mL水，以相同的水样操作步骤进行空白试验。

5.5.1.6 原始记录

认真填写高锰酸盐指数测定原始记录表(表5-9)。

表5-9　高锰酸盐指数测定原始记录表

样品种类________　分析方法________　分析日期　____年____月____日

样品的测定	样品编号	取样量 V/mL	稀释倍数	测定水样时高锰酸钾溶液的用量 V_1/mL	标定 K 值时高锰酸钾溶液的用量 V_2/mL	高锰酸盐指数/(mg/L)

标准化记录	草酸钠标准溶液浓度/(mol/L)	K 值标定时间	高锰酸钾溶液校正系数 K 计算公式	温度/℃	湿度/%	高锰酸盐指数的计算公式

分析人________校对人________审核人________

5.5.1.7 数据处理

(1) 水样不经稀释

$$高锰酸盐指数(O_2,mg/L)=\frac{[(10+V_1)K-10]c\times 8\times 1000}{100}$$

式中　V_1——滴定水样时，消耗高锰酸钾溶液的量，mL；

K——校正系数(每毫升高锰酸钾标准溶液相当于草酸钠标准溶液的毫升数);

c——草酸钠标准溶液浓度，mol/L；

8——1/2 氧的摩尔质量，g/mol。

(2) 水样经过稀释

$$\text{高锰酸盐指数}(O_2,\text{mg/L})=\frac{\{[(10+V_1)K-10]-[(10+V_0)K-10]f\}c\times 8\times 1000}{V}$$

式中 V_0——空白试验时，消耗高锰酸钾溶液体积，mL；

V——测定时，所取样品体积，mL；

f——稀释样品时，100mL 测定试液中蒸馏水所占的比例[例如:10mL 样品用水稀释至 100mL,则 $f=(100-10)/100=0.90$]。

5.5.1.8 注意事项

① 沸水浴的水面要高于锥形瓶内的液面。

② 样品加热氧化后剩余的 0.01mol/L 高锰酸钾为其加入量的 1/3～1/2 为宜。加热时，如溶液红色褪去，说明高锰酸钾量不够，须重新取样，并稀释后测定。

③ 滴定时温度低于 60℃，反应速率缓慢，应加热至 80℃左右。

④ 注意滴定高锰酸钾速率的节奏为慢-快-慢。

5.5.2 粪大肠菌群的测定——多管发酵法

【背景知识】

粪大肠菌群是总大肠菌群中的一部分，主要来自粪便。在 44.5℃下能生产并发酵乳糖产酸产气的大肠菌群称为粪大肠菌群。它能够反映水质受粪便污染的情况。城市污水既包括人们生活排出的洗浴污水、粪尿，也包括公共设施排出的废水，如医院废水、工业废水等。这些污、废水都有可能含有大量的病毒和致病菌。由于病菌类别多样，对每一种病菌进行分析又十分复杂，因此通常采用最有代表性的粪大肠菌群指标反映水的卫生质量。

5.5.2.1 实训目的

① 掌握水中粪大肠菌群测定的原理和方法。

② 掌握多管发酵法测定粪大肠菌群的测定技术。

5.5.2.2 测定依据

本实训采用多管发酵法测定水质的粪大肠菌群，依据为《水质 粪大肠菌群的测定 多管发酵法和滤膜法》(HJ/T 347—2007)。

5.5.2.3 实训程序

(1) 仪器准备与清洗

确定仪器及规格、数量 → 洗净，晾干，备用

(2) 试剂的准备与溶液的配制

（3）粪大肠菌群的测定

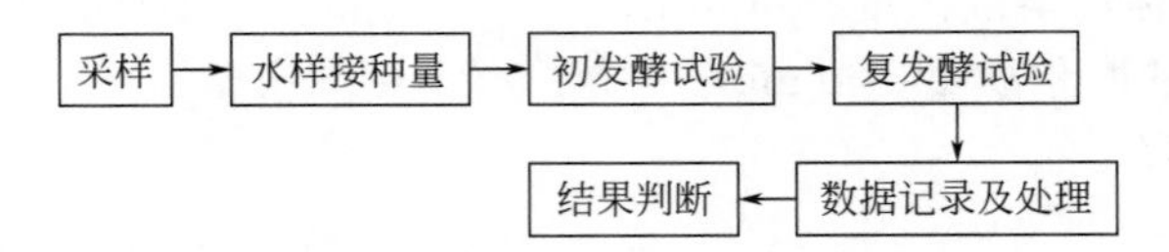

5.5.2.4 实验准备

（1）仪器与药品

① 仪器：高压蒸汽灭菌锅、恒温培养箱、冰箱、生物显微镜、载玻片、酒精灯、镍铬丝接种棒、培养皿（直径 100mm）、试管（5mm×150mm）、小倒管、吸管（1mL、5mL、10mL）、烧杯（200mL、500mL、2000mL）、锥形瓶（500mL、1000mL）、采样瓶等。

② 药品：蛋白胨、乳糖、牛肉浸膏、氯化钠、1.6%溴甲酚紫乙醇溶液、胰胨、胆盐三号、磷酸氢二钾、磷酸二氢钾等。

（2）溶液配制

① 单倍乳糖蛋白胨培养液。成分：蛋白胨 10g、牛肉浸膏 3g、乳糖 5g、氯化钠 5g、1.6%溴甲酚紫乙醇溶液 1mL、蒸馏水 1000mL。制法：将蛋白胨、牛肉浸膏、乳糖、氯化钠加热溶解于 1000mL 蒸馏水中，调节 pH 为 7.2～7.4，再加入 1.6%溴甲酚紫乙醇溶液 1mL，充分混匀，分装于含有倒置的小玻璃管的试管中，于高压蒸汽灭菌器中，在 115℃灭菌 20min，贮存于暗处备用。

② 三倍乳糖蛋白胨培养液。按上述配方中成分的三倍（除蒸馏水外），配成三倍浓缩的乳糖蛋白胨培养液，制法同上。

③ EC 培养液。成分：胰胨 20g、乳糖 5g、胆盐三号 1.5g、磷酸氢二钾（K_2HPO_4）4g、磷酸二氢钾（KH_2PO_4）1.5g、氯化钠 5g、蒸馏水 1000mL。制法：将上述成分加热溶解，然后分装于含有玻璃倒管的试管中。置高压蒸汽灭菌器中，115℃灭菌 20min。灭菌后 pH 应为 6.9。

5.5.2.5 项目实施

（1）水样接种量　将水样充分混匀后，根据水样污染的程度确定水样接种量。每个样品至少用三个不同的水样量接种。同一接种水样量要有五管。

相对未受污染的水样接种量为 10mL、1mL、0.1mL。受污染水样接种量根据污染程度接种 1mL、0.1mL、0.01mL 或 0.1mL、0.01mL、0.001mL 等。使用的水样量可参考表 5-10。

表 5-10　接种用水量参考表

水样类型	检测方法	接种量								
		100	50	10	1	0.1	10^{-2}	10^{-3}	10^{-4}	10^{-5}
井水	多管发酵法			×	×	×				
河水、塘水	多管发酵法				×	×	×			
湖水、塘水	多管发酵法						×	×	×	
城市污水	多管发酵法							×	×	×

如接种体积为 10mL，则试管内应装有三倍浓度乳糖蛋白胨培养液 5mL；如接种量为 1mL 或少于 1mL，则可接种于普通浓度的乳糖蛋白胨培养液 10mL 中。

（2）初发酵试验　将水样分别接种到盛有乳糖蛋白胨培养液的发酵管中。在 37℃±

0.5℃下培养 24h±2h。产酸和产气的发酵管表明试验阳性。如在倒管内产气不明显，可轻拍试管，有小气泡升起的为阳性。

（3）复发酵试验　轻微振荡初发酵试验阳性结果的发酵管，用 3mm 接种环或灭菌棒将培养物转接到 EC 培养液中。在 44.5℃±0.5℃温度下培养 24h±2h(水浴箱的水面应高于试管中培养基液面)。接种后所有发酵管必须在 30min 内放进水浴中。培养后立即观察，发酵管产气则证实为粪大肠菌群阳性。

5.5.2.6　原始记录

认真填写水中粪大肠菌群数测定原始记录表(表 5-11)。

表 5-11　水中粪大肠菌群数测定原始记录表

样品名称：　　　　　　　　　收样日期：　　　　　　　　分析日期：

方法名称/依据：

样品前处理方法：

测定序号	样品编号	接种水样/mL	初发酵时水样呈阳性数	复发酵时水样呈阳性数	*MPN* 指数	*MPN* 值/(个/L)	备注

5.5.2.7　数据处理

根据不同接种量的发酵管所出现阳性结果的数目，从表 5-12 或表 5-13 中查得每升水样中的粪大肠菌群。接种水样为 100mL2 份、10mL10 份、总量 300mL 时，查表 5-12 可得每升水样中的粪大肠菌群；接种 5 份 10mL 水样、5 份 1mL 水样、5 份 0.1mL 水样时，查表 5-13 求得 *MPN* 指数，*MPN* 值再乘 10，即为 1L 水样中的粪大肠菌群。

如果接种的水样不是 10mL、1mL 和 0.1mL，而是较低的或较高的三个浓度的水样量，也可先查表 5-13 求得 *MPN* 值，再经下式计算成每 100mL 的 *MPN* 值。

$$MPN\ 值 = MPN\ 指数 \times \frac{10(\text{mL})}{接种量最大的一管(\text{mL})}$$

表 5-12　粪大肠菌群检数表

(接种水样 100mL2 份、10mL10 份、总量 300mL)

10mL 水量的阳性管数	100mL 水量的阳性瓶数		
	0	1	2
	1L 水样中粪大肠菌群数	1L 水样中粪大肠菌群数	1L 水样中粪大肠菌群数
0	<3	4	11
1	3	8	18
2	7	13	27
3	11	18	38
4	14	24	52

续表

10mL 水量的阳性管数	100mL 水量的阳性瓶数		
	0	1	2
	1L 水样中粪大肠菌群数	1L 水样中粪大肠菌群数	1L 水样中粪大肠菌群数
5	18	30	70
6	22	36	92
7	27	43	120
8	31	51	161
9	36	60	230
10	40	69	>230

表 5-13　最可能数(*MPN*)表

出现阳性份数			每 100mL 水样中细菌数的最可能数	95%置信区间		出现阳性份数			每 100mL 水样中细菌数的最可能数	95%置信区间	
10 mL 管	1 mL 管	0.1 mL 管		下限	上限	10 mL 管	1 mL 管	0.1 mL 管		下限	上限
0	0	0	<2			4	2	1	26	9	78
0	0	1	2	<0.5	7	4	3	0	27	9	80
0	1	0	2	<0.5	7	4	3	1	33	11	93
0	2	0	4	<0.5	11	4	4	0	34	12	93
1	0	0	2	<0.5	7	5	0	0	23	7	70
1	0	1	4	<0.5	11	5	0	1	34	11	89
1	1	0	4	<0.5	11	5	0	2	43	15	110
1	1	1	6	<0.5	15	5	1	0	33	11	93
1	2	0	6	<0.5	15	5	1	1	46	16	120
2	0	0	5	<0.5	13	5	1	2	63	21	150
2	0	1	7	1	17	5	2	0	49	17	130
2	1	0	7	1	17	5	2	1	70	23	170
2	1	1	9	2	21	5	2	2	94	28	220
2	2	0	9	2	21	5	3	0	79	25	190
2	3	0	12	3	28	5	3	1	110	31	250
3	0	0	8	1	19	5	3	2	140	37	310
3	0	1	11	2	25	5	3	3	180	44	500
3	1	0	11	2	25	5	4	0	130	35	300
3	1	1	14	4	34	5	4	1	170	43	190
3	2	0	14	4	34	5	4	2	220	57	700
3	2	1	17	5	46	5	4	3	280	90	850
3	3	0	17	5	46	5	4	4	350	120	1000
4	0	0	13	3	31	5	5	0	240	68	750
4	0	1	17	5	46	5	5	1	350	120	1000
4	1	0	17	5	46	5	5	2	540	180	1400
4	1	1	21	7	63	5	5	3	920	300	3200
4	1	2	26	9	78	5	5	4	1600	640	5800
4	2	0	22	7	67	5	5	5	≥2400		

5.5.2.8　注意事项

采好的水样应迅速运往分析室进行细菌性检验。一般从取样到检验不超过 2h，否则应使用 10℃以下的冷藏设备保存样品，但不得超过 6h。

【思考题】

一、简答题

1. 测定水中高锰酸盐指数时，水样采集后，为什么用 H_2SO_4 酸化至 $pH<2$ 而不能用 HNO_3 或 HCl 酸化？

2. 采用碘量法测定水中硫化物时，水样应如何采集和保存？

3. 根据《水质 挥发酚的测定 溴化容量法》(HJ 502—2009)测定水中挥发酚时，如在预蒸馏过程中发现甲基橙红色褪去，该如何处理？

二、计算题

1. 采用碘量法测定水中的溶解氧时，于 250mL 溶解氧瓶中，加入了硫酸、高锰酸钾、氟化钾溶液、草酸钠、硫酸锰和碱性碘化钾-叠氮化钠等各种固定溶液共计 9.80mL 后将其固定；测定时加 2.0mL 硫酸将其溶解，取 100.0mL 于 250mL 锥形瓶中，用浓度为 0.0245mol/L 的硫代硫酸钠滴定，消耗硫代硫酸钠溶液 3.56mL，试问该样品的溶解氧为多少？

2. 目视比浊法测定浊度时，某水样经稀释后样品的浊度值为 70 度，稀释水体积为 150mL，原水样体积为 100mL，试计算原始水样的浊度值。

3. 根据《水质 石油类和动植物油类的测定 红外分光光度法》(HJ 637—2012)，取水样 500mL，用 50.0mL 四氯化碳萃取，已知校正系数 $X=47.5$，$Y=65.6$，$Z=445$，$F=37.9$。经硅酸镁吸附后滤出液的吸光度 $A_{2930}=0.681$；$A_{2960}=0.308$；$A_{3030}=0.008$，试求该样品中石油类的含量。

第6章 工业废水监测

6.1 工业废水水质监测方案的制定

6.1.1 基础资料收集与实地调查

工业废水包括生产工艺过程用水、机械设备用水、设备与场地洗涤水、烟气洗涤水、工艺冷却水等。在制定工业废水水质监测方案前，同样需要进行资料收集和实地调查研究。

6.1.1.1 资料收集

需了解各污染源排放部门或企业的用水量、生产废水和污水的类型(化学污染废水、生物和生物化学污染废水等)、主要污染物及其排水去向(江、河、湖等水体)和排放总量，调查相应的排污口位置和数量、废水处理情况。

6.1.1.2 实地调查

通过深入工业企业，需事先了解工厂性质、产品和原材料、工艺流程、物料衡算、下水管道的布局、排水规律以及废水中污染物的时间、空间及数量变化等。

6.1.2 监测项目

6.1.2.1 监测项目的确定原则

① 选择地表水环境质量标准中要求控制的监测项目。
② 选择国家水污染物排放标准中要求控制的监测项目。
③ 选择对人和生物危害大、对地表水环境影响范围广的污染物。
④ 根据本地区污染源特征以及当地监测条件，适当增加某些监测项目。
⑤ 所选监测项目应有国家统一监测分析方法或行业标准分析方法。

6.1.2.2 监测项目的确定

根据《地表水和污水监测技术规范》(HJ/T 91—2002)和《污水综合排放标准》(GB 8978—

1996)，污染物分为两类，其中第一类污染物包括总汞、烷基汞、总镉、总铬、六价铬、总砷、总铅、总镍、苯并[a]芘、总铍、总银、总a放射性、总b放射性十三种项目；第二类污染物，污水的监测项目按照行业类型有不同要求，具体不同行业监测项目参见HJ/T 91—2002。

《地表水和污水监测技术规范》(HJ/T 91—2002)中规定了61种类型废水的必测项目和选测项目，对不同行业排放的不同性质的废水的监测项目规定得更加详细。

另外，还需测量废水排放总量及COD、石油类、氰化物、六价铬、汞、铅、镉、砷等污染物的排放总量。

6.1.3 监测布点方案的确定

6.1.3.1 布点原则

① 第一类污染物的采样点设在车间或车间处理设施排放口；第二类污染物的采样点则设在排污单位的外排口。

② 工业企业内部监测时，废水的采样点布设与生产工艺有关，通常选择在工厂的总排放口、车间或工段的排放口以及有关工序和设备的排水点。

③ 为考察废水或污水处理设备的处理效果，应对该设备的进水、出水同时取样。如为了解处理厂的总处理效果，则应分别采集总进水和总出水的水样。

④ 在接纳废水入口后的排水管或渠道中，采样点应布设在离废水(或支管)入口20～30倍管径的下游处，以保证两股水流的充分混合。

6.1.3.2 布点方法

排污单位需向地方环境监测站提供废水监测基本信息，在全面掌握与污染源污水排放有关情况的基础上确定采样点位。废水污染源一般经管道或渠、沟排放，截面积比较小，不需设置断面，而直接确定采样点位。

布点时需要考虑废水的性质和采样点所处的位置。有时，企业会用管道或者明沟把工业废水排放到偏僻地方。厂区的排放点相对容易接近，但有时必须采用专门工具通过很深的采样孔采样。考虑到安全因素，最好设计成无须人进入的采样点。工厂排出的废水中可能含有生活污水，布点时应考虑避开这类污水。

6.1.3.3 采样时间和采样频率的确定

不同类型废水的性质和排放特点各不相同，都会随着时间的变化而不停地发生改变。因此，废水的采样时间和频率应能反映污染物排放的变化特征而具有较好的代表性。一般情况下，采样时间和采样频率由其生产工艺特点或生产周期所决定。行业不同，生产周期不同；即使行业相同，但采用的生产工艺也可能不同，生产周期仍会不同，可见确定采样时间和频率是比较复杂的问题。在我国的《水污染物排放总量监测技术规范》(HJ/T 92—2002)中，对排放废水的采样时间和频率提出了明确的要求，归纳如下。

① 水质比较稳定的废水的采样按生产周期确定监测频率，生产周期在8h以内的，每2h采样一次；生产周期大于8h的，每4h采集一次；其他污水采集，24h不少于2次。最高允许排放浓度按日平均值计算。

② 废水污染物浓度和废水流量应同步监测，并尽可能实现同步的连续在线监测。

③ 不能实现连续监测的排污单位，采样及检测时间、频率应视生产周期和排污规律而

定。在实施监测前，增加监测频率(如每个生产周期采集20个以上的水样)，进行采样时间和最佳采样频率的确定。

④ 总量监测使用的自动在线监测仪，由环境保护主管部门确认的、具有相应资质的环境监测仪器检测机构认可后方可使用，但必须对监测系统进行现场适应性检测。

⑤ 对重点污染源(日排水量100t以上的企业)每年至少进行4次总量控制监督性监测(一般每个季度一次)；一般污染源(日排水量100t以下的企业)每年进行2～4次(上、下半年各1～2次)监督性监测。

6.1.3.4 分析方法的选择

分析测试应采用国家颁布的环境质量标准、国家或地方污染物排放标准[如《地表水和污水监测技术规范》(HJ/T 91—2002)]中规定的相应监测方法。如没有指定方法，应选择有关行业标准或者ISO、美国EPA中规定的监测方法或相应的等效方法。

6.2 工业废水水样的采集、保存与预处理

工业废水水样成分复杂、来源广泛，污水的监测项目按照行业类型有不同要求，因此需要根据不同行业的行业特征、检测场所条件等因素选择合适的采集、保存与预处理方法。

6.2.1 工业废水的采样方法

工业废水的采样种类和采样方法取决于生产工艺、排污规律和监测目的，采样涉及采样时间、地点和采样频率。由于工业废水大多是流量和浓度都随时间变化的非稳态流体，可根据能反映其变化并具有代表性的采样要求，采集合适的水样(瞬时水样、等时混合水样、等时综合水样、等比例混合水样和流量比例混合水样等)。

6.2.1.1 浅层废水

从浅埋排水管、沟道中采样，用采样容器直接采集，也可用长把塑料勺采集。

6.2.1.2 深层废水

对埋层较深的排水管、沟道，可用深层采水器或固定在负重架内的采样容器，沉入监测井内采样。

6.2.1.3 自动采样

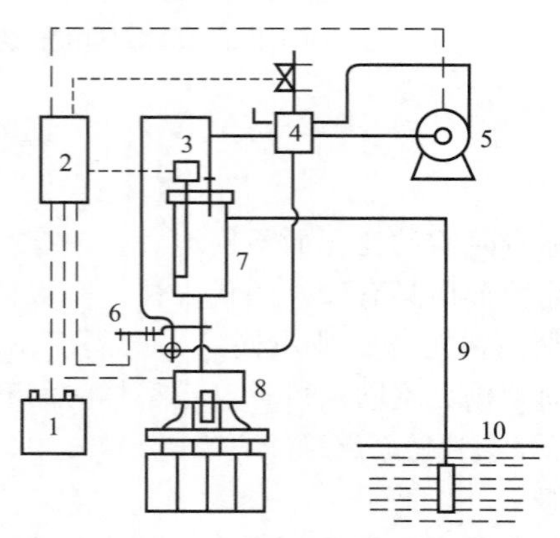

图6-1 废水自动采水器

1—蓄电池；2—电子控制箱；3—传感器；4—电磁阀；5—真空泵；6—夹紧阀；7—计量瓶；8—切换器；9—采水管；10—废(污)水池

采用自动采水器可自动采集瞬时水样和混合水样。图6-1为一种废水自动采水器，可以定时将一定量水样分别采入采样容器，也可以采集一个生产周期内的混合水样。当废水排放量和水质较稳定时，可采集瞬时水样；当排放量较稳定、水质不稳定时，可采集等时混合水样；当两者都不稳定时，

必须采集等比例混合水样。在采样断面的中心采样：当水深>1m 时，应在水面下 1/4 深度处采样；水深≤1m 时，在水深的 1/2 处采样。

6.2.2 水样的运输、保存和预处理

水样的运输、保存和预处理方法同第 5 章 5.2.4 和 5.2.5。

6.3 工业废水污染物的测定方法

目前，我国环境保护越来越受到重视，环境保护相关法律法规以及技术标准正处在不断完善当中，部分污染物的检测方法与标准也在不断修订中，具体检测方法应以相应新标准为依据。本章以《地表水和污水监测技术规范》(HJ/T 91—2002)和《水和废水监测分析方法》(第四版)为主要依据标准，重点介绍表 6-1 中所列出的 14 种监测指标，各指标对应的方法标准及标准号见表 6-1。

表 6-1 工业废水部分监测指标一览表

序号	指标分类	监测指标	方法标准	标准号
1	常规指标	色度	(1) 铂钴比色法 (2) 稀释倍数法	GB 11903—89
2		酸度	(1) 酸碱指示剂滴定法 (2) 电位滴定法	《水和废水监测分析方法》(第四版)
3		碱度	(1) 酸碱指示剂滴定法 (2) 电位滴定法	《水和废水监测分析方法》(第四版)
4		悬浮物	重量法	GB 11901—89
5	重金属指标	铬	(1) 硫酸亚铁铵滴定法(总铬) (2) 二苯碳酰二肼分光光度法(六价铬)	GB 7466—87 GB 7467—87
6		汞	(1) 冷原子吸收分光光度法 (2) 双硫腙光度法	HJ597—2011 GB 7469—87
7		铅	(1) 火焰原子吸收法 (2) 双硫腙分光光度法 (3) 示波极谱法	GB 7475—87 GB 7470—87 GB/T 13896—92
8		镍	(1) 火焰原子吸收法 (2) 丁二酮肟分光光度法	GB 11912—89 GB 11910—89
9		镉	火焰原子吸收法	GB 7475—87
10		铜	(1) 二乙基二硫代氨基甲酸钠分光光度法 (2) 2,9-二甲基-1，10-菲啰啉分光光度法	HJ 485—2009 HJ 486—2009
11	有机指标	苯系物	气相色谱法	GB 11890—89
12		硝基苯类	(1) 气相色谱法 (2) 液液萃取/固相萃取-气相色谱法	HJ 592—2010 HJ 648—2013
13		苯胺类	N-(1-萘基)乙二胺偶氮分光光度法	GB 11889—89
14		挥发性卤代烃	顶空气相色谱法	HJ 620—2011

6.3.1 常规指标

6.3.1.1 色度

纯水应是无色透明的，清洁水在水层浅时应为无色，深层为浅蓝绿色。水中的腐殖质、泥土、浮游生物、铁和锰等金属离子及其他污染物，均有可能使水体着色。水的颜色分为“表观颜色”和“真实颜色”，真实颜色是指去除浊度后水的颜色，水的色度一般指真色。测定时如水样浑浊，应放置澄清后取上清液或过滤或经离心后再测定。

纺织、印染、造纸、食品、有机合成工业的废水中，常含有大量的染料、生物色素、有色悬浮微粒等，排入环境后减弱天然水体的透光性，影响水生生物的生长，是使环境水体着色的主要污染源。

测定的方法主要有铂钴比色法以及稀释倍数法，执行标准《水质 色度的测定》(GB/T 11903—89)。

(1) 铂钴比色法 用氯铂酸钾和氯化钴配制颜色标准溶液，与被测样品进行目视比较，确定水样的色度，测定结果用度表示。

测定范围：适用于清洁水、轻度污染并略带黄色的水，以及比较清洁的地面水、地下水和饮用水等。

(2) 稀释倍数法 将样品用光学纯水稀释至用目视比较与光学纯水相比刚好看不见颜色时的稀释倍数，以此表示水样的色度，测定结果用度表示。同时用目视观察样品，检验颜色性质：颜色的深浅、色调，如果可能包括样品的透明度，用文字予以描述。

结果以稀释倍数值和文字描述相结合表达。

测定范围：适用于污染较严重的地面水和工业废水。

6.3.1.2 酸度

酸度是指水中的氢离子与碱标准溶液反应至一定 pH 值所消耗的碱标准溶液量。化工、化纤、电镀、农药、印染等行业在生产过程中，会产生大量的酸性废水，如果直接排放，将会腐蚀管道、破坏建筑、损坏农作物以及各种水生物、破坏生态环境、危害人体健康。工业酸性废水必须经过处理以达到国家排放标准才能排放。

(1) 酸碱指示剂滴定法 酸碱指示剂滴定法中，常用酚酞和甲基橙作为指示剂。用氢氧化钠标准溶液滴定至 pH 8.3(以酚酞作指示剂)的酸度，称为“酚酞酸度”。用氢氧化钠标准溶液滴定至 pH 3.7(以甲基橙作指示剂)的酸度，称为“甲基橙酸度”。酚酞酸度又称为总酸度，甲基橙酸度则只代表一些较强的酸。

对酸度有贡献的溶解气体(CO_2、H_2S、NH_3 等)，在取样、保存、滴定等过程中都可能发生变化，影响测定结果的准确性。采集的水样应用密封容器贮存，使水样充满整个容器，样品应尽快完成测定。运输及测定过程中应避免剧烈摇晃。

对于有色或混浊的样品，应用不含 CO_2 的水稀释后滴定，或采用电位滴定法进行测定。

(2) 电位滴定法 电位滴定法中，通过滴定曲线法或直接滴定法确定滴定终点。采用玻璃电极为指示电极、甘汞电极为参比电极，根据消耗氢氧化钠标准溶液的量确定酸度。当水样色度较深时，可用此方法测定水样酸度。

6.3.1.3 碱度

碱度是指水中能与强酸定量作用的物质总量。工业废水中碱度的来源复杂，碱度指标常用来评价水体的缓冲能力以及金属的溶解性和毒性，也是废水处理过程控制的判断性指标。

常用方法有酸碱指示剂滴定法与电位滴定法。其中电位滴定法不受水样浊度及色度的影响，适用范围较广。

6.3.1.4 悬浮物

悬浮物(SS)又称不可滤残渣，是指不能通过孔径为0.45μm滤膜的固体物。造纸、皮革、冲渣、选矿、湿法粉碎和喷淋除尘等工业操作中产生大量含无机、有机的悬浮物废水。这些废水排入地表水中可使水体浑浊、透明度降低，影响水生生物的呼吸和代谢，甚至造成鱼类窒息死亡。因此，在废水处理中测定悬浮物具有特定意义。水中悬浮物的测定方法主要有重量法，执行标准为《水质 悬浮物的测定 重量法》(GB 11901—89)。

使水样通过孔径为0.45μm的滤膜，将截留在滤膜上的物质于103～105℃反复烘干、冷却、称量，直至两次称量的重量差≤0.4mg。通过量取适宜试样体积，将悬浮物质量控制在5～100mg为宜。

6.3.2 重金属指标

6.3.2.1 铬

含铬化合物中常见的价态为三价和六价。一定条件下，水体中三价铬和六价铬的化合物可以相互转化。铬的毒性与其存在的价态有关，通常认为六价铬的毒性比三价铬高100倍，且更容易在人体内累积。铬的工业污染源主要来自含铬矿石的加工、金属表面处理以及印染等行业的废水。

总铬的测定可采取硫酸亚铁铵滴定法，执行标准《水质 总铬的测定》(GB 7466—87)，六价铬的测定可用二苯碳酰二肼分光光度法，执行标准《水质 六价铬的测定 二苯碳酰二肼分光光度法》(GB 7467—87)。

测定总铬，水样采集后，加入硝酸调节pH值小于2，如测六价铬，应加入氢氧化钠调节pH值约为8。样品采集后应尽快测定，保存时间不超过24h。

(1) 硫酸亚铁铵滴定法(总铬的测定)　在酸性溶液中，以银盐作催化剂，用过硫酸铵将三价铬氧化成六价铬。加入少量氯化钠并煮沸，除去过量的过硫酸铵及反应产生的氯气。以苯基代邻氨基苯甲酸作指示剂，用硫酸亚铁铵溶液滴定，使六价铬还原为三价铬，溶液呈绿色为终点。根据硫酸亚铁铵溶液的用量，计算出样品中总铬的含量。

测定范围：高浓度(大于1mg/L)总铬的测定。

(2) 二苯碳酰二肼分光光度法(六价铬的测定)　在酸性情况下，六价铬与二苯碳酰二肼反应，生成紫红色化合物，并于波长540nm处测定其吸收。

测定范围：最低检出浓度为0.004mg/L，使用10mm比色皿，测定上限为1mg/L。

6.3.2.2 汞

汞及其化合物属于剧毒物质，且在生物体内富集，进入水体的无机汞会转化为毒性更大的有机汞。仪表厂、食盐电解、贵金属冶炼、温度计及军工等工业废水中可能存在汞。

汞的测定方法，本书主要介绍冷原子吸收分光光度法和双硫腙光度法，执行标准《水质 总汞的测定 冷原子吸收分光光度法》(HJ 597—2011)、《水质 总汞的测定 高锰酸钾-过硫酸钾消解法 双硫腙分光光度法》(GB 7469—87)。

(1) 冷原子吸收分光光度法　通过高锰酸钾和过硫酸钾或其他方法消解样品，将样品中所含汞全部转化为二价汞，用盐酸羟胺将剩余的氧化剂还原，再用氯化亚锡将二价汞还原成金属汞。在室温下通入空气或氮气，使金属汞汽化，载入冷原子吸收汞分析仪，于253.7nm波长处测定，汞的含量与响应值成正比。

测定范围：此方法适用于地表水、地下水、工业废水和生活污水中总汞的测定。若有机物含量较高，消解试剂的最大用量不足以氧化样品中有机物时，此方法不适用。当取样量为100mL时，检出限为0.02μg/L，测定下限为0.08μg/L；当取样量为200mL时，检出限为0.01μg/L，测定下限为0.04μg/L。

（2）双硫腙光度法　在95℃，用高锰酸钾和过硫酸钾将试样消解，把所含汞全部转化为二价汞，用盐酸羟胺将剩余的氧化剂还原。在酸性条件下，汞离子与双硫腙生成橙色螯合物，用有机溶剂萃取，再用碱溶液洗去过剩的双硫腙，分光光度计测量。

测定范围：取样量为250mL时，检出限为2μg/L，测定上限为40μg/L。

6.3.2.3　铅

铅是一种有毒金属，可在生物体内蓄积，铅中毒会引起贫血、神经机能失调以及肾损伤等症状。铅的污染主要来自蓄电池、冶炼、五金、涂料和电镀等行业排放的污水。

铅的测定方法，本书主要介绍火焰原子吸收法、双硫腙分光光度法和示波极谱法，执行标准为《水质 铜、锌、铅、镉的测定 原子吸收分光光度法》(GB 7475—87)、《水质 铅的测定 双硫腙分光光度法》(GB 7470—87)和《水质 铅的测定 示波极谱法》(GB/T 13896—92)。

（1）火焰原子吸收法　将水样或消解处理好的试样吸入火焰，火焰中形成的原子蒸气对光源发射的特征电磁辐射产生吸收。将测得的样品吸光度和标准溶液的吸光度进行比较，确定样品中被测元素的含量。

测定范围：0.20～10.0mg/L。

（2）双硫腙分光光度法　在pH值为8.5～9.5的还原性介质中(氨性柠檬酸盐-氰化物)，铅与双硫腙反应，生成淡红色双硫腙铅螯合物，此螯合物可用氯仿萃取，并于510nm波长处测定吸光度。通过绘制标准曲线的方法，可以求出样品中铅的含量。

测定范围：此方法最低检出浓度0.01mg/L，测定上限为0.3mg/L。

本方法需要注意所用试剂及器皿中痕量铅的干扰，所用器皿应用稀硝酸浸泡，并用不含铅的蒸馏水冲洗。

（3）示波极谱法　在盐酸-乙酸钠缓冲溶液(pH为0.65)-抗坏血酸(10g/L)中，通过线性变化的电压，铅可在滴汞电极上还原或氧化，在示波极谱图上产生特征还原峰(电流)或氧化峰(电流)。于是，可在相应的电流-电压曲线图上求出试液中铅的含量。

测定范围：0.10～10.0mg/L；最低检测浓度为0.02mg/L。

6.3.2.4　镍

镍对水生生物具有毒害作用，镍盐容易引起过敏性皮炎。镍污染主要来自于采矿、冶炼、电镀等行业的废水排放。

铅的测定方法，本书主要介绍火焰原子吸收法和丁二酮肟分光光度法，执行标准为《水质 镍的测定 火焰原子吸收分光光度法》(GB 11912—89)、《水质 镍的测定 丁二酮肟分光光度法》(GB 11910—89)。

（1）火焰原子吸收法　将待测样品喷入空气-乙炔贫燃火焰中，镍在高温下原子化，在232.0nm处产生选择性吸收。一定条件下，吸光度与试液中镍的浓度成正比，通过标准曲线法即可以得到镍的含量。

测定范围：标准曲线的浓度范围为0.2～5.0mg/L，最低检出浓度为0.05mg/L。

(2) 丁二酮肟分光光度法　在氨溶液中，在氧化剂碘存在的情况下，镍能与丁二酮肟作用，生成酒红色可溶性络合物。该络合物在440mm以及530nm处有两个吸收峰，选择530nm处进行测定。

测定范围：最低检出浓度为0.1mg/L，测定上限为4mg/L。

6.3.2.5 镉

镉毒性很大，可在人体内积蓄，长期过量接触镉，主要引起肾脏损害，对于少数病人会引起骨骼损害及痛痛病。镉的污染源主要来自电镀、采矿、冶炼、燃料和电池等行业排放的废水。

镉的测定方法主要有火焰原子吸收法，执行标准《水质 铜、锌、铅、镉的测定 原子吸收分光光度法》(GB 7475—87)。同铅的测定方法(1)。

6.3.2.6 铜

铜是人体必需的微量元素，但是高浓度的铜对水生生物的危害很大。水体中铜污染主要来源于电镀、五金、冶炼和石油化工等行业排放的废水。

铜的测定方法主要介绍二乙基二硫代氨基甲酸钠分光光度法和2,9-二甲基-1,10-菲啰啉分光光度法，执行标准为《水质 铜的测定 二乙基二硫代氨基甲酸钠分光光度法》(HJ 485—2009)、《水质 铜的测定 2,9-二甲基-1,10-菲啰啉分光光度法》(HJ 486—2009)。

(1) 二乙基二硫代氨基甲酸钠分光光度法　在pH＝8～10的氨性溶液中，铜与二乙基二硫代氨基甲酸钠反应，生成黄棕色络合物，该络合物可用四氯化碳或三氯甲烷萃取，在440nm处测定其吸收。这一黄棕色络合物可稳定存在1h，并在一定条件下，其浓度与吸光度成正比。通过标准曲线法即可求得铜含量。

测定范围：0.02～0.60mg/L，最低检测浓度为0.01mg/L。

(2) 2,9-二甲基-1,10-菲啰啉分光光度法　用盐酸羟胺将二价铜离子还原为亚铜离子，在中性或微酸性溶液中，亚铜离子和2,9-二甲基-1,10-菲啰啉反应生成黄色络合物，于波长457nm处测量吸光度(直接光度法)；也可用三氯甲烷萃取，萃取液保存在三氯甲烷-甲醇混合溶液中，于波长457nm处测量吸光度(萃取光度法)。

测定范围：直接光度法适用于较清洁的地表水和地下水中可溶性铜和总铜的测定。当使用50mm比色皿、试料体积为15mL时，水中铜的检出限为0.03mg/L，测定下限为0.12mg/L，测定上限为1.3mg/L。

萃取光度法适用于地表水、地下水、生活污水和工业废水中可溶性铜和总铜的测定。当使用50mm比色皿、试料体积为50mL时，铜的检出限为0.02mg/L，测定下限为0.08mg/L。当使用10mm比色皿、试料体积为50mL时，测定上限为3.2mg/L。

6.3.3 有机指标

6.3.3.1 苯系物

苯系物是苯及衍生物的总称，广义上的苯系物包括全部芳香族化合物，狭义上特指常见的苯、甲苯、乙苯、邻二甲苯、间二甲苯、对二甲苯、异丙苯、苯乙烯。苯系物均具有不同程度的毒性。苯系物的工业污染源主要是石油、化工、炼焦生产的废水。同时，苯系物作为重要溶剂及生产原料有着广泛的应用，在油漆、农药、医药、有机化工等行业的废水中也含有较高含量的苯系物。

苯系物的测定方法有气相色谱法，执行标准为《水质 苯系物的测定 气相色谱法》(GB 11890—89)。

在恒温封闭容器中，水样中的苯系物在气液两相间分配，达到平衡，取气相进行色谱分析。

测定范围：最低检出浓度 0.005mg/L，测定上限为 0.1mg/L。对于高浓度样品，可用于石油化工、焦化、油漆、农药、制药等行业废水监测，也可用于监测地表水。

6.3.3.2 硝基苯类

硝基苯类化合物是硝基芳香族化合物的总称，属于高毒污染物。硝基苯类物质能够影响水体的自我净化能力，主要来源于染料、油漆、塑料、医药及农药等行业排放的污染物。

目前国内一般采用气相色谱法或液液萃取/固相萃取-气相色谱法测定水中硝基苯类化合物，执行标准为《水质 硝基苯类化合物的测定 气相色谱法》(HJ 592—2010)、《水质 硝基苯类化合物的测定 液液萃取/固相萃取-气相色谱法》(HJ 648—2013)。

(1) 气相色谱法　用二氯甲烷萃取水中的硝基苯类化合物，萃取液经脱水和浓缩后，用气相色谱氢火焰离子化检测器进行测定。

测定范围：适用于工业废水和生活污水中硝基苯类化合物的测定。当样品体积为 500mL 时，检出限、测定下限和测定上限见表 6-2。

表 6-2　本方法检出限及测定上下限　　单位：mg/L

化合物名称	检出限	测定下限	测定上限
硝基苯	0.002	0.008	2.8
邻硝基甲苯	0.002	0.008	2.4
间硝基甲苯	0.002	0.008	2.4
对硝基甲苯	0.002	0.008	2.0
2,4-二硝基甲苯	0.002	0.008	2.8
2,6-二硝基甲苯	0.002	0.008	2.0
2,4,6-三硝基甲苯	0.003	0.012	2.0
1,3,5-三硝基苯	0.003	0.012	2.4
2,4,6-三硝基苯甲酸	0.003	0.012	2.0

(2) 液液萃取/固相萃取-气相色谱法　液液萃取或固相萃取的萃取液注入气相色谱仪中，用石英毛细管柱将目标化合物分离，用电子捕获检测器测定，保留时间定性，外标法定量。

测定范围：液液萃取法取样量为 200mL，方法检出限为 0.017～0.22μg/L；固相萃取法取样量为 1.0L 时，方法检出限为 0.0032～0.048μg/L。

6.3.3.3 苯胺类

苯胺及其衍生物有上百种，工业上常用的苯胺类化合物也达数十种之多。水中苯胺类污染物主要来源于化工、印染、制药、农药等行业排放的污染。

目前国内采用分光光度法测定水中苯胺含量，执行标准《水质 苯胺类化合物的测定

N-(1-萘基)乙二胺偶氮分光光度法》(GB 11889—89)。在酸性条件下(pH为1.5～2.0),苯胺类化合物能与亚硝酸盐重氮化,随后通过与*N*-(1-萘基)乙二胺盐酸盐偶合,生成紫红色染料。在545nm处进行分光光度法测定,通过标准曲线法,即可得到苯胺含量。

测定范围:试料体积为25mL,使用光程为10mm的比色皿,最低检出浓度为含苯胺0.03mg/L,测定上限浓度为1.6mg/L。

6.3.3.4 挥发性卤代烃

挥发性卤代烃主要指三卤甲烷(三氯甲烷、一溴二氯甲烷、二溴一氯甲烷、三溴甲烷)及四氯化碳等沸点低、易挥发的卤代烃。各类卤代烃均有特殊的气味和毒性,可通过皮肤接触、呼吸或饮水进入人体。挥发性卤代烃污染源主要来源于化工、医药及实验室排放的废水。

测定水中挥发性卤代烃的方法,本书主要介绍顶空气相色谱法,执行标准为《水质 挥发性卤代烃的测定 顶空气相色谱法》(HJ 620—2011)。该标准适用于1,1-二氯乙烯、二氯甲烷、反式-1,2-二氯乙烯、氯丁二烯、顺式-1,2-二氯乙烯、三氯甲烷、四氯化碳、1,2-二氯乙烷、三氯乙烯、一溴二氯甲烷、四氯乙烯、二溴一氯甲烷、三溴甲烷、六氯丁二烯等14种挥发性卤代烃的测定。其他挥发性卤代烃经验证后,也可以参照此标准测定。

测定时,将水样置于密封的顶空瓶中。一定的温度下,水中的挥发性卤代烃挥发至上部空间,并在气液两相中达到动态的平衡。此时,挥发性卤代烃在气相中的浓度与它在液相中的浓度成正比。用带有电子捕获器的气相色谱仪对气相中挥发性卤代烃的浓度进行测定,即可计算出水样中挥发性卤代烃的浓度。

测定范围:当顶空瓶为22mL,取样体积为10.0mL,此方法的检出限为0.02～6.13μg/L,测定下限为0.08～24.5μg/L。

6.4 实训 工业废水的监测

6.4.1 印染废水色度的测定——稀释倍数法

【背景知识】

印染,又称纺织染整,指对纺织材料进行以染色、印花、整理为主的处理工艺过程,包括预处理(不含洗毛、麻脱胶、煮茧和化纤等纺织用原料的生产工艺)、染色、印花和整理。

色度的标准单位:在每升溶液中含有2mg六水合氯化钴(Ⅳ)和1mg铂[以六氯铂(Ⅳ)酸的形式]时产生的颜色为1度。

6.4.1.1 实训目的

① 掌握印染废水色度测定的原理与方法。

② 掌握稀释倍数法的原理与一般过程。

6.4.1.2 测定依据

本实训采用稀释倍数法测定印染废水的色度,依据为《纺织染整工业水污染物排放标准》(GB 4287—2012)以及《水质 色度的测定》(GB 11903—89)。

6.4.1.3 实训程序

（1）仪器准备与清洗

确定仪器及规格、数量 → 洗净，晾干，备用

（2）试剂的准备与溶液的配制

确定试剂及规格、确定实训用量 → 按用量配制溶液 → 做好制备记录，贴上标签，备用

（3）色度的测定

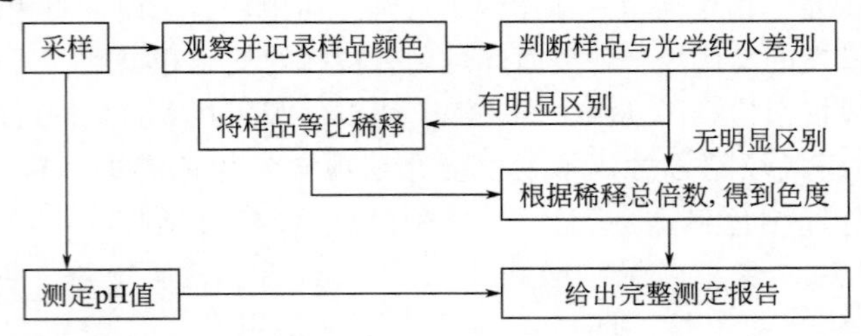

6.4.1.4 实验准备

（1）仪器与药品

① 仪器：50mL 具塞比色管，pH 计，容量瓶、移液管、量筒、烧杯等常用实验室仪器。

② 药品：去离子水、表面活性剂溶液。

（2）溶液配制　光学纯水：将 0.2μm 滤膜在 100mL 去离子水中浸泡 1h，用其过滤去离子水并弃去最初的 250mL。后续溶液配制及稀释皆用此光学纯水。

6.4.1.5 项目实施

（1）采样及样品保存　采样所用玻璃器皿用表面活性剂溶液洗净，去离子水冲洗并晾干。采样后要尽早进行分析，若不能立即分析，将样品避光密封保存，同时避免温度变化。

（2）静置　将样品倒入 250mL 量筒中并静置 15min，取上层液体进行色度测定。

（3）测定　取样品以及光学纯水 50mL 置于具塞比色管中。将具塞比色管置于白色表面上，并呈合适的角度，使反射光线自具塞比色管底部向上通过液柱，垂直向下观察液柱，比较样品和光学纯水，描述并记录样品呈现的颜色。

取试样 25mL 置于另一洁净干燥的具塞比色管中，加光学纯水至标线，随后观察此溶液颜色。如此将试样等比稀释，直至刚好与光学纯水无法区别为止，记下此时的稀释倍数值。

另取样品测定 pH 值。

6.4.1.6 原始记录

认真填写废水采样原始数据记录表（表 6-3）和色度的测定（稀释倍数法）原始数据记录表（表 6-4）。

表 6-3　废水采样原始数据记录表

序号	企业名称	采样点	样品份数	采样口流量/（m^3/S）	采样时间	颜色	采样人

表 6-4　色度的测定(稀释倍数法)原始数据记录表

样品编________　分析人________　分析日期____年____月____日____

序号	稀释倍数	颜色深浅(无色,浅色或深色)	色调(红、橙、黄、绿、蓝和紫等)	透明度(透明、混浊或不透明)	与光学纯水是否存在明显差别

样品 pH 值为________

6.4.1.7　数据处理

按下式计算样品色度：

$$A=[K_1]$$

式中　A——样品色度，度；

K_1——样品稀释至与光学纯水无法区分时的稀释倍数。

6.4.1.8　注意事项

① GB 11903—89 规定了两种测定色度的方法。铂钴比色法参照 ISO 7887—2011《水质审核确定的颜色》。铂钴比色法适用于清洁水、轻度污染并略带黄色调的水，以及比较清洁的地面水、地下水和饮用水等。稀释倍数法适用于污染较严重的地面水和工业废水。

② pH 值对颜色有较大影响，在测定色度时应同时测定 pH 值。

6.4.2　电镀废水中六价铬的测定——二苯碳酰二肼分光光度法

【背景知识】

铬的工业用途很广，在金属加工、电镀、制革行业都有着广泛的应用。铬主要以金属铬、三价铬、六价铬状态存在，这三种形式都有毒性，其中六价铬毒性最大。六价铬为致癌物，可能造成遗传性基因缺陷，对环境有持久危险性。世界卫生组织、美国、欧盟以及我国越来越密切关注六价铬的危害，限制其使用与排放。

6.4.2.1　实训目的

① 掌握电镀废水中六价铬测定样品预处理的方法。
② 掌握铬标准曲线的绘制。
③ 掌握二苯碳酰二肼分光光度法测定六价铬的方法。

6.4.2.2　测定依据

本实训采用二苯碳酰二肼分光光度法测定电镀废水中六价铬的含量，依据为《水质 六价铬的测定 二苯碳酰二肼分光光度法》(GB 7467—87)。

6.4.2.3　实训程序

(1) 仪器准备与清洗

确定仪器及规格、数量 → 洗净，晾干，备用

(2) 试剂的准备与溶液的配制

确定试剂及规格、确定实训用量 → 按用量配制溶液 → 做好制备记录，贴上标签，备用

(3) 六价铬测定

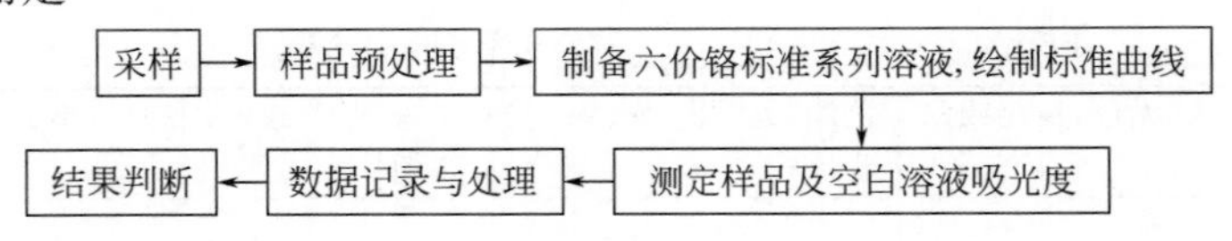

6.4.2.4 实验准备

(1) 仪器与药品

① 仪器：分光光度计、分析天平、移液管、容量瓶等分析实验室常用仪器。

② 药品：丙酮、硫酸、磷酸、氢氧化钠、硫酸锌、高锰酸钾、重铬酸钾、尿素、亚硝酸钠、二苯碳酰二肼等。

(2) 溶液配制

① (1+1)硫酸溶液：将硫酸(ρ=1.84g/mL,优级纯)缓缓加入到同体积的水中，混匀。

② (1+1)磷酸溶液：将磷酸(ρ=1.69g/mL,优级纯)与水等体积混合。

③ 4g/L 氢氧化钠溶液：将 1g 氢氧化钠，溶于水并稀释至 250mL。

④ 8%（m/V）硫酸锌溶液：称取 8g 七水硫酸锌，溶于 100mL 水。

⑤ 2%（m/V）氢氧化钠溶液：称取 2.4g 氢氧化钠，溶于 120mL 水。

⑥ 氢氧化锌共沉淀剂：将 8%（m/V）硫酸锌溶液与 2%（m/V）氢氧化钠溶液混合得到，使用时配制。

⑦ 40g/L 高锰酸钾溶液：称取 4g 高锰酸钾，在加热和搅拌下，溶于 100mL 水。

⑧ 铬标准贮备液：将重铬酸钾(优级纯)110℃干燥 2h，干燥器中冷却后称取 0.2829g，用水溶解后，定容至 1000mL。1mL 此溶液 1mL 含 0.10mg 六价铬。

⑨ 铬标准溶液：

称取 5.00mL 铬标准贮备液，定容至 500mL。此溶液 1mL 含 1.00μg 六价铬。使用当天配制。

称取 25.00mL 铬标准贮备液，定容至 500mL。此溶液 1mL 含 5.00μg 六价铬。使用当天配制。

⑩ 200g/L 尿素溶液：称取 20g 尿素，溶于水并稀释至 100mL。

⑪ 20g/L 亚硝酸钠溶液：称取 2g 亚硝酸钠，溶于水并稀释至 100mL。

⑫ 显色剂（Ⅰ）：称取 0.2g 二苯碳酰二肼，溶于 50mL 丙酮，加水稀释至 100mL，摇匀。置于棕色瓶，低温避光保存。色变深后，不能使用。

⑬ 显色剂（Ⅱ）：称取 2g 二苯碳酰二肼，溶于 50mL 丙酮，加水稀释至 100mL，摇匀。置于棕色瓶，低温避光保存。色变深后，不能使用。

6.4.2.5 项目实施

(1) 采样　用玻璃瓶采集分析样品。所有玻璃器皿，不得用重铬酸钾洗液洗涤。可用硝酸、硝酸混合液或合成洗涤剂洗涤，洗涤剂要用去离子水冲洗干净。

采样后，加入氢氧化钠，调节 pH 值至 8。采样后应在 24h 内完成测定。

(2) 样品的预处理　若样品不含悬浮物，且无色透明，可不做处理直接测定。若样品有一定色度，但色度不深，按测定步骤另取一份试样，以 2mL 丙酮代替显色剂，样品的吸光度扣除此色度以校正吸光度。

对于深度较深、浑浊的样品，可用锌盐沉淀分离法处理。具体步骤如下：取适量样品(六价铬含量少于 100μg)于 150mL 烧杯中，加水至 50mL，滴加氢氧化钠溶液，调节溶液 pH 值约为 8，滴加氢氧化锌共沉淀剂，并不断搅拌，直至溶液 pH 值为 9，将此溶液定容至

100mL，过滤，弃去10～20mL初滤液，取50.0mL滤液供测定。

(3) 测定　取适量(六价铬含量少于50μg)样品置于50mL比色管中，用水稀释至标线。加入0.5mL(1+1)硫酸溶液和0.5mL(1+1)磷酸溶液，混合均匀。加入2mL显色剂（Ⅰ），混合均匀。

静置5～10min后，在540nm波长处，以水作参比，测定吸光度。根据标准曲线查得六价铬含量。如样品经锌盐沉淀分离法进行了前处理，样品的含量应为查得含量的两倍。

(4) 绘制标准曲线

① 取50mL具塞比色管，取1mL含1.00μg的铬标准贮备液，按表6-5制备铬标准系列溶液。

表6-5　铬标准系列溶液

管号	0	1	2	3	4	5	6	7	8
标准溶液/mL	0	0.20	0.50	1.00	2.00	4.00	6.00	8.00	10.00
总体积/mL	50.00	50.00	50.00	50.00	50.00	50.00	50.00	50.00	50.00
铬含量/μg	0	0.20	0.50	1.00	2.00	4.00	6.00	8.00	10.00

② 按照测定试样的步骤对铬标准系列溶液进行处理，测定吸光度并绘制以六价铬的量对吸光度的曲线。

③ 若样品含六价铬大于10.00μg，则应采用1mL含5.00μg的铬标准贮备液制备标准系列溶液。

(5) 空白试验　按同试样完全相同的处理步骤进行空白试验，仅用50mL水代替试样。

6.4.2.6　原始记录

认真填写废水采样原始数据记录表(表6-3)和六价铬的测定原始数据记录表(表6-6)。

表6-6　六价铬的测定原始数据记录表

样品种类________　分析方法________　分析日期____年____月____日

标准曲线	标准管号		0	1	2	3	4	5	6	7	8	标准溶液名称及浓度：______ 标准曲线方程及相关系数：r=______ 方法检出限：______
	标液量	mL										
		μg										
	A											
	$A\text{-}A_0$											

样品测定	样品编号	取样量/mL	定容体积/mL	样品吸光度	空白吸光度	校正吸光度	回归方程计算结果/μg	样品质量浓度/(mg/m³)	计算公式：______

标准化记录	仪器名称	仪器编号	显色温度/℃	显色时间/min	参与溶液	波长/nm	比色皿/mm	室温/℃	湿度/%

分析人________校对人________审核人________

6.4.2.7　数据处理

六价铬含量 c (mg/L) 按下式计算：

$$c=\frac{m}{V}$$

式中　m——由标准曲线查得的试份含六价铬量，μg；

　　V——试样的体积，mL。

结果以三位有效数字表示。

6.4.2.8　注意事项

① 当样品中含有机物干扰测定时，可用酸性高锰酸钾氧化法处理后测定。即取50.0mL锌盐沉淀分离法处理的滤液，置于150mL锥形瓶中，加入0.5mL(1+1)硫酸溶液、0.5mL(1+1)磷酸溶液，混匀。加入数滴40g/L高锰酸钾溶液，使溶液呈紫红色并保持。加入几粒玻璃，随后加热煮沸，直至溶液体积约剩20mL。待冷却后，过滤并洗涤数次，合并滤液至50mL比色管中。加入1mL200g/L尿素溶液，用滴管滴加20g/L亚硝酸钠溶液，摇匀，至高锰酸钾的紫红色刚好褪去。静置，供测定用。

② 当水样中存在次氯酸盐等氧化性物质时，干扰测定，可加入尿素和亚硝酸钠消除。取适量样品（含六价铬少于50μg）于50mL比色管中，用水稀释至标线，加入0.5mL(1+1)硫酸溶液、0.5mL(1+1)磷酸溶液、1.0mL 200g/L尿素溶液，摇匀。逐滴加入1mL 20g/L亚硝酸钠溶液，边加边摇，以除去由过量的亚硝酸钠与尿素反应生成的气泡，待气泡除尽后，即可测定。

6.4.3　化工废水中硝基苯类化合物的测定——气相色谱法

【背景知识】

硝基苯类化合物是化工生产中一类重要的原料和合成前体，在工业生产中，释放到环境中会对环境造成严重影响，是一类重要的污染物。硝基苯类化合物对生物有较强的毒害作用，人体接触会对皮肤和眼睛有刺激作用，影响中枢神经系统，使人感到疲劳、头痛以及眩晕，持续接触将危及生命。绝大多数硝基苯类化合物都是人工合成的，不能被微生物降解，常规的生物处理方法难以奏效。硝基苯类化合物被列为环境优先控制污染物，在工业排水中要求严格控制。

6.4.3.1　实训目的

① 掌握气相色谱的原理及使用方法。

② 掌握气相色谱测定硝基苯类化合物原理和操作技能。

6.4.3.2　测定依据

本实训采用气相色谱法测定化工废水中的硝基苯类化合物，依据为《水质 硝基苯类化合物的测定 气相色谱法》(HJ 592—2010)。

6.4.3.3　实训程序

（1）仪器准备与清洗

确定仪器及规格、数量 → 洗净，晾干，备用

（2）试剂的准备与溶液的配制

确定试剂及规格、确定实训用量 → 按用量配制溶液 → 做好制备记录，贴上标签，备用

（3）化学需氧量的测定

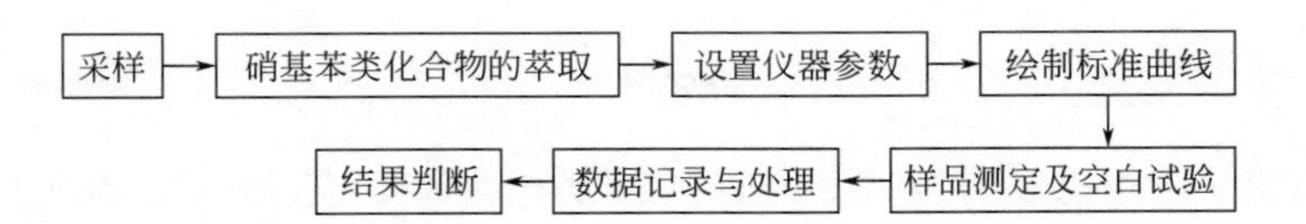

6.4.3.4 实验准备

(1) 仪器与药品

① 仪器：气相色谱仪（具氢火焰离子化检测器），旋转蒸发仪，氮吹仪，电炉或电热板，移液管、容量瓶等实验室常用仪器。

② 药品：浓硫酸、二氯甲烷、乙酸乙酯、无水硫酸钠、2,4,6-三硝基苯甲酸等。

(2) 溶液配制

① 硝基苯类化合物标准溶液：4℃密封避光保存，$\rho=1.00$mg/mL，可以使用市售有证标准物。

② 2,4,6-三硝基苯甲酸标准溶液：用乙酸乙酯溶解，配制成$\rho=1.00$mg/mL的溶液，4℃下密封避光保存。

6.4.3.5 项目实施

(1) 采样及样品保存　采集1000mL样品于采样瓶中，样品应尽快分析。如不能在24h内分析，应用硫酸调节pH小于3。样品须在7天内萃取，萃取液可在4℃保存不多于30天。

(2) 硝基苯类化合物的萃取　量取500mL样品于分液漏斗中，加入25mL二氯甲烷，振荡3min，放置3min后，收集下层萃取液，重复萃取一次，合并萃取液。萃取液经无水硫酸钠脱水后，用旋转蒸发仪、氮吹仪定容至1mL，此溶液含除2,4,6-三硝基苯甲酸外硝基苯类化合物。

将二氯甲烷萃取两次后的水相合并，转移至1000mL锥形瓶中，电炉加热至微沸20min，重复上述萃取操作萃取三硝基苯甲酸。

(3) 设置仪器参数　色谱柱温度：60℃保持4min，以20℃/min升温至220℃，保持3min；检测器温度：250℃；汽化室温度230℃；载气流量1mL/min，氢气流量30mL/min；空气400mL/min；尾吹起流量20mL/min。

(4) 绘制标准曲线　用二氯甲烷将硝基苯类化合物标准溶液稀释成5μg/mL、10μg/mL、20μg/mL、40μg/mL、60μg/mL和120μg/mL标准系列溶液。分别取1.0μL进样，根据各组分浓度和峰面积绘制标准曲线。

(5) 样品测定　取1.0μL样品进样，与标准曲线同样条件测定。

(6) 空白试验　以实验用水代替样品进行测定。

6.4.3.6 原始记录

认真填写废水采样原始数据记录表(表6-3)和硝基苯类化合物的测定原始数据记录表(表6-7)。

表6-7　硝基苯类化合物的测定原始数据记录表

样品种类________ 分析方法________ 分析日期____年____月____日

硝基苯化合物名称	1	2	3	4	5	6

分析人________校对人________审核人________

6.4.3.7 数据处理

（1）硝基苯类化合物浓度的计算　按下式计算某类硝基苯类化合物(除三硝基苯甲酸)的浓度：

$$\rho=\frac{\rho_{标}V_1}{V}$$

式中　ρ——样品中某硝基苯类化合物的含量，mg/L；

$\rho_{标}$——由标准曲线测定的浓度值，mg/L；

V——水样体积，mL；

V_1——萃取后浓缩定容的体积，mL。

（2）三硝基苯甲酸含量的计算　按下式计算三硝基苯甲酸的含量：

$$\rho=\frac{\rho_{标}V_1\times 1.21}{V}$$

式中　ρ——样品中某硝基苯类化合物的含量，mg/L；

$\rho_{标}$——由标准曲线测定的浓度值，mg/L；

V——水样体积，mL；

V_1——萃取后浓缩定容的体积，mL。

1.21——2,4,6-三硝基苯甲酸与均三硝基苯摩尔质量的比值。

6.4.3.8 注意事项

① 萃取过程应该在通风橱中进行。

② 沸腾过程中，加热温度不应太高，避免剧烈沸腾，加热过程中水量不得少于100mL。

【思考题】

一、简答题

1. 工业废水中第一类污染物与第二类污染物采样分析时有何区别？

2. 简述工业废水样品的保存的注意事项。

3. 酸碱指示剂滴定法测定酸度的主要干扰物质有哪些？

4. 当水样中总碱度浓度较低时，应如何操作以提高测定的精度？

5. 如何采用火焰原子吸收法测试无机盐含量较高水样中的镍含量？

6. 试述根据《水质 苯系物的测定气相色谱法》(GB 11890—89)顶空气相色谱法测定水中苯系物时的注意事项。

7. 苯系物是一类已知的毒性较大的污染物，是废水中一项重要的有机污染控制指标，在监测哪些行业排放的废水时要考虑苯系物？至少说出5个行业。

二、计算题

1. 气相色谱法分析某废水中有机组分时，取水样500mL以有机溶剂分次萃取，最后定容至25.00mL供色谱分析用。进样5μL测得峰高为75.0mm，标准液峰高69.0mm，标准液浓度20.0mg/L，试求试样中被测组分的含量(mg/L)。

2. 准确称取经干燥的基准试剂邻苯二甲酸氢钾0.4857g，置于250mL锥形瓶中，加实验用水100mL使之溶解，用该溶液标定氢氧化钠标准溶液，即用氢氧化钠标准溶液滴定该溶液，滴定至终点时用去氢氧化钠标准溶液18.95mL，空白滴定用去0.17mL，问氢氧化钠标准溶液的浓度是多少？（邻苯二甲酸氢钾的摩尔质量为204.23g/mol)

第7章 土壤监测

7.1 土壤监测方案的制定

7.1.1 术语和定义

7.1.1.1 土壤

土壤是连续覆被于地球陆地表面具有肥力的疏松物质，是随着气候、生物、母质、地形和时间因素变化而变化的历史自然体。

7.1.1.2 土壤环境

地球环境由岩石圈、水圈、土壤圈、生物圈和大气圈构成，土壤位于该系统的中心，既是各圈层相互作用的产物，又是各圈层物质循环与能量交换的枢纽。受自然和人为作用，内在或外显的土壤状况称为土壤环境。

7.1.1.3 土壤背景

土壤背景是指区域内很少受人类活动影响和不受或未明显受现代工业污染与破坏的情况下，土壤原来固有的化学组成和元素水平。但实际上目前已经很难找到不受人类活动和污染影响的土壤，只能去找影响尽可能少的土壤。不同自然条件下发育的不同土类或同一种土类发育于不同的母质母岩区，其土壤环境背景值也有明显差异；就是同一地点采集的样品，分析结果也不可能完全相同，因此土壤环境背景值是统计性的。

7.1.1.4 农田土壤

农田土壤指用于种植各种粮食作物、蔬菜、水果、纤维和糖类作物、油料作物及农区森林、花卉、药材、草料等作物的农业用地土壤。

7.1.1.5 监测单元

监测单元指按地形—成土母质—土壤类型—环境影响划分的监测区域范围。

7.1.1.6 土壤采样点

监测单元内实施监测采样的地点称为土壤采样点。

7.1.1.7 土壤剖面

土壤剖面指从地面垂直向下的土壤纵剖面。取样时，按土壤特征，将表土竖直向下的土壤平面划分成的不同层面的取样区域，在各层中部位多点取样，等量混匀，或根据研究的目的采取不同层的土壤样品。

7.1.1.8 土壤混合样

土壤混合样指在农田耕作层采集若干点的等量耕作层土壤并经混合均匀后的土壤样品。组成混合样的分点数要在5～20个。

7.1.1.9 监测类型

根据土壤监测目的，土壤环境监测有4种主要类型：区域土壤环境背景监测、农田土壤环境质量监测、建设项目土壤环境评价监测和土壤污染事故监测。

7.1.2 采样前准备

采样前的准备主要包括三个方面：组织准备、技术准备、物质准备。

7.1.2.1 组织准备

采样人员必须由具有环境、土壤、地质、地理、植物等基础知识、一定的野外调查经验且掌握土壤采样技术规程的专业技术人员承担。

采样前，要经过一定的培训，学习有关技术文件，了解监测技术规范。

7.1.2.2 技术准备

采样前应准备好技术资料，如采样点位置图、采样点分布一览表(内容应包括编号、位置、土类、母质母岩等)、交通图、地质图、土壤图、大比例的地形图以及采样记录表，并收集相关资料如下。

① 区域自然环境特征：水文、气象、地形地貌、植被、自然灾害等。

② 农业生产土地利用状况：农作物种类、布局、面积、产量、耕作制度等。

③ 区域土壤地力状况：成土母质、土壤类型、层次特点、质地、pH、Eh、代换量、盐基饱和度、土壤肥力等。

④ 土壤环境污染状况：工业污染源种类及分布、污染物种类及排放途径和排放量、农灌水污染状况、大气污染状况、农业固体废弃物投入、农业化学物质投入情况、自然污染源情况等。

⑤ 土壤生态环境状况：水土流失现状、土壤侵蚀类型、分布面积、侵蚀模数、沼泽化、潜育化、盐渍化、酸化等。

⑥ 土壤环境背景资料：区域土壤元素背景值、农业土壤元素背景值。

⑦ 其他相关资料和图件：土地利用总体规划、农业资源调查规划、行政区划图、土壤类型图、土壤环境质量图等。

7.1.2.3 物质准备

① 工具类：铁铲、铁镐、土钻、土刀、土铲等。

② 器材类：GPS、罗盘、高度计、卷尺、标尺、环刀、铝盒、盐分速测仪、土壤养分速测仪、渗水速率测定仪、样品袋、标本盒、照相机以及其他特殊仪器和化学试剂等。

③ 安全防护用品类：工作服、雨具、防滑登山鞋、安全帽、常用药品等。

④ 其他：标签、记录表格、文具夹、铅笔、采样用车辆等。

7.1.3 监测项目与频次

监测项目分常规项目、特定项目和选测项目；监测频次与其对应。

7.1.3.1 常规项目

原则上为《土壤环境质量标准》(GB 15618—1995)中所要求控制的污染物。

7.1.3.2 特定项目

《土壤环境质量标准》(GB 15618—2008)中未要求控制的污染物，但根据当地环境污染状况，确认在土壤中积累较多，对环境危害较大、影响范围广、毒性较强的污染物，或者污染事故对土壤环境造成严重不良影响的物质，具体项目由各地自行确定。

7.1.3.3 选测项目

一般包括新纳入的在土壤中积累较少的污染物、由于环境污染导致土壤性状发生改变的土壤性状指标以及生态环境指标等，由各地自行选择测定。

土壤监测项目与监测频次见表 7-1。常规项目监测频次可按当地实际情况适当降低，但不低于 5 年 1 次，选测项目可按当地实际适当提高监测频次。

表 7-1 土壤监测项目与监测频次

项目类别		监测项目	监测频次
常规项目	基本项目	pH、阳离子交换量	每 3 年 1 次，农田在夏收或秋收后采样
	重点项目	镉、铬、汞、砷、铅、铜、锌、镍、六六六、滴滴涕	
特定项目(污染事故)		特征项目	及时采样，根据污染物变化趋势决定采样频次
选测项目	影响产量项目	全盐量、硼、氟、氮、磷、钾等	每 3 年 1 次，农田在夏收或秋收后采样
	污染灌溉项目	氰化物、六价铬、挥发酚、烷基汞、苯并[a]芘、有机质、硫化物、石油类等	
	POPs 与高毒类农药	苯、挥发性卤代烃、有机磷农药、PCB、PAH 等	
	其他项目		

7.1.4 监测单元的划分

土壤监测单元的划分参考土壤类型、农作物种类、耕作制度、商品生产基地、保护区类别、行政区划等要素，按土壤和接纳污染物的途径划分基本单元，同一单元的差别应尽可能缩小。

① 区域环境背景土壤监测单元：全国土壤环境背景值监测，一般以土类为主，省、自治区、直辖市级的土壤环境背景值监测以土类和成土母质母岩类型为主，省级以下或条件许

可或特别工作需要的土壤环境背景值监测可划分到亚类或土属。

② 大气污染型土壤监测单元：土壤中的污染物主要来源于大气污染沉降物。

③ 灌溉水污染型土壤监测单元：土壤中的污染物主要来源于农灌用水。

④ 固体废弃堆污染型土壤监测单元：土壤中的污染物主要来源于堆放的固体废弃物。

⑤ 农业固体废弃物污染型土壤监测单元：土壤中的污染物主要来源于农用固体废弃物。

⑥ 农用化学物质污染型土壤监测单元：土壤中的污染物主要来源于农药、化肥、生长素等农用化学物质。

⑦ 综合污染型土壤监测单元：土壤中的污染物主要来源于上述的两种或两种以上途径。

7.1.5 监测点的布设

7.1.5.1 布点数量

土壤监测的布点数量要根据调查目的、调查精度和调查区域环境状况等因素确定。一般要求每个监测单元最少应设 3 个点。

土壤污染纠纷的法律仲裁调查的样点数量要大，可采用 1～5 个样点/hm^2（hm，百米，1hm＝100m）；绿色食品产地环境质量监测按“绿色食品产地环境质量现状评价纲要”规定执行；一般土壤质量调查在保证土壤样品代表性的前提下，可根据实际情况自定。

7.1.5.2 布点原则与方法

（1）区域土壤背景点布点原则与方法

① 区域土壤背景点布点是指在调查区域内或附近，相对未受污染，而母质、土壤类型及农作历史与调查区域土壤相似的土壤样点。

② 代表性强、分布面积大的几种主要土壤类型，分别布设同类土壤的背景点。

③ 采用随机布点法，每种土壤类型不得低于 3 个背景点。

（2）农田土壤监测点　农田土壤监测点是指人类活动产生的污染物进入土壤并累积到一定程度引起或怀疑引起土壤环境质量恶化的土壤样点。

布点原则应坚持哪里有污染就在哪里布点，把监测点布设在怀疑或已证实有污染的地方，根据技术力量和财力条件，优先布设在那些污染严重、影响农业生产活动的地方。

（3）大气污染型土壤监测点　以大气污染源为中心，采用放射状布点法，布点密度由中心起由密渐稀，在同一密度圈内均匀布点。此外，在大气污染源主导下风向应适当增加监测距离和布点数量。

（4）灌溉水污染型土壤监测点　在接纳灌溉水体两侧，按水流方向采用带状布点法，布点密度自灌溉水体纳污口起由密渐稀，各引灌段相对均匀。

（5）固体废物堆污染型土壤监测点　地表固体废弃物堆可结合地表径流和当地常年主导风向，采用放射布点法和带状布点法；地下填埋废物堆根据填埋位置可采用多种形式的布点法。

（6）农用固体废弃物污染型土壤监测点　在施用种类、施用量、施用时间等基本一致的情况下采用均匀布点法。

（7）农用化学物质污染型土壤监测点　采用均匀布点法。

（8）综合污染型土壤监测点　以主要污染物排放途径为主，综合采用放射布点法、带状布点法及均匀布点法。

7.2 土壤样品的采集、保存与制备

7.2.1 土壤样品采样阶段

土壤采样可按以下三个阶段进行。

(1) 前期采样　根据背景资料与现场考察结果，在正式采样前采集一定数量的样品进行分析测试，用于初步验证污染物扩散方式和判断土壤污染程度，并为选择布点方法和确定测试项目等提供依据。前期采样可与现场调查同时进行。

(2) 正式采样　在正式采样前应首先制定采样计划，采样计划应包括布点方法、样品类型、样点数量、采样根据、质量保证措施、样品保存及测试项目等内容，然后按照采样计划实施现场采样。

(3) 补充采样　正式采样测试后，发现布设的样点未满足调查需要，则要进行补充采样，例如，在高浓度区域适当增加点位。

土壤环境质量现状调查、面积较小的土壤污染调查和时间紧急的污染事故调查可采取一次采样方式。

7.2.2 土壤样品采集

采样点可采表层样或土壤剖面样。一般监测采集表层土，采样深度 0～20cm，特殊要求的监测(土壤背景、环评、污染事故等)，必要时选择部分采样点，采集剖面样品。

7.2.2.1 土壤剖面样品采集

① 土壤剖面点位不得选在土类和母质交错分布的边缘地带或土壤剖面受破坏的地方。

② 剖面的规格一般为 1.5m、宽 0.8m、深 1～2m。深度视土壤情况而定，久耕地取样至 1m，新垦地取样至 2m，果林地取样至 1.5～2m；盐碱地地下水水位较高，取样至地下水位层；山地土层薄，取样至母岩风化层。

③ 一般每个剖面采集 A、B、C 三层土壤。对 B 层发育不完整(不发育)的山地土壤，只采 A、C 两层。

④ 用剖面刀将观察面修整好，自上至下削去 5cm 厚、10cm 宽呈新鲜剖面。准确划分土层，各层按梅花法，自下而上逐层采集中部位置土壤。

⑤ 采样注意事项：挖掘土壤剖面要使观察面向阳，表土与底土分放土坑两侧，取样后按原层回填。在观察面上方，不应堆土，也不应站人或走动，以免破坏土壤表层结构，影响剖面形态的观察和描述及取样。

7.2.2.2 土壤混合样品采集

① 每个土壤单元至少有 3 个采样点组成，每个采样点的样品为土壤混合样。

② 混合样采集方法有以下几种。

a. 对角线法：适用于污水灌溉的农田土壤，由田块进水口向出水口引一对角线，至少分 5 等分，以等分点为采样分点。土壤差异性大，可再等分，增加分点数。

b. 梅花点法：适于面积较小，地势平坦，土壤物质和受污染程度均匀的地块，设分点 5

个左右。

c. 棋盘式法：适宜中等面积、地势平坦、土壤不够均匀的地块，设分点 10 个左右；但受污泥、垃圾等固体废弃物污染的土壤，分点应在 20 个以上。

d. 蛇形法：适宜面积较大、土壤不够均匀且地势不平坦的地块，设分点 15 个左右。

7.2.3 现场采样记录

① 采样同时，专人填写土壤标签和采样记录。土壤标签上标记采样时间、采样地点(经纬度)、采样层次、深度、监测项目等。

② 填写人员根据明显地物点的距离和方位，将采样点标记在野外实际使用地形图上，并与记录卡和标签的编号统一。

7.2.4 采样注意事项

① 测定重金属的样品，尽量用竹铲、竹片直接采取样品，或用铁铲、土钻挖掘后，用竹片刮去与金属采样器接触的部分，再用竹片采取样品。

② 所采土样装入塑料袋内，外套布袋。填写土壤标签一式两份，1 份放入袋内，1 份扎在袋口。

③ 采样结束应在现场逐项逐个检查，如采样记录表、样品登记表、样袋标签土壤样品、采样点位图标记等，如有缺项、漏项和错误处，应及时补齐和修正。

④ 将底土和表土按原层回填到采样坑中，方可撤离现场。

7.2.5 土壤样品的运输和保存

① 样品装运前，必须逐件与样品登记表、样品标签和采样记录进行核对，核对无误后分类装箱。

② 样品在运输中严防样品的损失、混淆或沾污，并派专人押运，按时送至实验室。对于易分解或易挥发等不稳定组分的样品，要采取低温保存的运输方法，尽快送到实验室分析测试。接受者与送样者双方在样品登记表上签字，样品记录由双方各存一份备查。

③ 按样品名称、编号和粒径分类保存。

④ 测试项目需要新鲜样品的土样。采集后可用密封的聚乙烯或玻璃容器在 4℃以下避光保存，样品要充满容器。避免用含有待测组分或对测试有干扰的材料制成的容器盛装保存样品，测定有机污染物的土壤样品要选用玻璃容器保存。分析取用后的剩余样品一般保留半年，预留样品一般保留 2 年。特殊、珍稀、仲裁、有争议样品一般要永久保存。新鲜样品的保存条件和保存时间见表 7-2。

表 7-2 新鲜样品的保存条件和保存时间

测试项目	容器材质	温度/℃	可保存时间/d	备注
金属(汞和六价铬除外)	聚乙烯、玻璃	<4	180	
汞	玻璃	<4	28	
砷	聚乙烯、玻璃	<4	180	
六价铬	聚乙烯、玻璃	<4	1	
氰化物	聚乙烯、玻璃	<4	2	
挥发性有机物	玻璃(棕色)	<4	7	采样瓶装满装实并密封
半挥发性有机物	玻璃(棕色)	<4	10	采样瓶装满装实并密封
难挥发性有机物	玻璃(棕色)	<4	14	

7.2.6 土壤样品的制备

7.2.6.1 制样工作室要求

制样工作室应分设风干室和磨样室。风干室朝南(严防阳光直射土样)，通风良好，整洁，无尘，无易挥发性化学物质。

7.2.6.2 制样工具及容器

风干用白色搪瓷盘及木盘；粗粉碎用木锤、木滚、木棒、有机玻璃棒、有机玻璃板、硬质木板、无色聚乙烯薄膜；磨样用玛瑙研磨机(球磨机)或玛瑙研钵、白色瓷研钵；过筛用尼龙筛，规格为2～100目；装样用具塞磨口玻璃瓶，具塞无色聚乙烯塑料瓶或特制牛皮纸袋，规格视量而定。

7.2.6.3 制样程序

土壤的常规监测流程如图7-1所示。制样者与样品管理员需同时核实清点、交接样品，在样品交接单上双方签字确认。

(1) 风干　在风干室将土样放置于风干盘中，摊成2～3cm的薄层，适时地压碎、翻动，拣出碎石、砂砾、植物残体。

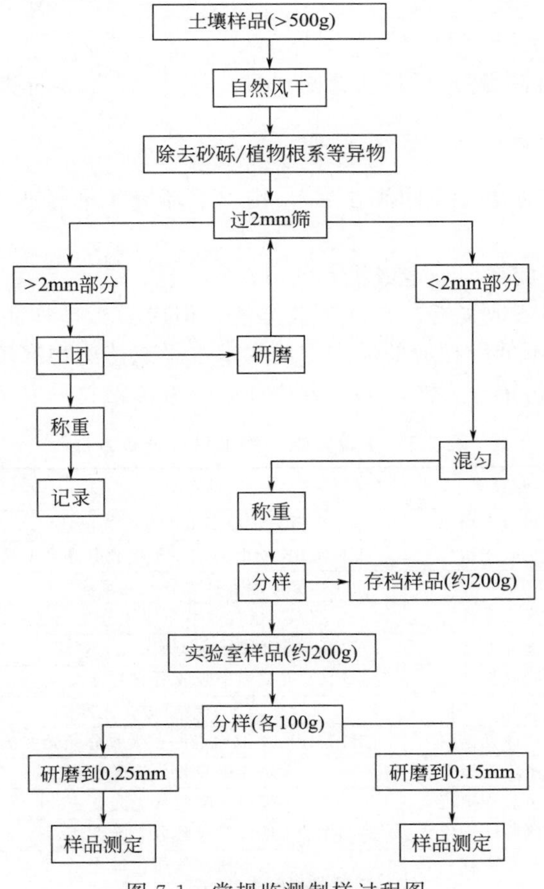

图7-1　常规监测制样过程图

(2) 样品粗磨　在磨样室将风干的样品倒在有机玻璃板上，用木锤敲打，用木滚、木棒、有机玻璃棒再次压碎，拣出杂质，混匀，并用四分法取压碎样，过孔径 0.25mm（2目）尼龙筛。过筛后的样品全部置无色聚乙烯薄膜上，并充分搅拌混匀，再采用四分法取其两份，一份交样品库存放，另一份作样品的细磨用。粗磨样可直接用于土壤 pH、阳离子交换量、元素有效态含量等项目的分析。

(3) 细磨样品　用于细磨的样品再用四分法分成两份，一份研磨到全部过孔径 0.25mm(60 目)筛，用于农药或土壤有机质、土壤全氮量等项目分析；另一份研磨到全部过孔径 0.15mm(100 目)筛，用于土壤元素全量分析。

(4) 样品分装　研磨混匀后的样品，分别装于样品袋或样品瓶，填写土壤标签一式两份，瓶内或袋内一份，瓶外或袋外贴一份。

(5) 注意事项　制样过程中采样时的土壤标签与土壤始终放在一起，严禁混错，样品名称和编码始终不变；制样工具每处理一份样后擦抹(洗)干净，严防交叉污染；分析挥发性、半挥发性有机物或可萃取有机物无需上述制样，用新鲜样按特定的方法进行样品前处理。

7.3 土壤污染物的测定方法

7.3.1 测定项目

测定项目分常规项目、特定项目和选测项目，详见“7.1.3 监测项目与频次”。

7.3.2 分析方法

① 第一方法：标准方法（即仲裁方法），按土壤环境质量标准中选配的分析方法(表 7-3)。

② 第二方法：由权威部门规定或推荐的方法。

③ 第三方法：根据各地实情，自选等效方法，但应做标准样品验证或比对实验，其检出限、准确度、精密度不低于相应的通用方法要求水平或待测物准确定量的要求。

土壤监测项目与分析第一方法、第二方法和第三方法汇总见表 7-3 和表 7-4。

表 7-3　土壤常规监测项目及分析方法

监测项目	监测仪器	监测方法	方法来源
镉	原子吸收光谱仪	石墨炉原子吸收分光光度法	GB/T 17141—1997
	原子吸收光谱仪	KI-MIBK 萃取火焰原子吸收分光光度法	GB/T 17140—1997
汞	测汞仪	冷原子吸收分光光度法	GB/T 17136—1997
砷	分光光度计	二乙基二硫代氨基甲酸银分光光度法	GB/T 17134—1997
	分光光度计	硼氢化钾-硝酸银分光光度法	GB/T 17135—1997
铜	原子吸收光谱仪	火焰原子吸收分光光度法	GB/T 17138—1997
铅	原子吸收光谱仪	石墨炉原子吸收分光光度法	GB/T 17141—1997
	原子吸收光谱仪	KI-MIBK 萃取火焰原子吸收分光光度法	GB/T 17140—1997
铬	原子吸收光谱仪	火焰原子吸收分光光度法	HJ 491—2009
锌	原子吸收光谱仪	火焰原子吸收分光光度法	GB/T 17138—1997
镍	原子吸收光谱仪	火焰原子吸收分光光度法	GB/T 17139—1997
六六六和滴滴涕	气相色谱仪	电子捕获气相色谱法	GB/T 14550—2003
六种多环芳烃	液相色谱仪	高效液相色谱法	HJ 478—2009

续表

监测项目	监测仪器	监测方法	方法来源
稀土总量	分光光度计	对马尿酸偶氮氯膦分光光度法	NY/T 30—1986
pH	pH 计	森林土壤 pH 测定	LY/T 1239—1999
阳离子交换量	滴定仪	乙酸铵法	①

①《土壤理化分析》，1978 年，中国科学院南京土壤研究所编，上海科技出版社。

表 7-4 土壤监测项目与分析方法

监测项目	推荐方法	等效方法
砷	COL	HG-AAS、HG-AFS、XRF
镉	GF-AAS	POL、ICP-MS
钴	AAS	GF-AAS、ICP-AES、ICP-MS
铬	AAS	GF-AAS、ICP-AES、XRF、ICP-MS
铜	AAS	GF-AAS、ICP-AES、XRF、ICP-MS
氟	ISE	—
汞	HG-AAS	HG-AFS
锰	AAS	ICP-AES、INAA、ICP-MS
镍	AAS	GF-AAS、XRF、ICP-AES、ICP-MS
铅	GF-AAS	ICP-MS、XRF
硒	HG-AAS	HG-AFS、DAN 荧光、GC
钒	COL	ICP-AES、XRF、INAA、ICP-MS
锌	AAS	ICP-AES、XRF、INAA、ICP-MS
硫	COL	ICP-AES、ICP-MS
pH	ISE	—
有机质	VOL	—
PCBs、PAHs	LC、GC	—
阳离子交换量	VOL	—
VOC	GC、GC-MS	—
SVOC	GC、GC-MS	—
除草剂和杀虫剂	GC、GC-MS、LC	—
POPs	GC、GC-MS、LC、LC-MS	—

注：ICP-AES 指等离子发射光谱；XRF 指 X-荧光光谱分析；AAS 指火焰原子吸收；GF-AAS 指石墨炉原子吸收；HG-AAS 指氢化物发生原子吸收法；HG-AFS 指氢化物发生原子荧光法；POL 指催化极谱法；ISE 指选择性离子电极；VOL 指容量法；POT 指电位法；INAA 指中子活化分析法；GC 指气相色谱法；LC 指液相色谱法；GC-MS 指气相色谱-质谱联用法；COL 指分光比色法；LC-MS 指液相色谱-质谱联用法；ICP-MS 指等离子体质谱联用法。

7.3.3 常规项目

7.3.3.1 基本项目

（1）pH　pH 计法：用于浸提的水或盐溶液（酸性土壤为 1mol/L 氯化钾，中性或碱性土壤采用 0.01mol/L 氯化钙）与土之比为 2.5∶1，盐土用 5∶1，枯枝落叶层及泥炭层用 10∶1。加水或盐溶液后经充分搅匀，平衡 30min，然后将 pH 玻璃电极和甘汞电极插入浸出液中，用 pH 计测定。也可用毫伏计测定其电动势值，再换算成 pH 值。

（2）阳离子交换量　土壤的阳离子交换性能，是指土壤溶液中的阳离子与土壤固相阳离子之间所进行的交换作用，它是由土壤胶体表面性质所决定的。土壤胶体是土壤中黏土矿物和腐殖酸以及相互结合形成的复杂有机矿质复合体，其吸收的阳离子包括钾、钠、钙、镁、铵、氢、铝等。土壤交换性能对植物营养和施肥有较大作用，它能调节土壤溶液的浓度，保持土壤溶液成分的多样性和平衡性，还可保持养分免于被雨水淋失。土壤阳离子交换性能分析包括阳离子交换量、交换性阳离子和盐基饱和度等。阳离子交换量是指土壤胶体所吸附的各种阳离子的总量，常作为评价土壤保肥能力的指标，是土壤缓冲性能的主要来源，是改良土壤和合理施肥的重要依据，它反映了土壤的负电荷总量和表征土壤的化学性质。

乙酸铵法：用中性乙酸铵溶液反复处理土壤，使土壤成为铵饱和的土，再用95%乙醇洗去多余的乙酸铵后，用水将土样洗入凯氏瓶中，加固体氧化镁蒸馏，蒸馏出的氨用硼酸溶液吸收，然后用盐酸标准溶液滴定，根据铵的量计算土壤阳离子交换量。

7.3.3.2 重点项目

(1) 铅(Pb)、镉(Cd) 铅是柔软、延展性强的弱金属，有毒，也是重金属。铅原本的颜色为青白色，在空气中表面很快被一层暗灰色的氧化物覆盖。可用于建筑、铅酸蓄电池、炮弹、焊接物料等。

镉是一种蓝白色的过渡金属，性质柔软，有毒。镉会对呼吸道产生刺激，长期暴露会造成嗅觉丧失症、牙龈黄斑或渐成黄圈。镉化合物不易被肠道吸收，但可经呼吸被体内吸收，积存于肝或肾脏从而造成危害，尤以对肾脏损害最为明显。还可导致骨质疏松和软化。

① 石墨炉原子吸收分光光度法。采用盐酸-硝酸-高氯酸全消解的方法，彻底破坏土壤的矿物晶格，使试样中的待测元素全部进入试液。然后，将试液注入石墨炉中。经预先设定的干燥、灰化、原子化等升温程序使共存基体成分蒸发除去，同时在原子化阶段的高温下，铅、镉化合物离解为基态原子蒸气，并对空心阴极灯发射的特征谱线产生选择性吸收。在选择的最佳测定条件下，通过背景扣除，测定试液中的铅、镉的吸光度。

本标准的检出限(按称取0.5g试样消解定容至50mL计算)为：铅0.1mg/kg，镉0.01mg/kg。

②(KI-MIBK)萃取火焰原子吸收分光光度法。采用盐酸-硝酸-高氯酸全消解的方法，彻底破坏土壤的矿物晶格，使试样中的待测元素全部进入试液。然后，在约1%的盐酸介质中，加入适量的KI，试液中的Pb^{2+}、Cd^{2+}与I^-形成稳定的离子缔合物，可被甲基异丁基甲酮(MIBK)萃取。将有机相喷入火焰，在火焰的高温下，铅、镉化合物离解为基态原子，该基态原子蒸气对相应的空心阴极灯发射的特征谱线产生选择性吸收。在选择的最佳测定条件下，测定试液中的铅、镉的吸光度。

(2) 铜(Cu)、锌(Zn) 铜是一种过渡元素。纯铜是柔软的金属，表面刚切开时为红橙色带金属光泽，单质呈紫红色。铜延展性好，导热性和导电性高。人体缺乏铜会引起贫血、毛发异常、骨和动脉异常，以至脑障碍。但如过剩，会引起肝硬化、腹泻、呕吐、运动障碍和知觉神经障碍。

锌是一种银白色略带淡蓝色金属，性较脆；100～150℃时，变软；超过200℃后，又变脆。锌主要用于钢铁、冶金、机械、电气、化工、轻工、军事和医药等领域。吸入会引起口渴、胸部紧束感、干咳、头痛、头晕、高热、寒战等。锌粉尘对眼有刺激性，口服刺激胃肠道，长期反复接触对皮肤有刺激性。

火焰原子吸收分光光度法：采用盐酸-硝酸-高氯酸全消解的方法，彻底破坏土壤的矿物晶格，使试样中的待测元素全部进入试液。然后，将土壤消解液喷入空气乙炔火焰中。在火焰的高温下，铜、锌化合物离解为基态原子，该基态原子蒸气对相应的空心阴极灯发射的特征谱线产生选择性吸收。在选择的最佳测定条件下，通过背景扣除，测定试液中的铜、锌的吸光度。

本方法的检出限(按称取0.5g试样消解定容至50mL计算)为：铜1mg/kg，锌0.5mg/kg。当土壤消解液中铁含量大于100mg/L时，抑制锌的吸收，加入硝酸镧可消除共存成分的干扰。含盐类高时，往往出现非特征吸收，此时可用背景校正加以克服。

(3) 镍(Ni) 镍为近似银白色、硬而有延展性并具有铁磁性的金属元素，它能够高度磨光和抗腐蚀。镍属于亲铁元素。金属镍几乎没有急性毒性，一般的镍盐毒性也较低，但羰基镍却有很强的毒性。羰基镍以蒸气形式迅速由呼吸道吸收，也能由皮肤少量吸收，前者是作业环境中毒物侵入人体的主要途径。羰基镍在浓度为 3.5$\mu g/m^3$ 时就会使人感到有如灯烟的臭味，低浓度时人有不适感觉。吸收羰基镍可引起急性中毒，10min 左右就会出现初期症状，如：头晕、头疼、步态不稳，有时恶心、呕吐、胸闷；后期症状是在接触 12 至 36h 后再次出现恶心、呕吐、高烧、呼吸困难、胸部疼痛等。接触高浓度时可发生急性化学肺炎，最终出现肺水肿和呼吸道循环衰竭而致死亡。接触致死量时，事故发生后 4 至 11 日死亡。人的镍中毒特有症状是皮肤炎、呼吸器官障碍及呼吸道癌。

火焰原子吸收分光光度法：采用盐酸-硝酸-高氯酸全消解的方法，彻底破坏土壤的矿物晶格，使试样中的待测元素全部进入试液。然后，将土壤消解液喷入空气乙炔火焰中。在火焰的高温下，镍化合物离解为基态原子，基态原子蒸气对镍空心阴极灯发射的特征谱线 232.0nm 产生选择性吸收。在选择的最佳测定条件下，通过背景扣除，测定镍的吸光度。

本方法的检出限(按称取 0.5g 试样消解定容至 50mL 计算)为 5mg/kg。使用 232.0nm 线作为吸收线，存在波长距离很近的镍三线，应选用较窄的光谱通带予以克服。232.0nm 线位于紫外区，盐类颗粒物、分子化合物产生的光散射和分子吸收比较严重，会影响测定，使用背景校正可以克服这类干扰。如浓度允许亦可用将试液稀释的方法来减少背景干扰。

(4) 铬(Cr)　铬，单质为钢灰色金属，自然界不存在游离状态的铬，铬主要存在于铬铅矿中，是硬度最大的金属。铬化合物对人皮肤、对呼吸道、对眼及耳等都能造成伤害。

火焰原子吸收分光光度法：采用盐酸-硝酸-氢氟酸-高氯酸全分解的方法，破坏土壤的矿物晶格，使试样中的待测元素全部进入试液，并且，在消解过程中，所有铬都被氧化成 $Cr_2O_7^{2-}$。然后，将消解液喷入富燃性空气-乙炔火焰中。在火焰的高温下，形成铬基态原子，并对铬空心阴极灯发射的特征谱线 357.9nm 产生选择性吸收。在选择的最佳测定条件下，测定铬的吸光度。

称取 0.5g 试样消解定容至 50mL 时，本方法的检出限为 5mg/kg，测定下限为 20.0mg/kg。

(5) 汞(Hg)　汞是化学元素，俗称水银。汞是银白色闪亮的重质液体，化学性质稳定，不溶于酸也不溶于碱。汞常温下即可蒸发，汞蒸气和汞的化合物多有剧毒(慢性)。

冷原子吸收分光光度法：汞原子蒸气对波长为 253.7nm 的紫外光具有强烈的吸收作用，汞蒸气浓度与吸光度成正比。通过氧化分解试样中以各种形式存在的汞，使之转化为可溶态汞离子进入溶液，用盐酸羟胺还原过剩的氧化剂，用氯化亚锡将汞离子还原成汞原子。用净化空气作载气将汞原子载入冷原子吸收测汞仪的吸收池进行测定。

本方法规定了测定土壤中总汞的冷原子吸收分光光度法。方法的检出限视仪器型号的不同而异，本方法的最低检出限为 0.005mg/kg(按称取 2g 试样计算)。易挥发的有机物和水蒸气在 253.7nm 处有吸收会产生干扰。易挥发有机物在样品消解时可除去，水蒸气用无水氯化钙、过氯酸镁除去。

(6) 砷(As)　砷，俗称砒，是一种类金属元素，在化学元素周期表中位于第 4 周期、第ⅤA 族，原子序数 33，元素符号 As，单质以灰砷、黑砷和黄砷这三种同素异形体的形式存在。砷元素广泛存在于自然界，共有数百种的砷矿物已被发现。砷与其化合物被运用在农药、除草剂、杀虫剂与许多种合金中。其化合物三氧化二砷被称为砒霜，是种毒性很强的物质。

① 硼氢化钾-硝酸银分光光度法：通过化学氧化分解试样中以各种形式存在的砷，使之转化为可溶态砷离子进入溶液。硼氢化钾(或硼氢化钠)在酸性的溶液中产生新生态的氢，在

一定酸度下，可使五价砷还原为三价砷，三价砷还原成气态砷化氢。用硝酸-硝酸银-聚乙烯醇-乙醇溶液为吸收液，银离子被砷化氢还原成单质银，使溶液呈黄色，在波长400nm处测量吸光度。

本方法的检出限为0.2mg/kg(按称取0.5g试样计算)。

② 二乙基二硫代氨基甲酸银分光光度法：通过化学氧化分解试样中以各种形式存在的砷，使之转化为可溶态砷离子进入溶液。锌与酸作用，产生新生态氢。在碘化钾和氯化亚锡的存在下，使五价砷还原为三价砷，三价砷还原成气态砷化氢。用二乙基二硫代氨基甲酸银-三乙醇胺的三氯甲烷溶液吸收砷化氢，生成红色胶体银，在波长510nm处，测定吸收液的吸光度。

本方法的检出限为0.5mg/kg(按称取1g试样计算)。锑和硫化物对测定有正干扰。锑在300μg以下，可用KI-$SnCl_2$掩蔽。在试样氧化分解时，硫已被硝酸氧化分解，不再有影响。试剂中可能存在的少量硫化物，可用乙酸铅脱脂棉吸收除去。

(7) 六六六、滴滴涕　六六六，可以写作666，成分是六氯环己烷，是环己烷每个碳原子上的一个氢原子被氯原子取代形成的饱和化合物，英文简称BHC。分子式为$C_6H_6Cl_6$。结构式因分子中含碳、氢、氯原子各6个，可以看作是苯的六个氯原子加成产物。白色晶体，有8种同分异构体。666对昆虫有触杀、熏杀和胃毒作用，其中γ异构体杀虫效力最高，α异构体次之，δ异构体又次之，β异构体效率极低。六氯化苯对酸稳定，在碱性溶液中或锌、铁、锡等存在下易分解，长期受潮或日晒会失效。六六六急性毒性较小，各异构体毒性比较，以γ-六六六的毒性最大。六六六进入机体后主要蓄积于中枢神经和脂肪组织中，刺激大脑运动及小脑，还能通过皮层影响植物神经系统及周围神经，在脏器中影响细胞氧化、磷酸化作用，使脏器营养失调，发生变性坏死。能诱导肝细胞微粒体氧化酶，影响内分泌活动，抑制ATP酶。

滴滴涕又叫DDT、二二三，化学名为双对氯苯基三氯乙烷（Dichlorodiphenyltrichloroethane)，化学式（$(ClC_6H_4)_2CH(CCl_3)$），是有机氯类杀虫剂。中文名称从英文缩写DDT而来。滴滴涕为白色晶体，不溶于水，溶于煤油，可制成乳剂，是有效的杀虫剂，为20世纪上半叶防止农业病虫害、减轻疟疾伤寒等蚊蝇传播的疾病危害起到了不小的作用。但由于其对环境污染过于严重，目前很多国家和地区已经禁止使用。

气相色谱法：采用丙酮-石油醚提取，以浓硫酸净化，用带电子捕获器的气相色谱仪测定，以保留时间定性，峰高定量。

该方法的最低检出浓度为0.00005～0.00487mg/kg。

7.4　实训 农田土壤的监测

7.4.1　土壤中pH值的测定——pH计法

【背景知识】

土壤酸碱度(pH)包括酸性强度和酸度数量两个方面，或称活性酸度和潜在酸度。酸性强度是指与土壤固相处于平衡的土壤溶液中H^+浓度，用pH表示。酸度数量是指酸的总量和缓冲性能，代表土壤所含的交换性氢、铝总量，一般用交换性酸量表示。土壤酸碱度对土壤肥力、养分及植物生长影响很大。因此，pH 是土壤环境质量的一个很重要的指标。

7.4.1.1 实训目的

① 掌握 pH 计的使用方法。

② 学会标准缓冲溶液的配制。

③ 掌握 pH 计法测定土壤中 pH 值的原理和操作技能。

7.4.1.2 测定依据

本实训采用 pH 计法测定土壤中的 pH 值，依据为《森林土壤 pH 值的测定》(LY/T 1239—1999)。

7.4.1.3 实训程序

（1）土样的制备

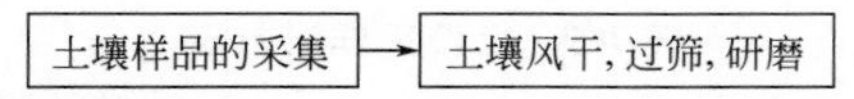

（2）试剂的准备与溶液的配制

（3）测定

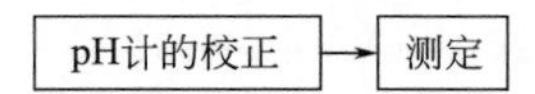

7.4.1.4 实验准备

（1）仪器与药品

① 仪器：酸度计，玻璃电极，饱和甘汞电极或 pH 复合电极。

② 试剂：苯二甲酸氢钾、磷酸二氢钾、硼砂、无水磷酸氢二钠、氯化钾、氯化钙等。

（2）溶液配制

① pH4.01 标准缓冲液：10.21g 在 105℃ 烘过的苯二甲酸氢钾（$KHC_8H_4O_4$，分析纯），用水溶解后稀释至 1L，即为 0.05mol/L 苯二甲酸氢钾溶液。

② pH6.87 标准缓冲液：3.39g 在 50℃ 烘过的磷酸二氢钾（KH_2PO_4，分析纯）和 3.53g 无水磷酸氢二钠（Na_2HPO_4，分析纯），溶于水中定容至 1L，即为 0.025mol/L 磷酸二氢钾及 0.025mol/L 磷酸氢二钠溶液。

③ pH9.18 标准缓冲液：3.80g 硼砂($Na_2B_4O_7 \cdot 10H_2O$，分析纯）溶于无二氧化碳的冷水中定容至 1L，即 0.01mol/L 硼砂溶液。此溶液的 pH 易于变化，应注意保存。

④ 1mol/L 氯化钾溶液：74.6g 氯化钾（KCl，化学纯）溶于 400mL 水中，该溶液 pH 要在 5.5～6 之间，然后稀释至 1L。

⑤ 0.01mol/L 氯化钙溶液：147.02g 氯化钙($CaCl_2 \cdot 2H_2O$，化学纯）溶于 200mL 水中，定容至 1L，即为 1.0mol/L 氯化钙溶液。吸取 10mL1.0mol/L 氯化钙溶液于 500mL 烧杯中，加 400mL 水，用少量氢氧化钙或盐酸调节 pH 为 6 左右，然后定容至 1L，即为 0.01mol/L 氯化钙溶液。

7.4.1.5 项目实施

（1）采样及样品的制备　详见本章 7.2。

(2) 测定样品

① 待测液的制备：称取通过 2mm 筛孔的风干土样 10g 于 50mL 高型烧杯中，加入 25mL 无二氧化碳的水或 1mol/L 氯化钾溶液（酸性土测定用）或 0.01mol/L 氯化钙溶液（中性、石灰性或碱性土测定用）。枯枝落叶层或泥炭层样品称 5g，加水或盐溶液 50mL。用玻璃棒剧烈搅动 1～2min，静置 30min，此时应避免空气中氨或挥发性酸等的影响。

② 仪器校正：用与土坡浸提液 pH 值接近的缓冲液校正仪器，使标准缓冲液的 pH 值与仪器标度上的 pH 值相一致。

③ 测定：在与上述相同的条件下，把玻璃电极与甘汞电极插入土壤悬液中，测 pH 值。每份样品测完后，即用水冲洗电极，并用干滤纸将水吸干。

④ 结果计算。一般的 pH 计可直接读出 pH 值，不需要换算。

7.4.1.6 原始记录

认真填写土壤采样记录表(表 7-5)和土壤分析原始数据记录表 1(表 7-6)。

表 7-5 土壤采样记录表

采样日期：　　年　月　日

样品编号	采样地点	采样位置			样品描述			分析项目	备注
		东经	北纬	深度/cm	颜色	质地	湿度		
监测目的： □ 区域土壤环境背景监测 □ 农田土壤环境质量监测 □ 建设项目土壤环境评价监测 □ 土壤污染事故监测	采样点示意图				现场情况描述				

采样人员：　　　　复核：

表 7-6 土壤分析原始数据记录表 1

样品编号	pH 值读数			平均值
	数据 1	数据 2	数据 3	

7.4.1.7 注意事项

(1) 使用玻璃电极注意事项　①干放的电极使用前在 0.1mol/L 盐酸溶液中或水中浸泡 12h 以上，使之活化。②使用时应先轻轻震动电极，使其内溶液流入球泡部分，防止气泡的存在。③电极球泡部分极易破损，使用时必须仔细、谨慎，最好加用套管保护。④电极不用时可保存在水中，如长期不用，可放在纸盘内干放。⑤玻璃电极表面不能沾有油污，忌用浓硫酸或铬酸洗液清洗玻璃电极表面。不能在强碱及含氟化物的介质中或黏土等胶体体系中停放过久，以免损坏电极或引起电极反应迟钝。

(2) 使用饱和甘汞电极注意事项　①电极应随时由电极侧口补充饱和氯化钾溶液和氯化钾固体。不用时可以存放在饱和氯化钾溶液中或前端用橡胶套套紧干放。②使用时要将电极侧口的小橡胶塞拔下，让氯化钾溶液维持一定的流速。③不要长时间浸在被测溶液中，以防流出的氯化钾污染待测溶液。④不要直接接触能侵蚀汞和甘汞的溶液，如浓度大的 S^{2-} 溶液。此时应改用双液接的盐桥，在外套管内灌注氯化钾溶液。也可用琼脂盐桥。

琼脂盐桥的制备：称取优等琼脂 3g 和氯化钾（KCl，分析纯）10g，放入 150mL 烧杯中，加水 100mL，在水浴中加热溶解，再用滴管将溶化了的琼脂溶液灌注于直径约为 4mm 的 U 形管中，中间要没有气泡，两端要灌满，然后浸在 1mol/L 氯化钾溶液中。

（3）测定时注意事项　①土壤不要磨得过细，以通过 2mm 孔径筛为宜。样品不立即测定时，最好贮存于有磨口的标本瓶中，以免受大气中氨和其他挥发性气体的影响。②加水或 1mol/L 氯化钾溶液后的平衡时间对测得的土壤 pH 值是有影响的，且随土壤类型而异。平衡快者，1min 即达平衡；慢者可长至 1h，一般说来，平衡 30min 是合适的。③pH 玻璃电极插入土壤悬液后应轻微摇动，以除去玻璃表面的水膜，加速平衡，这对于缓冲性弱和 pH 较高的土壤尤为重要。④饱和甘汞电极最好插在上部清液中。以减少由于土壤悬液影响液接电位而造成的误差。

7.4.2　土壤中镍的测定——火焰原子吸收分光光度法

【背景知识】

金属镍几乎没有急性毒性，一般的镍盐毒性也较低，但羰基镍却能产生很强的毒性。羰基镍以蒸气形式迅速由呼吸道吸收，也能由皮肤少量吸收，前者是作业环境中毒物侵入人体的主要途径。羰基镍在浓度为 3.5μg/m³ 时就会使人感到有如灯烟的臭味，低浓度时人有不适感。吸收羰基镍可引起急性中毒，10min 左右就会出现初期症状，如：头晕、头疼、步态不稳，有时恶心、呕吐、胸闷；后期症状是在接触 12～36h 后再次出现恶心、呕吐、高烧、呼吸困难、胸部疼痛等。接触高浓度时可发生急性化学肺炎，最终出现肺水肿和呼吸道循环衰竭而致死亡。接触致死量时，事故发生后 4～11d 死亡。人的镍中毒特有症状是皮肤炎、呼吸器官障碍及呼吸道癌。因此，测定土壤中镍的含量，已经成为评价土壤环境质量是否合格的一项重要项目。

7.4.2.1　实训目的

① 了解原子吸收分光光度法的原理。
② 掌握原子吸收分光光度计的基本结构和使用方法。
③ 掌握原子吸收分光光度法定量分析方法。
④ 掌握土壤样品的消解方法。

7.4.2.2　测定依据

本实训采用火焰原子吸收分光光度法测定土壤中镍的含量，依据《土壤质量镍的测定火焰原子吸收分光光度法》(GB/T 17139—1997)。

7.4.2.3　实训程序

（1）仪器准备与清洗

确定仪器及规格、数量 → 洗净，晾干，备用

（2）试剂的准备与溶液的配制

确定试剂及规格、确定实训用量 → 按用量配制溶液 → 做好制备记录，贴上标签，备用

（3）镍的测定

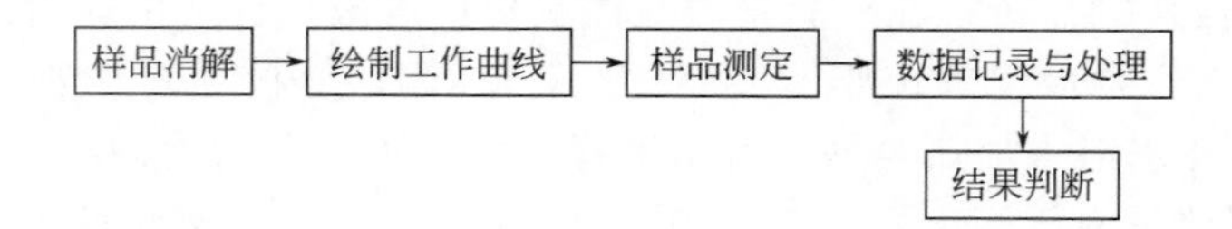

7.4.2.4. 实验准备

（1）仪器与药品

① 仪器：原子吸收分光光度计（带有背景校正装置），镍空心阴极灯，乙炔钢瓶，空气压缩机。

仪器参数：测定波长（nm），232.0；通带宽度（nm），0.2；灯电流（mA），12.5；火焰性质，中性。

② 试剂。

a. 盐酸（HCl）：ρ=1.19g/mL，优级纯。

b. 硝酸（HNO_3）：ρ=1.42g/mL，优级纯。

c. 硝酸溶液，1+1，用 b. 配制。

d. 硝酸溶液，体积分数为 0.2%，用 b. 配制。

e. 氢氟酸（HF）：ρ=1.49g/mL。

f. 高氯酸（$HClO_4$）：ρ=1.68g/mL，优级纯。

g. 镍标准贮备液 1.000mg/mL：称取光谱纯镍粉 1.0000g（精确至 0.0002g）于 50mL 烧杯中，加硝酸溶液（c.）20mL，温热，待完全溶解后，全量转移至 1000mL 容量瓶中，用水稀释至标线，摇匀。

h. 镍标准使用液，50mg/L：移取镍标准贮备液(g.)10mL 于 200mL 容量瓶中，用硝酸溶液(d.)，稀释至标线，摇匀。

（2）样品　将采集的土壤样品(一般不少于 500g)混匀后用四分法缩分至约 100g。缩分后的土样经风干(自然风干或冷冻干燥)后，除去土样中石子和动植物残体等异物，用木棒(或玛瑙棒)研压，通过 2mm 尼龙筛(除去 2mm 以上的砂砾)，混匀。用玛瑙研钵将通过 2mm 尼龙筛的土样研磨至全部通过 100 目(孔径 0.149mm)尼龙筛，混匀后备用。

7.4.2.5 项目实施

（1）试液的制备　准确称取 0.2～0.5g(精确至 0.0002g)试样于 50mL 聚四氟乙烯坩埚中，用水湿润后加入 10mL 盐酸(a.)，于通风橱内的电热板上低温加热，使样品初步分解，待蒸发至约剩 3mL 时，取下稍冷，然后加入 5mL 硝酸(b.)、5mL 氢氟酸(e.)、3mL 高氯酸(f.)，加盖后于电热板上中温加热 1h 左右，然后开盖，继续加热除硅，为了达到良好的飞硅效果，应经常摇动坩埚。当加热至冒浓厚高氯酸白烟时，加盖，使黑色有机碳化物分解。待坩埚壁上的黑色有机物消失后，开盖，驱赶白烟并蒸至内容物呈黏稠状。视消解情况，可再补加 3mL 硝酸(b.)、3mL 氢氟酸(e.)、1mL 高氯酸(f.)，重复以上消解过程。当白烟再次冒尽且内容物呈黏稠状时，取下稍冷，用水冲洗内壁及坩埚盖，并加入 1mL 硝酸溶液(c.)温热溶解残渣。然后全量转移至 50mL 容量瓶中，冷却后定容至标线，摇匀，备测。

由于土壤种类较多，所含有机质差异较大，在消解时，要注意观察，各种酸的用量可视

消解情况酌情增减。土壤消解液应呈白色或淡黄色（含铁较高的土壤），没有明显沉淀物存在。

注意：电热板温度不宜太高，否则会使聚四氟乙烯坩埚变形。

（2）测定　按照使用说明书调节仪器至最佳工作条件，测定试液的吸光度。

（3）空白试验　用去离子水代替试样，采用和（1）相同的步骤和试剂，制备全程序空白溶液。并按样品测定步骤进行测定，每批样品至少制备 2 个以上空白溶液。

（4）校准曲线　准确移取镍标准使用液（50mg/L）0.00mL、0.20mL、0.50mL、1.00mL、2.00mL、3.00mL 于 50mL 容量瓶中，用硝酸溶液（体积分数为 0.2%）定容至标线，摇匀，其浓度为 0mg/L、0.2mg/L、0.5mg/L、1.0mg/L、2.0mg/L、3.0mg/L。此浓度范围应包括试液中镍的浓度。按测定中的条件由低到高顺次测定标准溶液的吸光度。

用减去空白的吸光度与相对应的元素含量（mg/L）绘制标准曲线。

7.4.2.6　原始记录

认真填写土壤采样记录表（表 7-5）和土壤分析原始数据记录表 2（表 7-7）。

表 7-7　土壤分析原始记录表 2

分析项目方法　　　　　　　　　　仪器型号　　　　　　　　仪器编号

采样日期　　　年　　月　　日

分析日期　　　年　　月　　日

校准曲线						
分析编号	1	2	3	4	5	6
标准溶液浓度/(mg/L)						
信号值						
减空白信号值						
回归方程						
相关系数						

7.4.2.7　数据处理

（1）镍含量的计算　土壤样品中镍的含量 w(mg/kg) 按下式计算：

$$w=\frac{cV}{m(1-f)}$$

式中　c——试液的吸光度减去空白试验的吸光度，然后在校准曲线上查得镍的含量，mg/L；

V——试液的定容体积，mL；

m——称取试样的质量，g；

f——试样水分的含量，%。

（2）水分含量的计算

① 称取通过 100 目筛的风干土样 5～10g（准确至 0.01g），置于铝盒或称量瓶中，在 105℃烘箱中烘 4～5h，烘干至恒重。

② 以百分数表示的风干土样水分含量 f 按下式计算：

$$f(\%)=\frac{w_1-w_2}{w_t}\times 100$$

式中　f——土样的水分含量；

w_1——烘干前土样质量，g；

w_2——烘干后土样质量，g。

7.4.2.8 注意事项

① 细心控制温度，升温过快会导致反应物溢出或炭化。

② 高氯酸具有氧化性，应待土壤里大部分有机质消解完反应物，冷却后再加入，或者在常温下，有大量硝酸存在下加入，否则会使杯中样品溅出或爆炸，使用时务必小心。

③ 若高氯酸氧化作用进行过快，有爆炸可能时，应迅速冷却或用冷水稀释，即可停止高氯酸氧化作用。

【思考题】

一、简答题

1.《土壤环境监测技术规范》(HJ/T 166—2004)的适用范围是什么?

2. 根据《土壤环境监测技术规范》(HJ/T 166—2004)的规定，环境土壤监测的常规项目有哪些?

3. 简述土壤样品 pH 值待测液的制备步骤。

4. 采用酸法分解土壤样品过程中，所用的氢氟酸主要起什么作用?

5. 测定土壤中的砷有哪几种方法?

二、计算题

1. 准确称取风干土样 8.00g，置于称量瓶中，在 105℃烘箱中烘 4～5h，烘干至恒重，称得烘干恒重后的土样质量为 7.80g，试计算该土样的水分含量。

2. 准确称取 0.5g 风干的土壤样品到聚四氟乙烯坩埚中，经盐酸-硝酸-氢氟酸-高氯酸消解后，定容至 100mL，用火焰原子吸收分光光度法测定，溶液中铜的浓度为 0.35μg/mL，试计算该土壤样品中铜的含量。

第8章

固体废弃物监测

8.1 固体废弃物监测方案的制定

8.1.1 固体废弃物的定义

固体废物是指人们在生产建设、日常生活和其他活动中产生的，在一定时间和地点无法利用而被丢弃的污染环境的固体、半固体废弃物质。为了便于环境管理，将容器盛装的易燃、易爆、有毒、腐蚀等具有危险性的废液、废气，从法律角度上定为固体废弃物，纳入固体废物管理体系。固体废物主要来源于人类的生产和生活消费活动。

固体废物的分类方法很多，按其化学性质可以分为有机废物和无机废物；按其形态可以分为固态废物、半固态废物和液态(气态)废物；按其污染特性可以分为危险废物和一般废物；根据《中华人民共和国固体废物污染环境防治法》，按来源分为工业固体废物（指矿业、冶金工业、石油化工业、能源工业、轻工业等行业产生的固体废物）、农业废弃物和城市生活垃圾。其中对环境影响较大的是工业危险废物和城市生活垃圾。

8.1.2 工业固体废物的术语和定义

① 工业固体废物：是指在工业、交通等生产活动中产生的固体废物。

② 批：进行特性鉴别、环境污染监测、综合利用及处置的一定质量的工业固体废物。

③ 批量：构成一批工业固体废物的质量。

④ 份样：用采样器一次操作从一批的一个点或一个部位按规定质量所采取的工业固体废物。

⑤ 份样量：构成一个份样的工业固体废物的质量。

⑥ 份样数：从一批中所采取的份样个数。

⑦ 小样：由一批中的两个或两个以上的份样或逐个经过粉碎和缩分后组成的样品。

⑧ 大样：由一批全部份样或全部小样或将其逐个进行粉碎和缩分后组成的样品。

⑨ 试样：按规定的制样方法从每个样份、小样或大样所制备的供特性鉴别、环境污染监测、综合利用及处置分析的样品。

⑩最大粒度：筛余量约5%时的筛孔尺寸。

⑪ 固体废物产生量：产生固体废物的装置按设计生产能力满负荷运行时所产生的固体废物量。

8.1.3 危险废物的定义和鉴别

危险废物是指列入《国家危险废物名录》或者根据国家规定的危险废物鉴别标准和鉴别方法认定的具有危险特性的废物。危险特性通常是指易燃性、腐蚀性、反应性、传染性、放射性、浸出毒性、急性毒性等。凡具有一种或多种危险特性者，即可称为危险废物。

8.1.3.1 急性毒性

有急性毒性的物质指能引起小鼠（大鼠）在48h内死亡半数以上者，须参考制定有害物质卫生标准的实验方法，进行半致死剂量（LD_{50}）试验，评定毒性大小。

8.1.3.2 易燃性

易燃性物质指含闪点低于60℃的液体，以及经摩擦、吸湿和自发的变化具有着火倾向的固体。这类物质着火时燃烧剧烈而持续，在管理期间可能引起危害。

8.1.3.3 腐蚀性

腐蚀性物质指含水废物，或本身不含水，但加入定量水后其浸出液的pH≤2或pH≥12.5的废物；或最低温度为55℃，对钢制品的腐蚀深度大于0.64cm/a的废物。

8.1.3.4 反应性

当具有下列特性之一者：

① 不稳定，在无爆震时就很容易发生剧烈变化；

② 能和水进行剧烈反应；

② 能和水形成爆炸性混合物；

④ 和水混合会产生毒性气体、蒸气或烟雾；

⑤ 在有引发源或加热时能爆震或爆炸；

⑥ 在常温、常压下易发生爆炸和爆炸性反应；

⑦ 根据其他法规所定义的爆炸品。

8.1.3.5 放射性

放射性物质指含有天然放射性元素的废物，且放射性比度大于1×10^{-7}Ci/kg者；含有人工放射性元素的废物或者放射性比度大于露天水源限制浓度的10～100倍（半衰期＞60d）者。

8.1.3.6 浸出毒性

按规定浸出方法进行浸取，当浸出液中有一种或者一种以上有害成分的浓度超过表8-1所示鉴别标准的物质时有浸出毒性。

表8-1 浸出毒性鉴别标准

序号	危害成分项目（无机元素及化合物）	浸出液中危害成分浓度限值/(mg/L)	分析方法(参考GB 5085.3—2007)
1	铜(以总铜计)	100	附录A、B、C、D

续表

序号	危害成分项目 （无机元素及化合物）	浸出液中危害成分浓度限值 /(mg/L)	分析方法（参考 GB 5085.3—2007）
2	锌（以总锌计）	100	附录A、B、C、D
3	镉（以总镉计）	1	附录A、B、C、D
4	铅（以总铅计）	5	附录A、B、C、D
5	总铬	15	附录A、B、C、D
6	铬（六价）	5	GB/T 15555.4—1995
7	烷基汞	不得检出	GB/T 14204—93
8	汞（以总汞计）	0.1	附录B
9	铍（以总铍计）	0.02	附录A、B、C、D
10	钡（以总钡计）	100	附录A、B、C、D
11	镍（以总镍计）	5	附录A、B、C、D
12	总银	5	附录A、B、C、D
13	砷（以总砷计）	5	附录C、E
14	砷（以总硒计）	1	附录B、C、E
15	无机氟化物（不包括氟化钙）	100	附录F
16	氰化物（以 CN^- 计）	5	附录G

注：1. 附录A为《固体废物 元素的测定 电感耦合等离子体原子发射光谱法》。
2. 附录B为《固体废物 元素的测定 电感耦合等离子体质谱法》。
3. 附录C为《固体废物 金属元素的测定 石墨炉原子吸收光谱法》。
4. 附录D为《固体废物 金属元素的测定 火焰原子吸收光谱法》。

8.1.3.7 传染性

传染性物质指含有已知或怀疑能引起动物或人类疾病的微生物和毒素的废物。

8.1.4 监测方案的制定

在工业固体废物采样前，应首先进行采样方案（采样计划）设计。方案内容包括采样目的和要求、背景调查和现场踏勘、采样程序、安全措施、质量控制、采样记录和报告等。

8.1.4.1 采样目的

采样的基本目的是：从一批工业固体废物中采集具有代表性的样品，通过试验和分析，获得在允许误差范围内的数据。在设计采样方案时，应首先明确以下具体目的和要求：特性鉴别和分类；环境污染监测；综合利用处置；污染环境事故调查分析和应急监测；科学研究；环境影响评价；法律调查、法律责任、仲裁等。

8.1.4.2 背景调查和现场踏勘

采样目的明确后，要调查以下影响采样方案制定的因素，并进行现场踏勘：工业固体废物的产生（处置）单位、产生时间（间断还是连续）、贮存（处置）方式；工业固体废物的种类、形态、数量、特性（含物性和化性）；工业固体废物试验及分析的允许误差和要求；工业固体废物污染环境、监测分析的历史资料；工业固体废物产生或堆存或处置或综合利用现场踏勘，了解现场及周围环境。

8.1.4.3 采样程序

采样按以下步骤进行：确定批废物；选派采样人员；明确采样目的和要求；进行背景调查和现场踏勘；确定采样法；确定份样量；确定份样数；确定采样点；选择采样工具；制定

安全措施；制定质量控制措施；采样；组成小样(或)大样。

8.1.4.4 采样记录和报告

采样时应记录工业固体废物的名称、来源、数量、性状、包装、贮存、处置、环境、编号、份样量、份样数、采样点、采样法、采样日期、采样人等。必要时，根据记录填写采样报告。

8.2 固体废弃物的采集与保存

8.2.1 样品的采集

8.2.1.1 采样对象的确定

对于正在产生的固体废物，应在确定的工艺环节采取样品。

8.2.1.2 采样份数的确定

① 需要采集的固体废物的最小份样数见表8-2。

表8-2 固体废物采集最小份样数

固体废物量(以 q 表示)/t	最小份样数/个	固体废物量(以 q 表示)/t	最小份样数/个
$q \leqslant 5$	5	$90 < q \leqslant 150$	32
$5 < q \leqslant 25$	8	$150 < q \leqslant 500$	50
$25 < q \leqslant 50$	13	$500 < q \leqslant 1000$	80
$50 < q \leqslant 90$	20	$q > 1000$	100

② 固体废物为历史堆存状态时，应以堆存的固体废物总量为依据，按照表8-2确定需要采集的最小份样数。

③ 固体废物为连续产生时，应以确定的工艺环节一个月内的固体废物产生量为依据，按照表8-2确定需要采集的最小份样数。如果生产周期小于一个月，则以一个生产周期内的固体废物产生量为依据。

样品采集应分次在一个月(或一个生产周期)内等时间间隔完成；每次采样在设备稳定运行的8h(或一个生产班次)内等时间间隔完成。

④ 固体废物为间歇产生时，应以确定的工艺环节一个月内的固体废物产生量为依据，按照表8-2确定需要采集的最小份样数。如果固体废物产生的时间间隔大于一个月，以每次产生的固体废物总量为依据，按照表8-2确定需要采集的份样数。

每次采集的份样数应满足下式要求：

$$n=\frac{N}{p}$$

式中 n——每次采集的份样数；

N——需要采集的份样数；

p——一个月内固体废物的产生次数。

8.2.1.3 份样量的确定

① 固态废物样品采集的份样量应同时满足下列要求：

a. 满足分析操作的需要；

b. 依据固态废物的原始颗粒最大粒径，不小于表 8-3 中规定的质量。

表 8-3 不同颗粒直径的固态废物的一个份样所需采取的最小份样量

原始颗粒最大粒径(以 d 表示)/cm	最小份样量/g
$d \leqslant 0.50$	500
$0.50 < d \leqslant 1.0$	1000
$d > 1.0$	2000

② 半固态和液态废物样品采集的份样量应满足分析操作的需要。

8.2.1.4 采样方法

在采样过程中应采取必要的个人安全防护措施，同时应采取措施防止造成二次污染。

固体废物采样工具、采样程序、采样记录和盛样容器参照 HJ/T 20 的要求进行。

(1) 固态、半固态废物的样品采集　固态、半固态废物样品应按照下列方法采集。

① 连续产生。在设备稳定运行时的 8h(或一个生产班次)内等时间间隔用勺式采样器采取样品。每采取一次，作为一个份样。

② 带卸料口的贮罐(槽)装。应尽可能在卸除废物过程中采取样品；根据固体废物性状分别使用长铲式采样器、套筒式采样器或者探针进行采样。

当只能在卸料口采样时，应预先清洁卸料口，并适当排出废物后再采取样品。采样时，用布袋(桶)接住料口，按所需份样量等时间间隔放出废物。每接取一次废物，作为一个份样。

③ 板框压滤机。将压滤机各板框顺序编号，用 HJ/T 20 中的随机数表法抽取 N 个板框作为采样单元采取样品。采样时，在压滤脱水后取下板框，刮下废物。每个板框采取的样品作为一个份样。

④ 散装堆积。对于堆积高度小于或者等于 0.5m 的散状堆积固态、半固态废物，将废物堆平铺成厚度为 10～15cm 的矩形，划分为 $5N$ 个(N 为份样数，下同)面积相等的网格，顺序编号；用 HJ/T 20 中的随机数表法抽取 N 个网格作为采样单元，在网格中心位置处用采样铲或锹垂直采取全层厚度的废物。每个网格采取的废物作为一个份样。

对于堆积高度小于或者等于 0.5m 的数个散状堆积固体废物，选择堆积时间最近的废物堆，按照散状堆积固体废物的采样方法进行采取。

对于堆积高度大于 0.5m 的散状堆积固态、半固态废物，应分层采取样品；采样层数应不小于 2 层，按照固态、半固态废物堆积高度等间隔布置；每层采取的份样数应相等。分层采样可以用采样钻或者机械钻探的方式进行。

⑤ 贮存池。将贮存池(包括建筑于地上、地下、半地下的)划分为 $5N$ 个面积相等的网格，顺序编号；用 HJ/T 20 中的随机数表法抽取 N 个网格作为采样单元采取样品。采样时，在网格的中心处用土壤采样器或长铲式采样器垂直插入废物底部，旋转 90°后抽出。每采取一次，采取的土壤作为一个份样。

池内废物厚度大于或等于 2m 时，应分为上部(深度为 0.3m 处)、中部(1/2 深度处)、下部(5/6 深度处)三层分别采取样品；每层等份样数采取。

⑥ 袋、桶或其他容器。将各容器顺序编号，用 HJ/T 20 中的随机数表法抽取$(N+1)/3$（四舍五入取整数）个袋作为采样单元采取样品。根据固体废物性状分别使用长铲式采样器、套筒式采样器或者探针进行采样。打开容器口，将各容器分为上部（1/6 深度处）、中部（1/2 深度处）、下部（5/6 深度处）三层分别采取样品；每层等份样数采取。每采取一次，采取的土壤作为一个份样。

只有一个容器时，将容器按上述方法分为三层，每层采取 2 个样品。

（2）液态废物的样品采集　根据容器的大小采用玻璃采样管或者重瓶采样器进行采样。将容器内液态废物混匀（含易挥发组分的液态废物除外）后打开容器，将玻璃采样管或者重瓶采样器从容器口中心处垂直缓慢插入液面至容器底；待采样管（采样器）内装满液态废物后，缓缓提出，将样品注入采样容器。每采取一次，采取的土壤作为一个份样。

8.2.2 样品的保存

制好的样品密封于容器中保存（容器应对样品不产生吸附、不使样品变质），贴上标签备用。标签上应注明：编号、废物名称、采样地点、批量、采样人、制样人、时间。特殊样品可采取冷冻或充惰性气体等方法保存。

制备好的样品，一般有效保存期为 3 个月，易变质的试样不受此限制。

8.3 危险废物的测定方法

8.3.1 测定项目

8.3.1.1 急性毒性

急性毒性是指一次投给实验动物的毒性物质，半致死量（LD_{50}）小于规定值的毒性。对急性毒性的具体鉴别方法如下。

① 将 100g 制备好的样品置于 500mL 具塞磨口锥形瓶中，加入 100mL 蒸馏水（即固液 1∶1），振摇 3min，在常温下静止浸泡 24h 后，用中速定量滤纸过滤，滤液留待灌胃实验用。

② 以 10 只体重 18～24g 的小白鼠（或体重 200～300g 的大白鼠）作为实验对象。若是外购鼠，必须在本单位饲养条件下饲养 7～10 天，健康者，方可使用。实验前 8～12h 和观察期间禁食。

③ 灌胃采用 1（或 5）mL 注射器，注射针采用 9（或 12）号，去针头，磨光，弯曲呈新月形，经口一次灌胃。灌胃量为小鼠不超过 0.4mL/20g（体重），大鼠不超过 1.0mL/100g（体重）。

④ 对灌胃后的小鼠（或大鼠）进行中毒症状的观察，记录 48h 内实验动物的死亡数目。根据实验结果，如出现半数以上的小鼠（或大鼠）死亡，则可判定该废物是具有急性毒性的危险废物。

8.3.1.2 易燃性

易燃性是指闪点低于 60℃ 的液态废物和经过摩擦、吸湿等自发的化学变化或在加工制造过程中有着火趋势的非液态废物，由于燃烧剧烈而持续，具有对人体和环境造成危害的特性。鉴别易燃性的方法是测定闪点。

（1）采用仪器　应采用闭口闪点测定仪，常用的配套仪器有温度计和防护屏。

① 温度计。温度计采用1号温度计（−30～170℃）或2号温度计（100～300℃）。

② 防护屏。采用镀锌铁皮制成，高度550～650mm，宽度以适用为度，屏身内壁漆成黑色。

（2）测定步骤　按标准要求加热试样至一定温度，停止搅拌，每升高1℃点火一次，至试样上方刚出现蓝色火焰时，立即读出温度计上的温度值，该值即为测定结果。

操作过程的细节可参阅《闪点的测定 宾斯基-马丁闭口杯法》GB/T 261—2008。

8.3.1.3 腐蚀性

腐蚀性指通过接触能损伤生物细胞组织，或使接触物质发生质变，使容器泄漏而引起危害的特性。测定方法一种是测定pH值，另一种是测定在55.7℃以下对钢制品的腐蚀率。现介绍pH值的测定。

（1）仪器　采用pH计或酸度计，最小刻度单位在0.1pH单位以下。

（2）方法　用与待测样品pH值相近的标准溶液校正pH计，并加以温度补偿。

① 对含水量高、呈流态状的稀泥或浆状物料，可将电极直接插入进行pH值测量。

② 对黏稠状物料可离心或过滤后，测其滤液的pH值，对粉、粒、块状物料，称取制备好的样品50g（干基），置于1L塑料瓶中，加入新鲜蒸馏水250mL，使固液比为1∶5，加盖密封后，放在振荡机上［振荡频率（120±5）次/min，振幅40mm］于室温下，连续振荡30min，静置30min后，测上清液的pH值，每种废物取三个平行样品测定其pH值，差值不得大于0.15，否则应再取1～2个样品重复进行试验，取中位值报告结果。

③ 对于高pH值（9以上）或低pH值（2以下）的样品，两个平行样品的pH值测定结果允许差值不超过0.2，还应报告环境温度、样品来源、粒度级配、试验过程的异常现象、特殊情况试验条件的改变及原因。

8.3.1.4 反应性

反应性是指在通常情况下固体废物不稳定，极易发生剧烈的化学反应；或与水反应猛烈；或形成可爆炸性的混合物；或产生有毒气体的特性。测定方法包括撞击感度实验、摩擦感度实验、差热分析实验、爆炸点测定、火焰感度测定、温升实验和释放有毒有害气体试验等。现介绍释放有害气体的测定方法。

（1）反应装置

① 250mL高压聚乙烯塑料瓶，另配橡胶塞（将塞子打一个6mm的孔），插入玻璃管；

② 振荡器采用调速往返式水平振荡器；

③ 100mL注射器，配带6号针头。

（2）实验步骤　称取固体废物50g（干重），置于250mL的反应容器内，加入25mL水（用1mol/L HCl调节pH值为4），加盖密封后，固定在振荡器上，振荡频率为（110±10）次/min，振荡30min后停机，静置10min。用注射器抽气50mL注入不同的5mL吸收液中，测定其硫化氢、氰化氢等气体的含量。第n次抽50mL气体测量校正值为：

$$校正值(mg/L)=测得值\times(275/225)^n$$

式中　225——塑料瓶空间体积，mL；

275——塑料瓶空间体积和注射器体积之和，mL。

(3) 硫化氢含量的测定

① 原理。含有硫化物的废物当遇到酸性水或酸性工业有害固体废物遇水时便可使固体废弃物中的硫化物释放出硫化氢气体：

$$MS+2HCl \longrightarrow MCl_2+H_2S$$

醋酸锌溶液可吸收硫化氢气体，在含有高铁离子的酸性溶液中，硫离子与对氨基二甲基苯胺生成亚甲基蓝，其蓝色溶液的吸光度与硫离子含量成比例。本方法测定硫化氢气体的下限为0.0012mg/L。

② 样品测定。在固体废弃物与水反应的反应瓶中，用100mL注射器抽气50mL，注入盛有5mL吸收液(醋酸锌、醋酸钠溶液)的10mL比色管中，摇匀。加入0.1%对氨基二甲基苯胺溶液1.0mL、12.5%硫酸高铁铵溶液0.20mL，用水稀释至标线，摇匀。15～20min后用1cm比色皿，以试剂空白为参比在665nm波长处测吸光度。从校准曲线上查出含量。

③ 结果计算。硫化氢浓度(S^{2-}，mg/L)＝测得硫化物量(μg)×$(275/225)^n$/注气体积(mL)

式中　n——抽气次数。

(4) 氰化氢含量的测定

① 原理。含氰化物的固体废物，当遇到酸性水时，可放出氰化氢气体，可用氢氧化钠溶液吸收氰化氢气体。在pH＝7时，氰离子与氯胺T生成氯化氰，而后与异烟酸作用，并经水解生成戊烯二醛，再与吡唑啉酮进行缩合反应，生成蓝色的染料，其吸光度与氰化物浓度成正比，依此可测得氰化氢的含量。本法的检测下限为0.007mL/L。

② 样品测定。取固体废物与水反应生成的气体50mL，注入5mL的吸收液中(氢氧化钠溶液)，加入磷酸盐缓冲溶液2mL，摇匀。迅速加入1%氯胺T 0.2mL，立即盖紧塞子，摇匀。反应5min后加入异烟酸-吡唑啉酮2mL，摇匀，用水定容至10mL。在40℃左右水浴上显色，颜色由红→蓝→绿蓝。以空白作参比，用1cm比色皿，在638nm波长处测定吸光度。在校正曲线上查得氰化物的含量。

③ 结果计算。氰化氢浓度(CN^-，mg/L)＝测得氰化物量(μg)×$(275/225)^n$/注气体积(mL)

式中　n——抽气次数。

8.3.1.5 浸出毒性

浸出毒性是指在固体废物按规定的浸出方法的浸出液中，有害物质的浓度超过规定值，从而会对环境造成污染的特性。鉴别固体废物浸出毒性的浸出方法有水平振荡法和翻转法。浸出试验采用规定办法浸出水溶液，然后对浸出液进行分析。我国规定的分析项目有：汞、镉、砷、铬、铅、铜、锌、镍、锑、铍、氟化物、氰化物、硫化物、硝基苯类化合物等。

(1) 水平振荡法　该法是取干基试样100g，置于2L的具盖广口聚乙烯瓶中，加入1L去离子水后，将瓶子垂直固定在水平往复式振荡器上，调节振荡频率为(110±10)次/min，振幅40mm，在室温下振荡8h，静置16h后取下，经0.45μm滤膜过滤得到浸出液，测定污染物浓度。

(2) 翻转法　该法是取干基试样70g，置于1L具盖广口聚乙烯瓶中，加入700mL去离子水后，将瓶子固定在翻转式搅拌机上，调节转速为(30±2)r/min，在室温下翻转搅拌18h，静置30min后取下，经0.45μm滤膜过滤得到浸出液，测定污染物浓度。

浸出液按各分析项目要求进行保护，于合适条件下贮存备用，并进行分析测定，每种样品做两个平行浸出试验，每瓶浸出液对欲测项目平行测定两次，取算术平均值报告结果。实验报告应将被测样品的名称、来源、采集时间、样品粒度级配情况、实验过程的异常情况、浸出液的 pH 值、颜色、乳化和相分层情况说明清楚。对于含水污泥样品，其滤液也必须同时加以分析并报告结果。如测定有机成分宜用硬质玻璃容器。

8.3.2 样品的检测

① 固体废物特性鉴别的检测项目应依据固体废物的产生源特性确定。根据固体废物的产生过程可以确定不存在的特性项目或者不存在、不产生的毒性物质，不进行检测。固体废物特性鉴别使用 GB 5085—2007 规定的相应方法和指标限值。

② 无法确认固体废物是否存在 GB 5085—2007 规定的危险特性或毒性物质时，按照下列顺序进行检测：

a. 反应性、易燃性、腐蚀性检测；

b. 浸出毒性中无机物质项目的检测；

c. 浸出毒性中有机物质项目的检测；

d. 毒性物质含量鉴别项目中无机物质项目的检测；

e. 毒性物质含量鉴别项目中有机物质项目的检测；

f. 急性毒性鉴别项目的检测。

在进行上述检测时，如果依据第①条规定确认其中某项特性不存在，不进行该项目的检测，按照上述顺序进行下一项特性的检测。

③ 在检测过程中，如果一项检测的结果超过 GB 5085—2007 相应标准值，即可判定该固体废物为具有该种危险特性的危险废物。是否进行其他特性或其余成分的检测，应根据实际需要确定。

④ 在进行浸出毒性和毒性物质含量的检测时，应根据固体废物的产生源特性首先对可能的主要毒性成分进行相应项目的检测。

⑤ 在进行毒性物质含量的检测时，当同一种毒性成分在一种以上毒性物质中存在时，以分子量最高的毒性物质进行计算和结果判断。

⑥ 无法确认固体废物的产生源时，应首先对这种固体废物进行全成分元素分析和水分、有机分、灰分三种成分分析，根据结果确定检测项目，并按照第②条规定的顺序进行检测。

⑦ 根据第①、④、⑥条规定确定固体废物特性鉴别检测项目时，应就固体废物的产生源特性向与该固体废物的鉴别工作无直接利害关系的行业专家咨询。

8.3.3 检测结果判断

① 在对固体废物样品进行检测后，如果检测结果超过 GB 5085—2007 中相应标准限值的份样数大于或者等于表 8-4 中的超标份样数下限值，即可判定该固体废物具有该种危险特性。

表 8-4 相应标准限值的份样数

份样数	超标份样数下限	份样数	超标份样数下限
5	1	32	8
8	3	50	11
13	4	80	15
20	6	100	22

② 如果采取的固体废物份样数与表 8-4 中的份样数不符，按照表 8-4 中与实际份样数最

接近的较小份样数进行结果的判断。

③ 如果固体废物份样数大于100，应按照下列公式确定超标份样数下限值：

$$N_{限}=\frac{N\times 22}{100}$$

式中 $N_{限}$——超标份样数下限值，按照四舍五入法则取整数；

N——份样数。

8.4 实训 固体废物腐蚀性鉴别——pH值测定

【背景知识】

固体废物腐蚀性是指单位、个人在生产、经营、生活和其他活动中所产生的固体、半固体和浓度溶液，其溶液或固体、半固体浸出液的pH≤2或pH≥12.5以及20号钢材的腐蚀速率≥6.35mm/a。在进行腐蚀性鉴别时可直接用pH计测定溶液或固体、半固体的浸出液，根据其pH值判断。

8.4.1 实训目的

① 掌握pH值法测定固体废物腐蚀性的原理和方法。

② 掌握采样、布点、含水率测定、风干、制样技能，强化浸提操作技能。

③ 掌握数据的记录及处理，掌握结果的应用技能。

④ 掌握pH值的测定方法。

8.4.2 测定依据

本实训采用pH值鉴别固体废物的腐蚀性，依据国标《危险废物鉴别标准 腐蚀性鉴别》(GB 5058.1—2007)。

8.4.3 实训程序

8.4.3.1 仪器准备与清洗

确定仪器及规格、数量 → 洗净，晾干，备用

8.4.3.2 腐蚀性鉴别

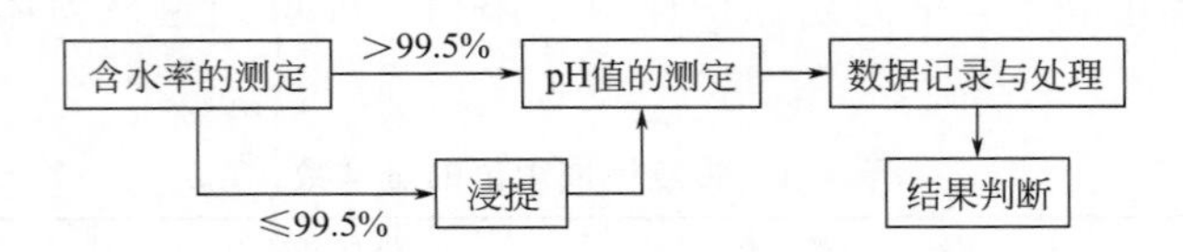

8.4.4 实验准备

8.4.4.1 仪器

① 混合容器：溶剂为2L的带密封塞的高压聚乙烯瓶。

② 振荡器：往复式水平振荡器。

③ 过滤装置：成套过滤器，纤维滤膜孔径为 0.45μm。

④ pH 计：精度±0.02pH。

⑤ 玻璃电极。

⑥ 参比电极。

⑦ 磁力搅拌棒以及用聚四氟乙烯或聚乙烯等塑料包裹的搅拌棒。

⑧ 温度计。

8.4.4.2 药品

蒸馏水、标准缓冲溶液等。

8.4.5 项目实施

8.4.5.1 含水率的测定

先对固体废物进行含水率的测定。如果固体废物含水率＞99.5%，则可直接测定溶液的 pH 值；含水率≤99.5%时，则先对样品进行浸提，再对浸提液测定 pH 值。

8.4.5.2 浸提

称取风干过后 5mm 筛的试样 100g(以干基计)，置于浸提用的混合容器中，加水 1L(包括试样的含水量)。将浸提用的混合容器垂直固定在振荡器上，振荡频率调节为(110±10)次/min，振幅为 40mm，在室温下振荡 8h，静置 16h。通过过滤装置分离固液相，滤后立即测定滤液的 pH 值。

8.4.5.3 pH 值测定

pH 计校正后再进行测定。

① 如果在现场测定流体或半固态流体(如稀泥、薄浆等)的 pH 值，电极可直接插入样品，其深度应适当并可移动，保证有足够的样品通过电极的敏感元件。直接读数即得到该试样的 pH 值。

② 对块状或颗粒状的物料，则取其浸出液进行测定。将样品或其浸出液倾倒入清洁烧杯中，其液面应高于电极的敏感元件。放入搅拌子，将清洁干净的电极插入烧杯，以缓和、固定的速率减半或摇匀使其均匀，待读数稳定后记录其 pH 值。应重复测定 2～3 次，直到 pH 值变化小于 0.15pH 单位。

8.4.5.4 数据记录及处理

每个样品至少做 3 次平行实验，其标准差不得超过 0.15pH 单位，取算术平均值报告实验结果。

8.4.5.5 数据评价

根据固体废物的 pH 值判断该废物是否为具有腐蚀性的危险废物。

8.4.6 原始记录

认真填写腐蚀性鉴别数据记录表(表 8-5)。

表 8-5 腐蚀性鉴别数据记录表

样品编号	pH 值读数			平均值
	数据 1	数据 2	数据 3	

8.4.7 注意事项

① 用于含水率测定的固体废物不能用于 pH 值的测定。

② 可用复合电极。新的、长期未用的复合电极或玻璃电极在使用前应在蒸馏水中浸泡 24h 以上。用完后冲洗干净，浸泡在水中。

③ 甘汞电极的饱和氯化钾液面必须高于汞体，并有适量氯化钾晶体存在，以保证氯化钾溶液的饱和。使用前必须先拔掉上孔胶塞。

④ 每次测定样品之前应充分冲洗电极，并用滤纸吸去水分，或用试样冲洗电极。

⑤ 当标准差超过规定范围时，必须分析并报告原因。

【思考题】

一、简述题

1. 简述何为固体废物腐蚀性。

2. 试写出固体废物浸出液的制备方法。

3. 简述工业固体废弃物采样记录一般应包括的内容。

4. 如何定义固体废物具有浸出性毒性？

二、计算题

如果做浸出性毒性的固体废物试样的含水率为 65%，则应称取多少试样？应加多少浸取剂进行浸出试验？（试验需试样干基质量 70g。）

第9章
噪声监测

9.1 噪声监测方案的制定

9.1.1 资料收集

9.1.1.1 污染源分布情况

查阅文献了解国内噪声监测现状与噪声污染危害；调查噪声监测区域周围环境状况(包括建筑设施)、主要噪声来源、噪声变化规律等情况。

9.1.1.2 气象资料

气象条件的变化会影响监测区域的噪声监测结果，因此，要收集风向、风速、雨雪等天气情况。

9.1.2 噪声监测参数及其分析

9.1.2.1 声功率、声强和声压

(1) 声功率(W) 声功率是指单位时间内声波通过垂直于传播方向某指定面积的声能量。在噪声监测中，声功率是指声源总声功率，单位为 W。

(2) 声强(I) 声强是指单位时间内，声波通过垂直于声波传播方向单位面积的声能量，单位为 W/m^2。

(3) 声压(P) 声压是空气受声波干扰而产生的压力增值，单位为 Pa。声波在空气中传播时形成压缩和稀疏交替变化，所以压力增值是正负交替的。但通常讲的声压是取均方根值，叫有效声压，故实际上总是正值，对于球面波和平面波，声压与声强的关系为：

$$I=P^2/\rho c$$

式中 ρ——空气密度；

c——声速。

9.1.2.2 分贝、声功率级、声强级和声压级

（1）分贝　人们日常生活中听到的声音，若以声压值表示，由于变化范围非常大，可以达六个数量级以上，同时由于人体听觉对声信号强弱刺激反应不是线形的，而是成对数比例关系，所以采用分贝来表达声学量值。所谓分贝是指两个相同的物理量（例如 A_1 和 A_0）之比取以 10 为底的对数并乘以 10（或 20）。

$$N=10\times\lg(A_1/A_0)$$

分贝符号为“dB”，它是无量纲的。

式中，A_0 是基准量（或参考量），A_1 是被量度量。

被量度量和基准量之比取对数，对数值称为被量度量的“级”。

（2）声功率级

$$L_W=10\times\lg(W/W_0)$$

式中　L_W——声功率级，dB；

W——声功率，W；

W_0——基准声功率，为 10^{-12}W。

（3）声强级

$$L_I=10\times\lg(I/I_0)$$

式中　L_I——声强级，dB；

I——声强，W/m^2；

I_0——基准声强，为 $10^{-12}W/m^2$。

（4）声压级

$$L_P=20\times\lg(P/P_0)$$

式中　L_P——声压级，dB；

P——声压，Pa；

P_0——基准声压，为 2×10^{-5}Pa，该值是对 1000Hz 声音人耳刚能听到的最低声压。

9.1.2.3 噪声的叠加和相减

（1）噪声的叠加　两个以上独立声源作用于某一点，产生噪声的叠加。

声能量是可以代数相加的，设两个声源的声功率分别为 W_1 和 W_2，那么总声功率 $W_{总}=W_1+W_2$。而两个声源在某点的声强为 I_1 和 I_2 时，叠加后的总声强：$I_{总}=I_1+I_2$。但声压不能直接相加。

总声压级：　$L_P=10\times\lg[10^{(L_{P1}/10)}+10^{(L_{P2}/10)}]$

式中　L_P——总声压级，dB；

L_{P1}——声源 1 的声压级，dB；

L_{P2}——声源 2 的声压级，dB。

如 $L_{P1}=L_{P2}$，即两个声源的声压级相等，则总声压级：

$$L_P=L_{P1}+10\times\lg2\approx L_{P1}+3(\text{dB})$$

也就是说，作用于某一点的两个声源声压级相等，其合成的总声压级比一个声源的声压级增加 3dB。当声压级不相等时，按上式计算较麻烦。总声压级可以利用图 9-1 或表 9-1 来计算。方法是：设 $L_{P1}>L_{P2}$，以 $L_{P1}-L_{P2}$ 值按表或图查得 ΔL_P，则总声压级 $L_{P总}=L_{P1}+\Delta L_P$。

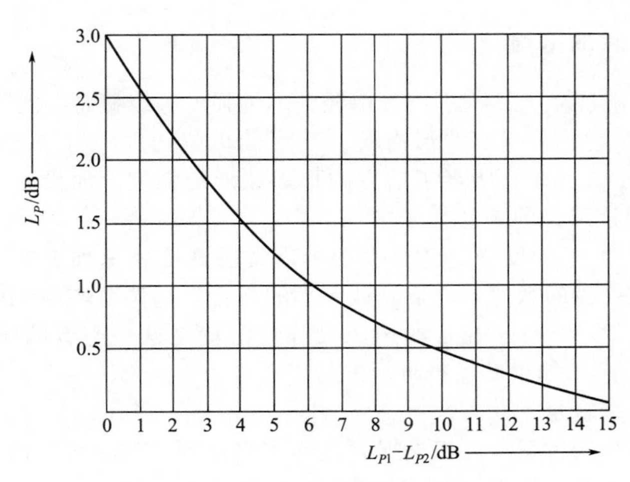

图 9-1　两噪声声源叠加曲线

表 9-1　分贝和的增值表

L_{P1}和L_{P2}的级差（$L_{P1}-L_{P2}$）	0	1	2	3	4	5	6	7	8	9	10
增值 ΔL_P	3.0	2.5	2.1	1.8	1.5	1.2	1.0	0.8	0.6	0.5	0.4

（2）噪声的相减　噪声测量中经常碰到如何扣除背景噪声问题，这就是噪声相减问题。通常是指噪声源的声级比背景噪声高，但由于后者的存在使测量读数增高，需要减去背景噪声。方法是：$L_P>L_{P1}$，按图 9-2 查得 ΔL_P，则 $L_{P2}=L_P-\Delta L_P$。

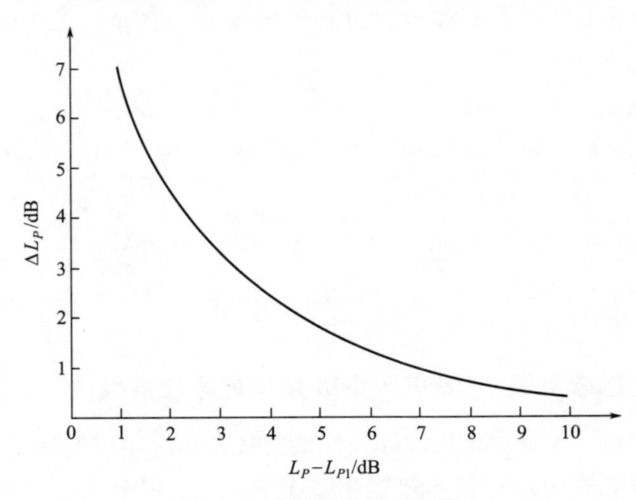

图 9-2　背景噪声修正曲线

例：为测定某车间中一台机器的噪声大小，从声级计上测得声级为 104dB，当机器停止工作，测得背景噪声为 100dB，求该机器噪声的实际大小。

解：设有背景噪声时测得的噪声为 L_P，背景噪声为 L_{P1}，机器实际噪声级为 L_{P2}。由题意可知 $L_P-L_{P1}=4$dB，从图 9-2 中可查得 $\Delta L_P=2.2$dB，因此该机器的实际噪声声级为：$L_{P2}=L_P-\Delta L_P=104\text{dB}-2.2\text{dB}=101.8\text{dB}$。

9.1.2.4 响度和响度级

(1) 响度(N) 响度是人耳判别声音由轻到响的强度等级概念，它不仅取决于声音的强度（如声压级），还与它的频率及波形有关。响度的单位为“宋”，1宋的定义为声压级为40dB，频率为1000Hz，且来自听者正前方的平面波形的强度。如果另一个声音听起来比1宋的声音大n倍，即该声音的响度为n宋。

(2) 响度级（L_N） 响度级是建立在两个声音主观比较基础上的。定义1000Hz纯音声压级的分贝值为响度级的数值，任何其他频率的声音，当调节1000Hz纯音的强度使之与这声音一样响时，则这1000Hz纯音的声压级分贝值就是这一声音的响度级值。响度级用L_N表示，单位是“方”。如果某噪声听起来与声压级为120dB、频率为1000Hz的纯音一样响，则该噪声的响度级就是120方。

(3) 响度与响度级的关系 人们根据大量的实验得到，响度级每改变10方，响度加倍或减半。

它们的数学关系式为：$N=2^{[(L_N-40)/10]}$或$L_N=40+33\lg N$

9.1.2.5 A计权声级

为了能用仪器直接反映人的主观响度感觉的评价量，有关人员在噪声测量仪器——声级计中设计了一种特殊滤波器，叫计权网络。通过计权网络测得的声压级，已不再是客观物理量的声压级，而叫计权声压级或计权声级，简称声级。通用的有A、B、C、D四种计权声级。

A计权声级是模拟人耳对55dB以下低强度噪声的频率特性；人们发现A声级（L_A）用来作噪声度量标准，能较好地反映出人们对噪声吵闹的主观感觉。因此，A声级几乎成为一切噪声评价的基本值。对稳定噪声可以直接用A声级评价。A声级评价的常见环境噪声见图9-3。

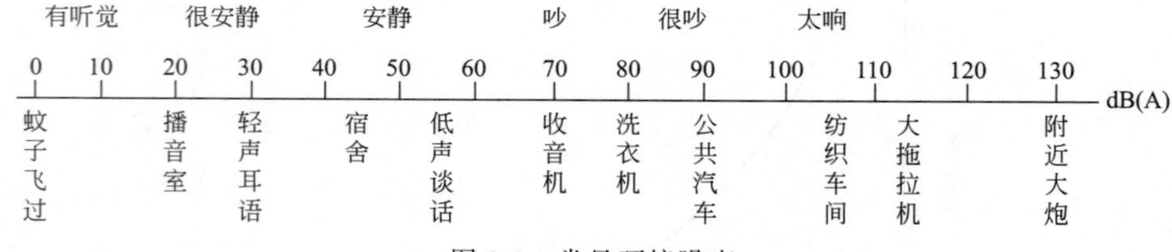

图9-3 常见环境噪声

9.1.2.6 等效连续声级、噪声污染级和昼夜等效声级

(1) 等效连续声级 A计权声级能够较好地反映人耳对噪声的强度与频率的主观感觉，因此对一个连续的稳态噪声，它是一种较好的评价方法，但对于一个起伏的或不连续的噪声，A计权声级就显得不合适了。例如，交通噪声随车流量和种类变化而变化；又如，一台机器工作时其声级是稳定的，但由于它是间歇地工作，与另一台声级相同但连续工作的机器对人的影响就不一样。因此人们提出了一个用噪声能量按时间平均方法来评价噪声对人影响的方法，即等效连续声级，符号“L_{eq}”。它是用一个相同时间内声能与之相等的连续稳定的A声级来表示该段时间内的噪声的大小的。

例如，有两台声级为85dB的机器，第一台连续工作8h，第二台间歇工作，其有效工作时间之和为4h。显然作用于操作工人的平均能量是前者比后者大一倍，即大3dB。因此，等效连续声级反映在声级不稳定的情况下，人实际所接受的噪声能量的大小，它是一个用来表达随时间变化的噪声的等效量。

$$L_{eq}=10\times\lg[1/T\int_0^T 10^{0.1L_A}dt]$$

式中　L_A——某时刻 t 的瞬时 A 声级，dB；

T——规定的测量时间，s。

如果数据符合正态分布，则可用下面近似公式计算：

$$L_{eq}\approx L_{50}+d^2/60,\ d=L_{10}-L_{90}$$

L_{10}、L_{50}、L_{90}为累积百分声级。

式中　L_{10}——测量时间内，10%的时间超过的噪声级，相当于噪声的平均峰值；

L_{50}——测量时间内，50%的时间超过的噪声级，相当于噪声的平均值；

L_{90}——测量时间内，90%的时间超过的噪声级，相当于噪声的背景值；

d——噪声的起伏程度。

累积百分声级L_{10}、L_{50}和L_{90}的计算方法有两种：其一是在正态概率纸上画出累积分布曲线，然后从图中求得；另一种简便方法是将测定的一组数据(例如 100 个)，从小到大排列，第 10 个数据即为L_{90}，第 50 个数据即为L_{50}，第 90 个数据即为L_{10}。

(2) 噪声污染级　许多非稳态噪声的实践表明，涨落的噪声所引起的人的烦恼程度比等能量的稳态噪声要大，并且与噪声暴露的变化率和平均强度有关。经实验证明，在等效连续声级的基础上加上一项表示噪声变化幅度的量，更能反映实际污染程度。用这种噪声污染级评价航空或道路的交通噪声比较恰当。噪声污染级(L_{NP})公式为：

$$L_{NP}=L_{eq}+K\sigma$$

式中　K——常数，对交通和飞机噪声取值 2.56；

σ——噪声测量的标准偏差。

(3) 昼夜等效声级　也称日夜平均声级，符号“L_{dn}”。用来表达社会噪声昼夜间的变化情况，昼夜等效声级L_{dn}表达式为：

$$L_{dn}=10\times\lg\left[\frac{16\times10^{0.1L_d}+8\times10^{0.1(L_n+10)}}{24}\right]$$

式中　L_d——白天的等效声级，时间从 6：00—22：00，共 16h；

L_n——夜间的等效声级，时间从 22：00—第二天 6：00，共 8h。

为表明夜间噪声对人的烦扰更大，故计算夜间等效声级这一项时应加上 10dB。

9.1.2.7　噪声的频谱分析

除频率单一的纯音外，一般声音都是由许多不同频率、不同强度的纯音组合而成的。以声压级为纵坐标，以频率的横坐标绘制成的噪声特性曲线称为噪声频谱图，见图 9-4。研究噪声的频谱分析很重要，它能深入了解噪声声源的特性，帮助寻找主要的噪声污染源，并为噪声控制提供依据。

噪声频谱能形象地反映出声音的频率分布和声级大小的关系。人耳不仅对声压微小变化的识别能力较差，同样对声频的微小变化也难于识别。因此，在噪声监测中，为了方便，将动态范围内大的连续声谱（20～20000Hz）划分为若干个部分，每个部分叫做频带。f_0、f_1、f_2 分别为该频节的中心频率、最低频率、最高频率。

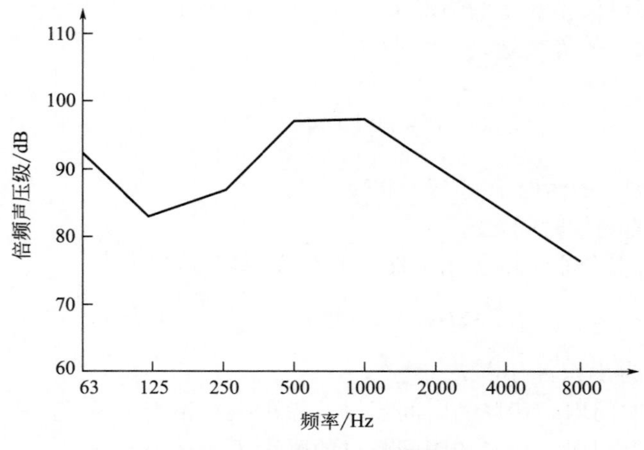

图 9-4　某鼓风机的噪声频谱

9.1.3　环境噪声评价依据

9.1.3.1　声环境功能区分类

按区域的使用功能特点和环境质量要求，声环境功能区分为以下五种类型。

0 类声环境功能区：指康复疗养区等特别需要安静的区域。

1 类声环境功能区：指以居民住宅、医疗卫生、文化教育、科研设计、行政办公为主要功能、需要保持安静的区域。

2 类声环境功能区：指以商业金融、集市贸易为主要功能，或者居住、商业、工业混杂，需要维护住宅安静的区域。

3 类声环境功能区：指以工业生产、仓储物流为主要功能，需要防止工业噪声对周围环境产生严重影响的区域。

4 类声环境功能区：指交通干线两侧一定距离之内，需要防止交通噪声对周围环境产生严重影响的区域，包括 4a 类和 4b 类两种类型。4a 类为高速公路、一级公路、二级公路、城市快速路、城市主干路、城市次干路、城市轨道交通(地面段)、内河航道两侧区域；4b 类为铁路干线两侧区域。

9.1.3.2　环境噪声限值

根据《声环境质量标准》(GB 3096—2008)的要求，各类声环境功能区应符合表 9-2 规定的环境噪声等效声级限值。

表 9-2　环境噪声等效声级限值　　单位：dB (A)

声环境功能区类别		时段	
		昼间	夜间
0 类		50	40
1 类		55	45
2 类		60	50
3 类		65	55
4 类	4a 类	70	55
	4b 类	70	60

① 表 9-2 中 4b 类声环境功能区环境噪声限值，适用于 2011 年 1 月 1 日起环境影响评价

文件通过审批的新建铁路(含新开廊道的增建铁路)干线建设项目两侧区域。

② 在下列情况下，铁路干线两侧区域不通过列车时的环境背景噪声限值，按昼间 70dB(A)、夜间 55dB(A)执行。

a. 穿越城区的既有铁路干线。

b. 对穿越城区的既有铁路干线进行改建、扩建的铁路建设项目。既有铁路是指 2010 年 12 月 31 日前已建成运营的铁路或环境影响评价文件已通过审批的铁路建设项目。

③ 各类声环境功能区夜间突发噪声，其最大声级超过环境噪声限值的幅度不得高于 15dB(A)。

9.1.4 监测要求

9.1.4.1 测量仪器

测量仪器精度为 2 型及 2 型以上的积分平均声级计或环境噪声自动监测仪器，其性能需符合 GB 3785.2—2010 的规定，并需定期校验。测量前后使用声校准器校准测量仪器的示值偏差不得大于 0.5dB，否则测量无效。声校准器应满足 GB/T 15173—2010 对 1 级或 2 级声校准器的要求。测量时传声器应加防风罩。

9.1.4.2 测点选择

根据监测对象和目的，可选择以下三种测点条件(指传声器所置位置)进行环境噪声的测量。

(1) 一般户外　距离任何反射物(地面除外)至少 3.5m 外测量，距地面高度 1.2m 以上。必要时可置于高层建筑上，以扩大监测受声范围。使用监测车辆测量，传声器应固定在车顶部 1.2m 高度处。

(2) 噪声敏感建筑物的户外　在噪声敏感建筑物外，距墙壁或窗户 1m 处，距地面高度 1.2m 以上。

(3) 噪声敏感建筑物的室内　距离墙面和其他反射面至少 1m，距窗约 1.5m 处，距地面 1.2～1.5m 高。

9.1.4.3 气象条件

测量应在无雨雪、无雷电天气、风速 5m/s 以下时进行。

9.1.4.4 监测类型与方法

根据监测对象和目的，环境噪声监测分为声环境功能区监测和噪声敏感建筑物监测两种类型，分别采用《声环境质量标准》(GB 3096—2008)中附录 B 和附录 C 规定的监测方法。

9.1.4.5 测量记录

测量记录应包括以下事项：

① 日期、时间、地点及测定人员；

② 使用仪器型号、编号及其校准记录；

③ 测定时间内的气象条件(风向、风速、雨雪等天气状况)；

④ 测量项目及测定结果；

⑤ 测量依据的标准；

⑥ 测点示意图；
⑦ 声源及运行工况说明(如交通噪声测量的交通流量等)；
⑧ 其他应记录的事项。

9.2 噪声监测仪器

噪声测量仪测量的内容主要是噪声的强度，即声场中的声压；其次是测量噪声的特征，即声压的各种频率组成成分。

噪声测量仪器发展得很快，常用的有：声级计、噪声级分析仪、声级频谱仪、记录仪、录音机和实时分析仪等。下面介绍几种主要的噪声测量仪器。

9.2.1 声级计

声级计又叫噪声计，是一种按照一定的频率计权和时间计权测量声音的声压级和声级的仪器，是声学测量中最常用的基本仪器(见图 9-5)。声级计可用于环境噪声、机器噪声、车辆噪声以及其他各种噪声的测量，也可用于电声学、建筑声学等测量。

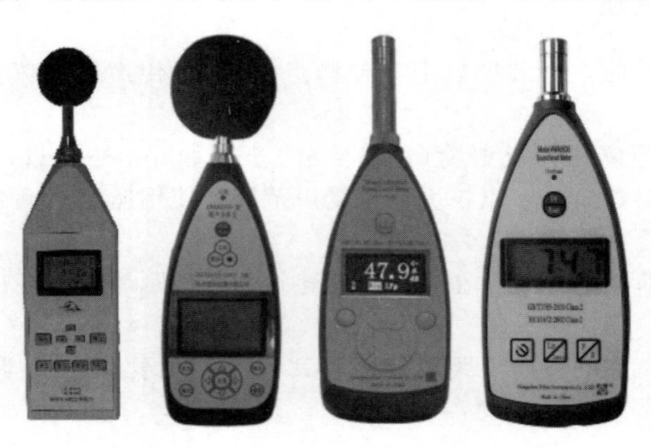

图 9-5　声级计外观图

9.2.1.1　声级计的工作原理

声级计一般由电容式传声器、前置放大器、衰减器、放大器、频率计权网络以及有效值指示表头等组成。

声级计的工作原理见图 9-6。声压信号经传声器转换成电信号，再由前置放大器变换阻抗，使传声器与衰减器匹配。放大器将输出信号加到计权网络，对信号进行频率计权（或外接滤波器)，然后再经衰减器及放大器将信号放大到一定的幅值，送到有效值检波器（或外接电平记录仪)，在指示表头上给出噪声声级的数值。

（1）传声器　传声器是把声压信号转变为电压信号的装置，人们也称之为话筒，它是声级计的传感器。常见的传声器有晶体式、驻极体式、动圈式和电容式数种。

（2）放大器　声级计一般采用两级放大器，即输入放大器和输出放大器，其作用是将微弱的电信号放大。输入衰减器和输出衰减器是用来改变输入信号的衰减量和输出信号衰减量的，以便使表头指针指在适当的位置。输入放大器使用的衰减器调节范围为测量低端，输出

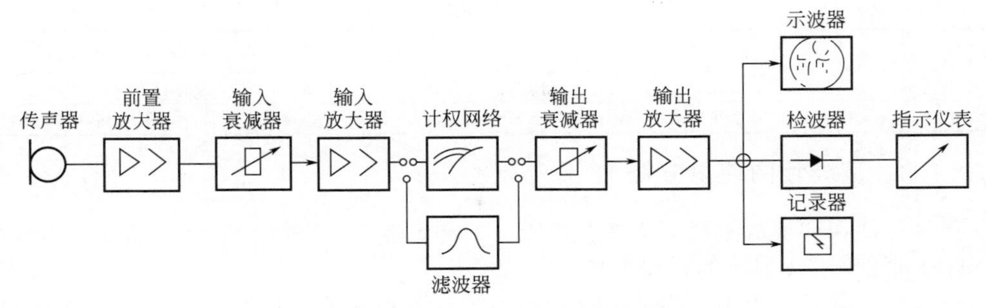

图 9-6　声级计的工作原理示意图

放大器使用的衰减器调节范围为测量高端。许多声级计的高低端以 70dB 为界限。

(3) 计权网络　为了模拟人耳听觉在不同频率有不同的灵敏性，在声级计内设有一种能够模拟人耳的听觉特性、把电信号修正为与听感近似值的网络，这种网络叫做计权网络。通过计权网络测得的声压级，已不再是客观物理量的声压级(叫线性声压级)，而是经过听感修正的声压级，叫做计权声级或噪声级。

计权(又叫加权)参数是在对频响曲线进行了一些加权处理后测得的参数，以区别于平直频响状态下的不计权参数。例如信噪比，按照定义，我们在额定的信号电平下测出噪声电平(可以是功率,也可以是电压、电流)，额定电平与噪声电平之比就是信噪比，如果是分贝值，则计算二者之差，这是不计权信噪比。不过，由于人耳对各频段噪声的感知能力是不一样的，对 3kHz 左右的中频最灵敏，对低频和高频则差一些，因此不计权信噪比未必与人耳对噪声大小的主观感觉能很好地吻合。

(4) 检波器和指示表头　检波器作用是把迅速变化的电压信号转变成变化较慢的直流电压信号。这个直流电压的大小要正比于输入信号的大小。根据测量的需要，检波器有峰值检波器、平均值检波器和均方根值检波器之分。峰值检波器能给出一定时间间隔中的最大值，平均值检波器能在一定时间间隔中测量其绝对平均值。脉冲声需要测量它的峰值外，在多数的噪声测量中均是采用均方根值检波器。均方根值检波器能对交流信号进行平方、平均和开方，得出电压的均方根值，最后将均方根电压信号输送到指示表头。

表头响应按灵敏度可分为以下四种。

①“慢”。表头时间常数为 1000ms，一般用于测量稳态噪声，测得的数值为有效值。

②“快”。表头时间常数为 125ms，一般用于测量波动较大的不稳态噪声和交通运输噪声等。快挡接近人耳对声音的反应。

③“脉冲或脉冲保持”。表针上升时间为 35ms，用于测量持续时间较长的脉冲噪声，如冲床、按锤等，测得的数值为最大有效值。

④“峰值保持”。表针上升时间小于 20ms，用于测量持续时间很短的脉冲声，如枪、炮和爆炸声，测得的数值是峰值，即最大值。

9.2.1.2　声级计的分类

国际电工委员会(IEC)651 规定，按测量的精度和稳定性声级计分为四型，0、1 型为精密型，频率范围是 20～12500Hz，供研究工作用；2 型、3 型属普通型，频率范围是 31.5～8000Hz，适用于一般测量和普通调查。四种类型声级计的主要性能允差见表 9-3。

表 9-3 声级计主要性能允差和用途

类型	0 型	1 型	2 型	3 型
精度/dB	±0.4	±0.7	±1.0	±1.5
用途	在实验室作为标准仪器使用	在实验室作为精密、测量使用	现场测量的通用仪器	噪声监测和普及型声级计

9.2.1.3 声级计的使用方法

① 声级计使用环境的选择：选择有代表性的测试地点，声级计要离开地面，离开墙壁，以减少地面和墙壁的反射声的附加影响。

② 天气条件要求在无雨无雪的时间，声级计应保持传声器膜片清洁，风力在三级以上必须加风罩(以避免风噪声干扰)，五级以上大风应停止测量。

③ 打开声级计携带箱，取出声级计，套上传感器。

④ 将声级计置于 A 状态，检测电池，然后校准声级计。

⑤ 对照表(一般常见的环境声级大小参考)调节测量的量程。

⑥ 下面就可以使用快(测量声压级变化较大的环境的瞬时值)、慢(测量声压级变化不大的环境中的平均值)、脉冲(测量脉冲声源)、滤波器(测量指定频段的声级)各种功能进行测量。

⑦ 根据需要记录数据，同时也可以连接打印机或者其他电脑终端进行自动采集。整理器材并放回指定地。

9.2.1.4 使用声级计的注意事项

① 使用声级计前应先阅读说明书，了解声级计的使用方法与注意事项。

② 仪器应避免放置于高温、潮湿、有污水、灰尘及含盐酸、碱成分高的空气或化学气体的地方。

③ 安装电池或外接电源注意极性，切勿反接。长期不用应取下电池，以免漏液损坏仪器。

④ 传声器切勿拆卸，防止掷摔，不用时放置妥当。

⑤ 勿擅自拆卸仪器。如仪器不正常，可送修理单位或厂方检修。

⑥ 在使用过程中，液晶中出现欠压告警，应及时更换电池。

⑦ 声级计测量前，可先开机预热 2min，潮湿天预热 5～10min。

⑧ 为保证测量的准确性，使用前及使用后要进行校准。

9.2.2 噪声级分析仪

在声级计的基础上配以自动信号存储、处理系统和打印系统，便成为噪声级分析仪。

噪声级分析仪的工作原理是将噪声信号经传声器转换为交变的电压信号，经放大、计权、检波后，利用计算机和单板机存储并处理，处理后的结果由数字显示，测量结果后，由打印机打出计算结果，计算机和单板机还将控制仪器的取样间隔、取样时间和量程进行切换。一般噪声级分析仪均可测量声压级、A 计权声级、累计百分升级 L_N、等效声级 L_{eq}、标准偏差、概率分布和累积分布。

噪声级分析仪与声级计相比，具有两个显著优点：一是完成了取样和数据处理的自动化；二是高密度取样(每秒钟取一次样)，提高了测量精度。

9.2.3 声级频谱仪

若要掌握噪声的传播特性以及了解噪声对人们的影响程度，仅知道噪声大小还不够，还必须获得噪声的频谱，即分析噪声在不同频段上的声能分布。

声级频谱仪是测量噪声频谱的仪器，它的基本组成与声级计相似。但是，频谱分析仪中设置了完整的计权网络(滤波器)。借助滤波器的作用，可以将声频范围内的频率分成不同的频带进行测量。

声级频谱仪同样具有噪声级分析仪的优点，可自动设置、取样、打印。

9.3 噪声的监测方法

我国环境噪声的检测须符合《声环境质量标准》(GB 3096—2008)的规定，本教材也以该标准为噪声检测主要依据。该标准规定了五类声环境功能区(详见 9.1)的环境噪声限值及测量方法。

以下主要介绍工业企业噪声、城市区域噪声、道路交通噪声这几种重要类型的噪声监测方法。

9.3.1 工业企业噪声监测

工业企业噪声监测包括车间内噪声监测和厂界噪声监测。

9.3.1.1 车间内噪声监测

(1) 布点　如果车间内部各点噪声变化小于 3dB，只需要在车间选择 1～3 个测点；若噪音变化大于 3dB，则应按声级大小将车间分成若干个区域，任意两个区域的噪声值之差不小于 3dB，每个区域取 1～3 个测点。这些区域应该包括所有工人为观察或管理生产过程而经常工作和活动的地点和范围。

若需要对厂区内部噪声进行测试，可以把厂区按 10～40m 间距画成方格，在每个方格中心进行测量，若要对噪声进行治理，对厂内重点噪声源要进行测量。测量距离根据机器尺寸大小来定（大、中、小型机器，测点距机器表面距离分别为 100cm、30cm 和 15cm）。

(2) 测量　在每个区域内确定一个中心点为操作人员站立的位置，传声器应放在操作人员的耳朵位置，并指向操作人员的耳朵，测量时人需要离开。测量应在工业企业的正常生产时间内进行，声级计采用 A 计权网络、“慢” 挡。由于工业企业中的风机、电动机等设备的噪声基本属于稳态噪声，因此直接用声级计测量 A 声级。而对于非稳态噪声，应测量等效连续 A 声级。

(3) 数据处理　结果一般用等效连续声级来表示。对于稳态噪声其中测得 A 声级就是该车间的等效连续 A 声级；对于非稳态噪声，按测量的每一区域 A 声级大小及持续时间进行整理，然后求出等效连续 A 声级。为了便于计算，测量的 A 声级的暴露时间必须填入对应的中心声级栏。例如 78～82dB(A) 的暴露时间填在中心声级 80dB(A) 处，83～87dB(A) 的暴露时间填在中心声级 85dB(A) 处，以此类推，并按 5dB(A) 间隔将实测值从小到大排列，用中心声级表示。一个工作日内，将各段声级的总暴露时间统计出来，并填入表 9-4。

表 9-4　各段声级暴露时间记录

段数 n	1	2	3	4	5	6	7	8	9	10
中心声级 L_{eq}/dB (A)	80	85	90	95	100	105	110	115	120	125
暴露时间 T_n/min	T_1	T_2	T_3	T_4	T_5	T_6	T_7	T_8	T_9	T_{10}

以每个工作日 8h 为基础，低于 78dB 的不予考虑，则一天的 L_{eq} 计算公式为：

$$L_{eq}=80+10\times\lg\{[10^{(n-1)/2}\cdot T_n]/480\}$$

式中　n——段数，具体数值见表 9-4；

T_n——第 n 段声级一天内的暴露时间，min。

9.3.1.2　工业企业厂界环境噪声监测

由环境保护部、国家质量监督检验检疫总局发布的《工业企业厂界环境噪声》(GB 12348—2008)规定了工业企业和固定设备厂界环境噪声排放限值及其测量方法，适用于工业企业噪声排放的管理、评价及控制，机关、事业单位、团体等对外环境排放噪声的单位也按本标准执行。

(1) 测量仪器

① 测量仪器为积分平均声级计或环境噪声自动监测仪，其性能应不低于 GB3 785.2—2010 和 GB/T 17181 对 2 型仪器的要求。测量 35dB 以下的噪声应使用 1 型声级计，且测量范围应满足所测量噪声的需要。校准所用仪器应符合 GB/T 15173—2010 对 1 级或 2 级声校准器的要求。当需要进行噪声的频谱分析时，仪器性能应符合 GB/T 3241—2010 中对滤波器的要求。

② 测量仪器和校准仪器应定期检定合格，并在有效使用期限内使用；每次测量前、后必须在测量现场进行声学校准，其前、后校准示值偏差不得大于 0.5dB，否则测量结果无效。

③ 测量时传声器加防风罩。

④ 测量仪器时间计权特性设为“F”档，采样时间间隔不大于 1s。

(2) 测量条件

① 气象条件：测量应在无雨雪、无雷电天气、风速为 5m/s 以下时进行。不得不在特殊气象条件下测量时，应采取必要措施保证测量准确性，同时注明当时所采取的措施及气象情况。

② 测量工况：测量应在被测声源正常工作的时间进行，同时注明当时的工况。

(3) 测点位置

① 测点布设。根据工业企业声源、周围噪声敏感建筑物的布局以及毗邻的区域类别，在工业企业厂界布设多个测点，其中包括距噪声敏感建筑物较近以及受被测声源影响大的位置。

② 测点位置一般规定。一般情况下，测点选在工业企业厂界外 1m、高度 1.2m 以上、距任一反射面距离不小于 1m 的位置。

③ 测点位置其他规定

a. 当厂界有围墙且周围有受影响的噪声敏感建筑物时，测点应选在厂界外 1m、高于围墙 0.5m 以上的位置。

b. 当厂界无法测量到声源的实际排放状况时(如声源位于高空、厂界设有声屏障等)，应按②设置测点，同时在受影响的噪声敏感建筑物户外 1m 处另设测点。

c. 室内噪声测量时，室内测量点位设在距任一反射面至少 0.5m 以上、距地面 1.2m 高度处，在受噪声影响方向的窗户开启状态下测量。

d. 固定设备结构传声至噪声敏感建筑物室内，在噪声敏感建筑物室内测量时，测点应距任一反射面至少 0.5m 以上、距地面 1.2m、距外窗 1m 以上，窗户关闭状态下测量。被测房间内的其他可能干扰测量的声源(如电视机、空调机、排气扇以及镇流器较响的日光灯、运转时出声的时钟等)应关闭。

(4) 测量时段

① 分别在昼间、夜间两个时段测量。夜间有频发、偶发噪声影响时同时测量最大声级。

② 被测声源是稳态噪声，采用1min的等效声级。

③ 被测声源是非稳态噪声，测量被测声源有代表性时段的等效声级，必要时测量被测声源整个正常工作时段的等效声级。

(5) 背景噪声测量

① 测量环境：不受被测声源影响且其他声环境与测量被测声源时保持一致。

② 测量时段：与被测声源测量的时间长度相同。

(6) 测量记录　噪声测量时需做测量记录。记录内容应主要包括：被测量单位名称、地址、厂界所处声环境功能区类别、测量时气象条件、测量仪器、校准仪器、测点位置、测量时间、测量时段、仪器校准值(测前、测后)、主要声源、测量工况、示意图(厂界、声源、噪声敏感建筑物、测点等位置)、噪声测量值、背景值、测量人员、校对人、审核人等相关信息。

(7) 测量结果修正

① 噪声测量值与背景噪声值相差大于10dB(A)时，噪声测量值不做修正。

② 噪声测量值与背景噪声值相差在3～10dB(A)之间时，噪声测量值与背景噪声值的差值取整后，按表9-5进行修正。

③ 噪声测量值与背景噪声值相差小于3dB(A)时，应采取措施降低背景噪声后，视情况按①或②执行；仍无法满足前二条要求的，应按环境噪声监测技术规范的有关规定执行。

表9-5　测量结果修正表　　单位：dB(A)

差值	3	4～5	6～10
修正值	－3	－2	－1

(8) 测量结果评价

① 各个测点的测量结果应单独评价。同一测点每天的测量结果按昼间、夜间进行评价。

② 最大声级 L_{max} 直接评价。

9.3.2 城市区域噪声监测

城市区域噪声监测执行《声环境质量标准》(GB 3096—2008)。该标准自2008年8月19日批准实施，同时原《城市区域环境噪声标准》(GB 3096—93)及《城市区域环境噪声测量方法》(GB/T 14623—93)废止。

9.3.2.1 布点

将要普查测量的城市分成等距离网格(例如500m×500m)，测量点设在每个网格中心，若中心点的位置不宜测量(如房顶、污沟、禁区等)，可移到旁边能够测量的位置。网格数不应少于100个。

9.3.2.2 测量

测量时一般应选在无雨、无雪时(特殊情况除外)，声级计应加风罩以避免风噪声干扰，同时也可保持传声器清洁。四级以上大风应停止测量。声级计可以手持或固定在三脚架上。传声器离地面高1.2m。放在车内的，要求传声器伸出车外一定距离，尽量避免车体反射的影响，与地面距离仍保持1.2m左右。如固定在车顶上要加以注明，手持声级计应使人体与传声器距离 0.5m 以上。测量的量是一定时间间隔(通常为 5s)的 A 声级瞬时值，动态特性选择慢响应。

测量时间分为白天(6:00—22:00)和夜间(22:00—6:00)两部分。随地区和季节不同，上述时间可稍作更改。

测点附近有什么固定声源或交通噪声干扰时，应加以说明。按上述规定在每一个测量点，连续读取 100 个数据(当噪声涨落较大时应取 200 个数据)代表该点的噪声分布。白天和夜间分别测量，测量的同时要判断和记录周围声学环境，如主要噪声来源等。

9.3.2.3 数据处理

由于环境噪声是随时间而起伏的非稳态噪声，因此测量数据一般用统计噪声级或等效连续 A 声级表示，即把测定数据代入有关公式，计算 L_{10}、L_{50}、L_{90}、L_{eq}的算术平均值(L)和最大值及标准偏差(σ)，确定城市区域环境噪声污染情况。

9.3.2.4 评价方法

① 数据平均法：将全部网点测得的连续等效 A 声级做算术平均运算，所得到的算术平均值就代表某一区域或全市的总噪声水平。

② 图示法：即用区域噪声污染图表示。为了便于绘图，将全市各测点的测量结果以 5dB 为一等级，划分为若干等级(如 56～60,61～65,66～70……分别为一个等级)，然后用不同的颜色或阴影线表示每一等级，绘制在城市区域的网格上，用于表示城市区域的噪声污染分布。

9.3.3 道路交通噪声监测

道路交通噪声监测执行《声环境质量标准》(GB 3096—2008)中 4a 类声环境功能区环境噪声限值(见表 9-2)。

9.3.3.1 布点

在每两个交通路口之间的交通线上选择一个测点，测点设在马路边的人行道上，离马路 20cm，这样的点可代表两个路口之间的该段道路的交通噪声。

9.3.3.2 测量

测量时应选在无雨、无雪的天气进行。测量时间同城市区域环境噪声要求一样，一般在白天正常工作时间内进行测量。每隔 5s 记一个瞬时 A 声级(慢响应)，连续记录 200 个数据。测量的同时记录车流量(辆/h)。

9.3.3.3 数据处理

测量结果一般用统计噪声级和等效连续 A 声级来表示。将每个测点所测得的 200 个数据按从小到大顺序排列，第 20 个数据即为 L_{90}，第 100 个数据即为 L_{50}，第 180 个数据即为 L_{10}。经验证明城市交通噪声测量值基本符合正态分布，因此，可直接用近似公式计算等效连续 A 声级和标准偏差值。

$$L_{eq} \approx L_{50} + d^2/60, \qquad d = L_{10} - L_{90}$$

9.3.3.4 评价方法

① 数据平均法：全市测量结果应得出全市交通干线的 L_{10}、L_{50}、L_{90}、L_{eq}平均值 (L)

和最大值、标准偏差（σ），确定道路交通噪声污染情况。

$$L=\frac{1}{l}\sum_{k=1}^{n}L_k l_k$$

式中　l——全市交通干线的总长度，km；

l_k——第 k 段干线的长度，km；

L_k——第 k 段干线测得的等效声级 L_{eq} 或统计声级 L_{10}，dB。

② 图示法：即测量结果用噪声污染图表示。当用噪声污染图表示时，评价量为 L_{eq} 或 L_{10}，按 5dB 一等级，以不同颜色或不同阴影线划出每段马路的噪声值，即得到全市交通噪声污染分布图。

9.4　实训 工业企业厂界噪声监测

【背景知识】

工业企业厂界环境噪声是指工业生产活动中使用固定设备等产生的、在厂界处进行测量和控制的干扰周围生活环境的声音。随着人们生活水平的提高，这些无形的污染越来越受到重视。这些隐形的污染虽然不和污水、废气等对环境有着直接的污染，但是对我们的生活起居有着巨大的影响，容易造成心理和生理的疾病，所以对于工业企业厂界噪声的治理显得非常重要，其中首要的任务就是对噪声进行监测和评价。

9.4.1　实训目的

① 掌握声级计的使用方法。

② 掌握环境噪声的监测技术。

③ 掌握噪声监测数据的处理方法，提高对监测结果的分析和评价能力。

9.4.2　测定依据

本项目执行《声环境质量标准》(GB 3096—2008)中 2 类和 4a 类标准。本实训运营期噪声执行《工业企业厂界环境噪声排放标准》(GB 12348—2008)中 2 级[昼间 60dB(A)、夜间 50dB(A)]和 4 级[昼间 70dB(A)、夜间 55dB(A)]排放标准。

9.4.3　实训程序

9.4.3.1　制定监测方案

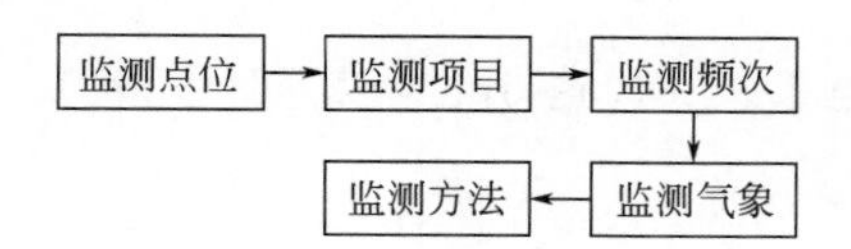

9.4.3.2　操作步骤

9.4.3.3 声环境质量评价

数据处理 → 结果评价

9.4.4 制定监测方案

9.4.4.1 监测点位

按规定，工业企业厂界噪声测量的测点应布置在厂界外 1m 处，传声器高度在 1.2m 以上噪声敏感处。如厂界有围墙，测点应高于围墙。若厂界与居民住宅相连，厂界噪声无法测量时，测点应选在居室中央，布点方法可参见图 9-7，室内限值应比相应标准低 10dB(A)，围绕厂界布点，布点数目及间距视实际情况而定。

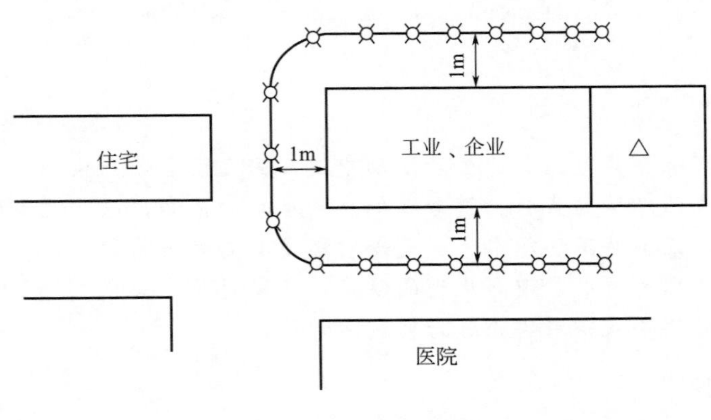

图 9-7　测点示意图

¤—室外测点；△—室内测点

9.4.4.2 监测项目

L_{10}、L_{50}、L_{90}、L_{eq}。

9.4.4.3 监测频次

连续一天，昼夜各一次，昼间监测在 8：00—12：00 和 14：00—18：00 进行，夜间监测在 23：00—次日晨 5：00。了解该区域噪声本底值，同时记录测点周围的主要噪声源及环境特征。

9.4.4.4 监测气象

监测应在无雨雪、无雷电天气、风速 5m/s 以下时进行。

9.4.4.5 监测方法

监测方法依据《声环境质量标准》(GB 3096—2008)和《工业企业厂界环境噪声排放标准》(GB 12348—2008)中进行，使用 AWA6228 型多功能声级计进行测量。

在每一测点测量，计算正常工作时间内的等效声级，填入工业企业厂界噪声测量记录表 9-6。当测量值与背景噪声值之差小于 10dB(A) 时，应进行修正。

9.4.5 项目实施

9.4.5.1 声级计的校准

使用AWA6221(A)声校准器对AWA6228多功能声级计进行校准。

9.4.5.2 现场布点

根据选定的企业实际情况进行布点数目及间距选择，测点位置示意图画于表9-6。

9.4.5.3 噪声测量

使用AWA6228多功能声级计测量噪声测量值与背景噪声值。

9.4.5.4 测定结果记录

测量结果记录于表9-6。

9.4.5.5 测定结果评价

按《环境噪声监测技术规范 噪声测量值修正》(HJ 706—2014)进行修正后得到是否达标的评价。

9.4.6 原始记录

表9-6 工业企业厂界环境噪声测量原始记录

被测量单位名称________ 地址________ 厂界所处声环境功能区类别________

监测方法及来源________ 测量仪器名称及编号________

仪器校准值(测前)________ 仪器校准值(测后)________ 校准仪器名称及编号________

测量时气象状况________ 测量日期________

测点编号	监测点位置	测量工况	主要声源	监测时段	测量时间	测量值 L_{eq}/dB(A)	背景值 L_{eq}/dB(A)

测点位置示意图：

备注：

测量人员________ 校对人________ 审核人________

9.4.7 数据处理与结果评价

如果测量数据符合正态分布，则可用下述两个近似公式来计算 L_{eq}：

$$L_{eq} \approx L_{50} + d^2/60, \quad d = L_{10} - L_{90}$$

所测数据均按由大到小顺序排列，若测量了 100 个数据，第 10 个数据即为 L_{10}，第 50 个数据即为 L_{50}，第 90 个数据即为 L_{90}。

评价采用等效连续声级法。等效连续声级法就是把实地监测所得到的 L_{eq}值做算术平均运算，所得到的平均值代表该区域的噪声水平，该平均值可以对照《工业企业厂界环境噪声排放标准》(GB 12348—2008)，评价该区域的声环境质量是否符合标准。

① 夜间频发噪声的最大声级超过限值的幅度不得高于 10dB(A)。

② 夜间偶发噪声的最大声级超过限值的幅度不得高于 15dB(A)。

③ 工业企业若位于未划分声环境功能区的区域，当厂界外有噪声敏感建筑物时，由当地县级以上人民政府参照 GB 3096—2008 和 GB/T 15190—2014 的规定确定厂界外区域的声环境质量要求，并执行相应的厂界环境噪声排放限值。

④ 当厂界与噪声敏感建筑物距离小于 1m 时，厂界环境噪声应在噪声敏感建筑物的室内测量，并将表 9-7 中相应的限值减 10dB（A）作为评价依据。

表 9-7 工业企业厂界环境噪声排放限值 单位：dB(A)

边界处声环境功能区类型	时段	
	昼间	夜间
0	50	40
1	55	45
2	60	50
3	65	55
4	70	55

9.4.8 注意事项

① 委托检测方，要清楚环境噪声的检测点所处的功能区。

② 检测仪器应为精度 2 型以上。测量 35dB(A)以下的噪声时，应使用 1 级声级计，并定期检验合格。测量前后使用声校准器校准测量仪器。

③ 测点位置选择，有一般规定和其他规定。要根据现场情况，按照规定，确定测点位置。

④ 测量记录的记录表要满足其“18 点”的要求。

⑤ 严格按照“边界噪声排放限值”要求的方法及“结构传播固定设备室内噪声排放限值”要求的方法，进行环境噪声测量。

【思考题】

一、简答题

1. 使用声级计的步骤是什么？使用时应注意什么？

2. 环境噪声测量通常采用哪种计权声级？为什么？

3. 噪声相加和相减应如何进行？

4. 什么叫计权声级？它在噪声测量中有何作用？

二、计算题

1. 露天风机 2m 处测得噪声值为 85dB(A)，风机距居民住宅 20m；冷却塔 5m 处测得噪声值为 80dB(A)，冷却塔距上述居民住宅 30m，居民住宅处受到的二者合成噪声值为多少？

2. 窗台边连续测得的声级分别是：83.0dB(A)、89.0dB(A)、89.0dB(A)、85.0dB(A)、82.0dB(A)、87.0dB(A)、78.0dB(A)、79.0dB(A)、80.0dB(A)、88.0dB(A)、81.0dB(A)、84.0dB(A)，试计算其 L_{eq}。

第10章 环境监测新技术

10.1 环境快速检测技术

经济的快速发展带来了很多污染问题，环境应急监测是环境监测工作的一部分。现场快速分析方法给环境应急监测提供了强大的技术支持。

特别是在突发性环境污染事故发生后，需要检测人员第一时间到达事故现场，在尽可能短的时间内获取污染物的种类、浓度、污染范围及危害程度等信息，为应急处置决策提供科学依据。行之有效的现场快速检测技术可为污染事故的应急处置及善后处理提供强有力的技术支持，并可为正确决策赢得宝贵时间，可以有效控制污染范围、缩短事故持续时间并且减少事故损失。

此外，在环境污染事故预警的日常监控中，特别是较为偏远的野外监控，还需要携带操作简便的现场快速检测技术装备，从而为较为准确地预警环境状况提供科学的基础数据。

随着环境污染事故对监测技术需求的日益迫切，环境快速检测技术也相应地得到了快速发展。根据监测技术的原理及形式不同，环境分析专家们将其分为感官检测法、动物检测法、植物检测法、化学产味法、试纸法、试剂盒法、侦检粉法、侦检管法、检测管法、滴定或反滴定法、化学比色法、便携式仪器分析法、免疫分析法及车载实验室法等，而目前环境快速检测较为常见的技术主要有以下三种：检测管法、试剂盒法、便携式仪器分析法。

10.1.1 检测管法

检测管法的检测原理是当被测气体或液体通过检测管时造成检测管内填充物颜色变化，从而根据颜色变化程度来测定特定的气体或水体污染物。按快速检测技术及在环境污染与应急事故监测中的应用污染物介质不同，检测管分为气体检测管、水质检测管。

10.1.1.1 气体检测管

气体检测管的特点是操作简单、分析速度快、测量精度高、适应性好、使用安全、方便携带和识别性强等。根据检测时间的不同又可将气体检测管分为：短时检测管、长时检测管和气体快速检测箱。

短时检测管种类繁多，如果将不同的短时检测管组合起来，那就可以实现同时测试多种污染物。长时检测管主要用在长时间的连续监测，可以测定1～8h内污染物的平均浓度。通过气体的自然扩散，然后观察检测管在这段时间内的变化来确定检测结果。

而气体快速检测箱是把不同的多个气体检测管组合在一种特制的检测箱里面，然后对污染物进行监测的设备。这种设备携带方便而且可以对污染现场中多种污染物进行监测。

10.1.1.2 水质检测管

水质检测管可以检测出水样中的氰化物、氟化物等污染物质。水质检测管分为三类，分别是：直接检测试管、色柱检测、水污染检测箱。

直接检测管的原理是在塑料试管中封入一定剂量的显色试剂，检测时将试管刺破出一个小的孔，让检测水样通过这个孔进入试管中与试管中的显色试剂反应，通过显色试剂的颜色变化对比标准色阶，就可以确定检测水样中污染物的种类和浓度。

色柱检测的原理是将检测水样通过检测管中，使得检测水中所含的污染物质和管内装有的显色试剂反应产生色柱，然后通过色柱的长度可以确定检测水样中的污染物的浓度。

水污染检测箱的构成类似气体快速检测箱，是将多种水质检测管组合然后构成检测设备，这种设备方便携带而且可以对多种污染物质进行快速检测。

检测管法对于污染气体和被污染水质的检测很方便，在使用过程中要注意操作，否则也会产生较大的误差。使用检测管时，一定要根据规定来控制气体的抽取速率和抽取气体的体积；一定要注意检测管的使用期限，超过使用期限的试管则无法得到正确的检测结果。

10.1.2 试剂盒法

试剂盒法大多数使用比色法或者容量法来进行测定分析。试剂盒技术的检测原理是基于待测物与某特定试剂进行化学或生物等反应并可通过颜色变化表现反应程度的特性，通过目视比色或辅助仪器比色、滴定等方法即可获得待测物浓度值。用于环境污染物检测的试剂盒主要有化学显色试剂盒、生物酶学试剂盒、酶联免疫试剂盒、微生物试剂盒等。试剂盒法具有携带方便、操作简单、适合现场快速检测和经济实用等优点。

10.1.3 便携式仪器法

10.1.3.1 便携式光学分析仪器

便携式光学分析仪器的使用原理是利用光谱分析技术对多种污染物进行一次性的显示。其特点是重量较轻，可以对多个项目进行检测，而且度数显示比较直接，可以快速地读出浓度值。根据使用的光谱范围的不同可以分为：便携式红外光谱仪、便携式荧光光谱仪、便携式分光光度计等。

(1) 便携式红外光谱技术　便携式红外光谱技术是通过红外吸收光谱确定化合物的官能团，从而确定化合物的类别，推测简单化合物的分子结构和进行化合物的定量分析。便携式红外光谱仪可以检测很多种气体，特别是在恶臭气体和挥发性有毒有害气体的检测中可以发挥很大作用。此外，还有专门用于分析液体样品、固体粉末或胶体样品的便携式红外光谱仪。

(2) 便携式荧光光谱技术　荧光分析法由于其具有灵敏度高、选择性好等特点，因而是一种重要的分析检测手段。随着光谱仪的智能化、便携化，荧光分析法能够测定的无机物、有机物、生物物质等的数目逐渐增加，其在环境污染监测中的应用范围也得到很大拓展，已有便携式荧光仪、便携式荧光溶氧仪、便携式荧光农药检测仪及便携式重金属X荧光分析仪等产品应用于环境污染快速检测。

（3）便携式紫外-可见吸收技术　便携式紫外-可见吸收技术是目前环境污染监测中应用较为广泛的便携式仪器方法之一，主要是利用便携式紫外-可见分光光度计并根据吸收光谱上某些特征波长处的吸光度的高低来判别或测定该物质含量。分光光度分析就是根据物质的吸收光谱研究物质的成分、结构和物质间相互作用的有效手段，而且由于仪器具有体积较小、重量较轻、携带方便、操作简单等特点，该技术是应急监测经常用到的一种快速方法。

10.1.3.2　便携式电化学分析仪器

便携式电化学分析仪的使用原理是检测气体中含有的有害气体跟分析仪中的电解液反应产生电压，以此来辨别有害气体的种类。便携式电化学分析仪使用的是电化学分析技术，具有灵敏度高、应用范围广、准确度高、仪器便携、信号处理简单等特点，主要包括便携式溶出伏安仪检测技术、离子选择性电极检测技术、电化学生物传感器技术等。目前，已有大量的单项或多项污染物电化学检测仪器投入实际污染事故中的应用，可以检测出氯气、二氧化硫、一氧化碳、氮氧化物、氨气、硫化氢等有害气体。

10.2　自动控制新技术

应用现代自动控制技术、现代分析手段、先进的通信手段和计算机软件技术，人们对环境监测某些指标从样品采集、处理、分析到数据传输与报告汇总全过程可以实现自动化监测。自动监测系统包括城市环境空气质量（含 $PM_{2.5}$、酸雨、沙尘暴等）监测系统、河流湖泊水质自动监测系统、城市区域环境和道路交通环境噪声监测系统、工业污染源（废水、废气、噪声）自动监测系统等。采用自动监测手段，可以实时、动态、科学地掌握环境质量和污染源排放的时空分布实际状况。引入现代科技手段，尤其是自动控制技术及信息网络技术，使环境监测由传统实验室模式向自动化监测模式转变。

10.2.1　自动控制技术的数据划分

自动控制技术涵盖多个学科门类，其内涵随着科技发展而不断变化。应用于环境监测的自动控制技术主要有：自动化监测仪表及辅助技术、可编程控制器、计算机自动控制、远程传输、大型数据库、统计分析预测预报、基于网络技术和多媒体技术的发布系统。利用这些技术可以构建一个较为完整的环境自动监测系统。以环境监测数据的生命周期划分，这些技术大体可以划分为四个部分：数据发生技术、数据加工技术、数据发布技术、数据存储技术。

10.2.1.1　数据发生技术

环境监测数据发生是环境监测工作的基石。这个阶段的工作包括：环境样品的自动采集及必要的前处理，环境样品的分析，数据的汇总以及对以上几项工作的调度。样品采集应用自动控制技术，将环境样品定时或连续送入自动化监测仪表中；对于某些指标的分析，样品进入仪表前需要进行必要的处理，如除湿、去除干扰物质、过滤等。样品进入仪表后，自动进行分析并将分析的结果通过标准接口输出到计算机中保存。整个流程由计算机控制调度，包括仪表的自动校零、标定，异常情况判断及处理，报警等。这个过程一般在自动监测子站中完成。

10.2.1.2 数据加工技术

自动监测子站产生的数据通过无线或有线的方式传输到控制中心，汇入中心服务器数据库中。引入数值分析工具对原始数据进行现状分析及变化趋势预测，形成监测成果。

10.2.1.3 数据发布技术

将监测结果按照保密规定制作成不同文件，通过不同媒介进行发布。可以利用超文本链接语言、脚本语言以及动态网页技术制作网页，按不同密级要求在公众网和局域网内发布；结合相关工作需求，制作深度分析报告，供有关决策或研究机构参阅；利用多媒体技术制作直观的声像报告供有关会议或公共场所演播使用。

10.2.1.4 数据存储技术

利用海量存储介质将原始数据、各类分析结果分类存储，并建立科学的索引查询系统，便于检索。

10.2.2 自动控制技术的应用

自动监控技术在环境监测中的应用可划分为四种类型：空气质量自动监测系统，水质自动监测系统，噪声自动监测系统，污染源自动监控系统等。前三种主要目的是为政府提供及时、准确的环境质量数据，满足公众对环境变化的知情要求；第四种主要是为环境执法机构提供依据，对企业的排污状况进行跟踪和管理。同时，必须建立一个强大的计算机网络系统对上述四个系统进行有效的支持。

10.2.2.1 大气自动监测

目前，中国重点城市已利用建立的环境空气质量自动监测系统，开展环境空气质量日报或预报工作。2000 年，开始实施了 130 个城市的环境空气质量监测系统的建设项目。与此同时，随着污染物排放总量控制制度的实施，各地相继开始建设污染源在线自动监测系统。受环境保护行业管理分类的影响，大气自动监测可分为以下几类。

（1）大气环境质量自动监测　目前监测的项目有：二氧化硫、一氧化碳、二氧化碳、氮氧化物、臭氧、碳氢化合物、飘尘、气象指标、硫化氢、氨、氯化氢等。

（2）大气污染源自动监测　目前监测的项目除了包括上述指标外，还有剩余氧量、流速、动静压、有机废气、湿度等。

（3）汽车尾气污染自动监测　目前监测的项目有一氧化碳、氮氧化物、碳氢化合物、黑度等。

10.2.2.2 水质自动监测

水质在线自动监测技术，是加强水资源保护、使区域河流的水质管理、入河污染物的达标排放控制、突发水污染事故的预警预报等实现现代化的重要手段，是实现水质的实时连续监测和远程控制、快速获取水质信息比较先进的一门科学技术，尤其是在供水水源地和水污染控制等方面显得愈加重要。水质自动监测，是全面、快速获取水质信息最有效的手段。它的迅速发展已得到各行各业的重视。

水质自动监测系统，由取水单元、配水及水样预处理单元、水质自动监测仪器、辅助系统控制单元、数据采集和传输单元以及中心管理系统等组成。目前自动监测的项目有 pH 值、电导率、溶解氧、氨氮、硝酸盐氮、*COD*、水文参数等。

10.2.2.3 噪声及其他自动监测

包括可用于功能区噪声监测和交通噪声监测。监测的项目有等效声级、电磁波辐射、放射性、振动、热污染自动监测等。

由于国外工业化和城市化进程比较早，环境问题的产生和相应的环境噪声监测研究与应用也早于中国。几个著名的国外声学仪器公司开发的噪声监测产品，已经解决了自动测量、自动数据处理信息、自动传输、信息网络互联、监测信息资源共享、工作环境不受监测限制等技术问题。仅就技术而言，目前环境噪声监测技术已经发展得比较完备，能够满足当前环境噪声监测的技术要求，实现自动监测仅仅是经济上能否承受的问题。

10.2.3 环境自动监测技术的优缺点

10.2.3.1 环境自动监测技术的优点

① 实现了采样技术的一体化，并实现了对一些污染参数无人值守的连续、自动、实时监测，可以掌握污染源或环境中的污染物质连续变化的过程和有利于研究污染物的变化规律。

② 大量应用了现代电子技术、计算机技术、分析化学技术、光学技术及物理学技术、传感器技术，使过去较为复杂的采样和分析工作变得相对简单和直观，友好的人机界面、简单的操作方法，减少了操作失误的可能性。完备的自检和诊断功能，使得维护检修异常方便，并大大提高了仪器的可靠性。

③ 捕获的大量监测数据，给统计分析提出了新的要求，为区域环境质量的预测预报打下了基础，使得提供的环境信息更准确、更可靠、更具有代表性。

④ 较易建立高技术水平的 QA/QC 体系，可以通过传递和追踪的技术手段，在各点位之间或网络之间建立起质量保证体系，从而保证系统内部和系统与其他系统之间监测数据的可靠性和可比性。

⑤ 可以很方便地进行远距离的直接数据通信，加快了信息的传播速度，扩大了传播范围，可以为环境管理和决策提供快速的技术支持，有利于监测数据的充分利用和数据在公开性原则下的推广应用。

⑥ 仪器一般都具有较高的灵敏度、较强的抗干扰能力，很适合于监测成分复杂、微量、痕量的环境样品。

10.2.3.2 需改进的问题

① 对“信息”的认识及信息融合技术的应用有待加强。由于环境自动监测信息最终是为环境管理和环境决策服务的，因此在构建信息管理系统时，应该把信息的加工和利用放在首位。如何提高信息利用的绩效，其对硬件的投入和对实际应用效果进行评估，是在环境自动网络建设中必须要加强的首要任务。如采用连续测量的溶解氧、pH 值的时均值可能会由几十、上百的瞬间值平均而得到，而间歇采样工作方式下得到的氨氮时均值其实是个瞬时值。如何对多个数据进行融合、协调优化和综合处理，使自动监测产生更准确、可靠的结论，是必须要尽快解决的问题。

② 需加强对软件平台技术的开发。应用系统的需求、规划、设计和实现，是系统建设

的重要部分。由于环境自动监测存在范围广、基础薄、变化快、非均衡、要求高的情况，因此对于应用系统的开发不可能一蹴而就，而是需要有计划、分步骤地进行，在动态变化中发展。因此要求应用系统，必须具有灵活变化的成长体系结构。采用软件平台技术，可以很好地解决复用、互联互通、动态扩充等问题。

③ 加强标准化建设，解决“信息孤岛”。由于环境自动监测系统的建设从20世纪80年代末就已经开始进行，当时采用的是“点式”建设方法，各个监测子站都是一个孤立封闭的系统，不提供对外接口，致使信息资源不能共享，数据格式不统一，形成了许多“信息孤岛”。要解决这一问题，环境自动监测系统必须要有标准化的支持，尤其要发挥标准化的导向作用，以确保技术上的协调一致和整体效能的实现，消除“信息孤岛”，将环境自动监测系统打造成一个可以互联互通的统一平台，才能实现信息共享和决策支持。

随着现代技术的发展，实现环境监测信息共享，首先必须进一步适应复杂的网络环境，并且与环保等其他领域的环境信息共享统筹规划。其次，在当前新形势下，环境监测中需要关注的环境要素更加多样化，要求也进一步提高，信息共享规划必须具有扩展性，其应用技术需要与时俱进。

④ 须加强系统安全性。随着环境自动监测系统的不断完善，系统的安全性将日益需要提到重要议事日程上来。在制订环境自动监测信息资源管理的标准与规范时，只要坚持以第三方为主、集成厂商补充完善的方针，避免不必要的安全漏洞等，整个系统的安全性问题就必然迎刃而解。

⑤ 要制定相应的行政或法律规定，使污染源监测变被动为主动，并在政策上给以支持，使企业依法定时上报符合规范要求的监测数据。

⑥ 须相关部门配合。环境质量自动监测系统的建设，涉及占地、占路、占绿、占（航）道、占岸（线）等，还涉及供电、供水等部门配合，因此需要政府协调，才能顺利进行。

⑦ 自动监测系统的建设资金，应列入政府部门和企业单位的年度预算之中。污染源自动监测系统的建设资金，可利用企业自筹与政府贷款相结合的方法来融资。将污染源自动监测系统的建设，作为污染治理设施的组成部分。

⑧ 对自动监测系统的运行维护，需要较强的专业技术人员。随着自动监测站点的增加，自动监测站的数量将大大增加。必须组建一支专业的维修保养队伍，才能保证自动监测系统的仪器设备正常运转，来保证监测数据的采集率及准确度。

10.3 生物传感技术

生物传感器的研究起源于20世纪60年代，1967年Updike和Hicks把葡萄糖氧化酶(GOD)固定化膜和氧电极组装在一起，首先制成了第一种生物传感器，即葡萄糖酶电极。近年来，随着生物科学技术的发展，用于环境监测的生物传感技术得到了不断的发展，成为环境科学工作者研究的热点。

10.3.1 生物传感器的基本原理

生物传感器是一种将生物敏感元件与物理化学信号转换器及电子信号处理器相结合的仪器，生物部分产生的信号可转换为电化学信号、光学信号、声信号而被监测。其特点是专一性强、分析速度快、操作简便、能进行在线分析甚至活体分析且能检测极微量的污染物。

用于环境监测中的环境生物传感器以酶、微生物、DNA、抗原或抗体等具有催化活性或亲和作用的生物分子作为识别元件，通过特殊加工技术涂敷固定在载体上形成功能膜，当其与被测物质接触时，膜内的感应物质首先与被测物质选择性吸附，发生反应形成复合物，通过物理化学信号转换器表现为化学变化、热变化、光变化、声变化或直接产生电信号方式等，由电子信号处理器将这些信号转化为与待测物浓度成比例的、易于输出的电信号，该信号能进一步地放大、处理或储存，然后利用电子仪表测量、记录，达到对环境进行分析监测的目的。

10.3.2 生物传感器的分类

根据生物传感器中生物分子识别元件的不同，生物传感器可分为酶传感器、微生物传感器、免疫传感器、DNA 传感器、组织传感器及细胞传感器等。目前，国内外在环境监测中常用的传感器主要有酶传感器、微生物传感器、免疫传感器、DNA 传感器这四种生物传感器。

10.3.2.1 酶传感器

酶传感器监测污染物主要是通过监测酶与污染物反应所产生的信号来间接测定污染物的含量，酶与污染物反应主要是有些酶对污染物具有催化转化的能力，有些污染物对酶活性具有特异性抑制作用，或可以作为辅助、调节因子对酶活性进行改饰。酶传感器是第一代生物传感器，具有选择性好的突出优点，但价格昂贵且稳定性较差。

10.3.2.2 微生物传感器

微生物传感器是指用全活细胞（如细菌、真菌等）作生物分子识别元件的一类生物传感器，该传感器利用活微生物的代谢功能检测污染物，具有反应速度快、使用寿命长、价格低、便于连续化和自动化控制、易于管理等优点，但选择性较差。

10.3.2.3 免疫传感器

免疫传感器是用抗体和抗原作为分子识别元件，利用它们之间的免疫化学反应进行污染物测定的一类生物传感器。抗体中有对抗原结构进行特殊识别、结合的部位，免疫系统细胞暴露在抗原物质（如有机污染物）时，根据“匙-锁”模型，抗体可与其独特的抗原高度专一地可逆结合。若将抗体固定在固相载体上，即可从复杂的基质中富集抗原污染物，达到测定污染物浓度的目的。20 世纪 80 年代中期以前，免疫传感器还主要应用于医学诊断实验，而且大多数用于大分子。其在环境监测和分析领域中的应用，大部分还处于开发和研制阶段，目前世界上广泛使用的唯一方法就是免疫测定试剂盒。

10.3.2.4 DNA 传感器

DNA 传感器是 20 世纪 90 年代生物传感技术的研究热点。它是将有反应活性的单股核苷酸固定在某种支持物上作为探针，可在含有复杂成分的环境下特异识别出某一靶子底物，并通过换能装置转换为电信号。主要应用在检测水、食物、土壤和分析一些物质（致癌物、药物、诱变的污染物）而培养的对 DNA 有亲和作用的样品。

10.3.3 生物传感器在大气环境监测中的应用

10.3.3.1 对 SO_2 的监测

采用氧电极和肝微粒体（需含有亚硫酸盐氧化酶）制成的生物传感器被应用于 SO_2 的

监测。通过对雨水中的亚硫酸盐浓度进行测定来体现 SO_2 的含量。依靠传感器里面的微粒体对亚硫酸盐进行氧化，与此同时还消耗一定的氧，降低氧电极周围溶解氧浓度，引起传感器电流的相同变化，从而间接反应亚硫酸盐浓度，具有很高的准确度以及很好的重现性。

10.3.3.2 对 NO_2 的监测

采用氧电极与固定化硝化细菌、多孔气体渗透膜组合制成的生物传感器被应用于 NO_2 的监测。用亚硝酸盐作为唯一的硝化细菌能源，亚硝酸盐增加就会增加传感器的呼吸活性。呼吸过程中采用氧电极进行溶解氧浓度降低量的检测，以此间接将亚硝酸盐含量反映出来，体现大气所含的 NO_2 含量。最低检测限为 0.01mmol/L。当亚硝酸盐浓度小于 0.59mmol/L 时，亚硝酸盐浓度和传感器电流成正比关系，具有较强的抗干扰能力，选择性较好。

10.3.4 生物传感器在水环境监测中的应用

10.3.4.1 对 *BOD* 的监测

水体有机污染程度的衡量可以依据生化需氧量(*BOD*)检测。传统采用 5d 生化需氧量标准稀释测定法进行 *BOD* 的检测，操作烦琐、用时较长，且准确度相对较差。1977 年 Karube 等人提取污水处理厂所排出的活性污泥中的微生物，在这之后制成微生物膜并与氧电极组装在一起制成了第一只 *BOD* 微生物传感器。后经过完善和发展，研究出其工作原理：以微生物的单一菌种或混合菌种作为 *BOD* 微物电极，由于水体中 *BOD* 物质的加入或降解代谢的发生，导致水中的微生物内外源呼吸方式变化或转化，耦联着电流强弱信号的改变，一定条件下传感器输出的电流值与 *BOD* 的浓度呈线性关系。它不但满足了实际监测对于精度的要求，而且灵敏、快速，因此应用在水质在线分析方面前景广阔。目前不但有应用于天然淡水、城市污水的 *BOD* 监测传感器，还有能适应海洋高盐度水体特点的传感器。

10.3.4.2 对硝酸盐的监测

用于水环境中 NO_3^- 含量测定的生物传感器主要通过测定 NO_3^- 被还原成 NO_2^- 时产生的还原电流的大小来反映 NO_3^- 含量。L. H. Larsen 等发明了用假单细胞菌固定在小毛细管中、置于 N_2O 小电化学传感器前端来测定 NO_3^- 的小型微生物传感器，该传感器对 0～400μmol/L 的 NO_3^- 有较好的监测效果。Kjar 等对 L. H. Larsen 的传感器用电泳原理作了改进，在培养基池和被监测液中放入了电极，使得 NO_3^- 能更接近敏感元件，得到了更好的监测效果。

10.3.4.3 对硫化物的监测

硫化物的测定在环境监测中居重要地位。目前常用的测定方法有亚甲基蓝比色法、碘量滴定法和电位滴定法等，这些方法操作复杂、消耗药品量大、准确性不高。时巧翠用酸性溶胶法制备 CNT-TiO_2 复合材料并构筑 HRP 生物传感器，以 H_2O_2 为底物、邻氨基苯酚为电介质，实现了对硫化物的电流响应，可以简便、快捷地检测硫化物。

10.3.4.4 对酚类物质的监测

酚类污染物属于高毒性物质，它们通过工业排放废水进入水环境，是水环境中一个重要的监测指标。早期用于酚类污染物监测的生物传感器是酶电极安培传感器，该传感器结构简单，检测限低，干扰少。近年来，新研制的酚类生物传感器主要有用二相生物传感系统检测溶液和有机介质中的酚、通过测荧光的竞争性流动免疫分析法检测4-硝基酚等酚类污染物监测方法，它们都有较好的效果。

10.3.4.5 对苯酚类化合物的监测

近些年电化学传感器先后产生了以漆酶、酪氨酸酶、过氧化物酶和苯酚羟化酶作生物敏感材料的传感器，最常应用的是以酪氨酸酶为生物敏感材料的传感器，其原理为：基于分子氧存在基础下，依靠酪氨酸酶将单酚类物质进行氧化，使其生成二酚，从而将其氧化成为苯醌类物。由于苯醌能利用电化学途径将电子吸收转换成邻苯二酚，所以对苯醌类物质生成情况及氧的消耗程度进行监测，就可以实现对苯酚类物质监测的目的。这种监测方法具有较高的灵敏度和较强的选择性。

10.3.4.6 对农药残留量的监测

农药的残留对水体、土壤等构成严重的威胁，因此对农药的监测、分析、回收处理意义重大。基于碳纳米管修饰电极的酶生物传感器在农药分析中有广泛的应用，有机磷或氨基甲酸酯类农药能抑制酶的催化活性，可利用这一特性制成测定农药残留量的生物传感器。

周华等将乙酰胆碱酯酶和牛血清白蛋白用戊二醛交联法固定在石墨电极基体上生长的碳纳米管电极表面，制成可用于检测有机磷农药的新型生物传感器。这对农药中甲基对硫磷、乐果、敌敌畏等都有较好的检测效果。该生物传感器稳定性、重现性较好。

朱军等将邻苯二酚紫固定在碳纳米管修饰的玻碳电极上制得肼传感器，这种传感器对肼的氧化具有突出的电催化活性，响应速度快（2s），检测线性范围宽（150nM～0.4mM，M为mol/L的简写），灵敏度高（可达281mA/(M・cm^2)，具有较好的实际应用价值。

生物传感器具有快速、低成本、高选择性、高灵敏度、操作简便、可在线或现场检测等特点，经过几十年的研究、改进，并与其他技术交叉结合，在环境监测领域中的应用越来越受到人们的重视。

未来，生物传感器在环境监测领域中的发展趋势，将由单一功能向多功能发展。纳米生物传感器阵列或多种纳米生物传感器的集成，将是生物传感器的一个重要发展方向；集成多种技术，以提高监测效率，如碳纳米管技术与酶生物传感器的结合，提高了生物传感器的灵敏度并且结构简单、易于微型化、价格低廉、可批量生产，显示出了新型生物传感器优异的性能和巨大的潜力，进一步拓宽了其在环境监测中的应用。新型生物传感器正在加速从试验阶段走向商品化，向微型化、集成化、智能化方向发展。生物传感技术的不足之处定会得以克服，生物传感技术在环境监测领域定会得到更广泛的应用。

10.4 微波检测技术

微波技术起源于20世纪30年代，最初应用于通讯领域。微波技术在通讯以外的使用可追溯到20世纪50年代，而它在环境保护领域的应用则鲜有探讨。直到最近十几年，人们才开始注意到微波技术应用在环境保护领域的潜力，现已成功地用于废气、废水、固体废弃物的处理及环境监测等方面，该技术在环境保护领域具有广泛的应用前景。

10.4.1 微波消解

微波消解基本原理是直接以试样和酸的混合物为发热体，利用微波从内部进行加热，由于其热量几乎不向外传递，热效率很高。消解过程中试样充分混合，激烈搅拌，迅速地进行分解。微波消解已被用于大气颗粒物、水、土壤、垃圾、煤飞灰、淤泥和沉积物等环境样品。微波消解还能用于金属化合物的消化测定、生物样品的分析和水样中的化学需氧量的测定。

10.4.1.1 微波消解装置

目前环境监测分析中常用的微波消解方法，大多是经过稍加改造的市售微波炉。由于市售微波炉是为家庭生活而设计的，所以抗酸性能差，消解试样产生的酸雾会腐蚀微波炉内壁及磁控管等元器件。为了提高消解装置使用寿命，环境监测分析中的微波消解装置应在微波炉内壁覆盖一层含氟聚合物涂层，避免酸雾对炉体的腐蚀。

为了更便于环境监测试样的消解，要将消解试样与密闭增压溶样紧密结合起来，密闭增压溶样可以获得高压高温，使分解反应所需时间大大少于受酸的沸点所限需要的分解时间，也使在酸的正常沸点下分解不了的物质能得到分解。这样可达到提高样品反应速率和酸溶效率、迅速缩短溶样时间、有效分解试样的目的。

众所周知，化学分析中试剂用量小时，可使环境试样的空白值降低。因此，用于环境监测分析的微波消解装置应配以加有聚四氟乙烯材料的微波溶样器，使吸附力减小，达到不污染和吸附样品、不吸收微波能量的效果。

采用微波密闭消解装置，可以避免易挥发痕量元素的损失，如 As、Hg、B、Cr、Sb 等，减少常规消解酸雾对环境的污染，并能使能耗降低，便于实现环境监测分析自动化。

10.4.1.2 测定大气中的金属元素

近几年常用微波消解法对大气颗粒物进行监测，这对于掌握大气污染情况进而治理大气污染是至关重要的。如荣伟杰使用高压微波络合消解石墨炉原子吸收分光光度法测定环境空气中锡，在测定的过程中由于采用高压微波消解，常压时加入 EDTA 溶液络合锡，可以减少时间和消解过程中的损失，且使样品中的锡更容易消解完全。在采集 $10m^3$ 气体的滤膜制成 10mL 样品时，最低检出限为 $0.5\times10^{-3}\mu g/m^3$，测量范围 $2\times10^{-3}\sim100\times10^{-3}\mu g/m^3$，克服了常规分析方法在配制锡标准溶液时，所用酸度高使石墨管在高温下寿命变短的缺点。用 EDTA 溶液处理锡标准使用液，可以降低酸度防止锡标准溶液水解，且使灵敏度大幅度提高。

王娟等在样品处理的过程中，将采过样的滤膜放入聚四氟乙烯消解罐中，加入硝酸密封，放入微波炉中运行消化程序。用 ICP-AES 法测定空气样品的微量元素，相对标准偏差小于 2.59%，检出限分别为 Pb0.1007mg/L、Mn0.1007mg/L、Cd0.1007mg/L、Zn0.1002mg/L，回收率在 95%～104%。微波消解消化时间短，对环境污染少，避免了易挥发元素的损失。

10.4.1.3 测定废水中 *COD*

COD 是国内外环境领域评价水体污染程度的重要指标。国标法测定 *COD* 时使用的试剂量大且有毒，需要的时间长，能耗较高，采用微波消解光度法则具有操作简单、省时、抗干扰性强、准确度、精密度均较好的优点。微波消解光度法对 Cl^- 干扰的抑制能力优于标准法，可减少汞盐造成的二次污染等，可用于多种废水 *COD* 值的测定。微波消解光度法在单个样品测试中，测试成本约为传统法的 50%，在实验的过程中无需冷却水。如蔡文艳等用常压微波消解分光光度法测定 *COD* 研究结果表明，用微波高火加热 60s，水样 *COD* 的回收

率即可达到96%，说明采用微波消解水样比用传统的加热回流消解水样可大大节省时间。可见用微波消解法测定*COD*经济实用，有良好的应用前景，具有推广价值。

10.4.1.4 测定水中的非金属元素

非金属元素主要集中在氮、磷等水体富营养化元素的研究上，其中水体中的总磷是反映水体所受污染程度和湖库水体富营养化程度的重要指标之一，尤其对于湖库水体，由于含磷量的增加使水体中浮游生物和藻类大量繁殖而消耗水中的溶解氧，从而引起湖库水体的富营养化和水体质量的恶化，因此准确测定水体中总磷含量非常重要。

相关人员通常采用过硫酸钾-高温高压消解法进行预处理，使其中的含磷有机物转化成可溶的磷酸盐，同时也使偏磷酸盐和焦磷酸盐都转化成正磷酸盐，然后再测定水体中的总磷量。但是高温高压消解法对温度、压力要求严格，且消解过程耗时较长，一次测定一般需要一个多小时，且过硫酸钾在高温高压下消解特殊水样可能消解不彻底，方法重现性也不好。张丰如等在试验的过程中采用过硫酸钾-微波消解法进行水样预处理，消解测定的样品回收率为97.8%～101.2%，结果较为理想。测定低浓度硅的含量，可利用微波消解-等离子体发射光谱法测定，方法简便、快速、消解彻底，同时可达到较好的精密度和准确度。

10.4.2 微波萃取

微波萃取基本原理是利用介质吸收微波能程度的差异，通过选择不同溶剂和调节微波加热参数，对物料中的目标成分进行选择性萃取，从而使试样中的某些有机成分（如有机污染物）达到与基体物质有效分离的目的。微波萃取已用于土壤及沉积物样品中有机污染物的萃取分离上，被提取的有机污染物包括有机氯农药、多氯联苯、邻苯二甲酸酯等。微波萃取还可从植物和鱼组织中提取芳香油和其他油类，从聚烯烃产品中分离稳定剂等。

与传统的索氏抽提、超声萃取相比，微波萃取的主要特点是快速、节能、节省溶剂、污染小、可实行多份试样同时处理，而且有利于萃取热不稳定的物质，可以避免长时间的高温引起的样品分解，有助于被萃取物质从样品基体上解吸，特别适合于处理大量样品。与超临界流体萃取（SFE）相比，微波萃取具有仪器设备比较简单、便宜、适应面较广、较少受被萃取物极性的限制等优点。

10.4.3 微波实时监测

微波实时监测系统具有监测范围广、速度快和成本低，且便于进行长期的动态监测等优点，是实现宏观、快速、连续、动态地监测环境污染的有效高新技术手段。利用环境污染微波监测技术与其他常规监测方法相结合，有利于建立突发性环境污染事故的微波实时监测和预警系统。

赵利群等利用各种污染物对电磁波具有不同的吸收衰减情况，通过该微波实时监测系统及大量实验建立的数据表和相关结论，可以判断出地表水中含有何种污染物质及污染物的浓度。他们将电磁波的传播原理和微波技术应用在环境监测中，详细地研究了该微波实时监测系统的工作原理，着重研究了频率为200～2000MHz的地表水污染微波实时监测系统的结构，以及各组成部分的具体设计与实现。

朱文瑜等利用了微波技术的特点，对四川釜溪河流域的河水污染进行了实时监测和检测，并对采集到的信号进行处理。对釜溪河水中的部分化学指标和生物指标用传感器进行检测，对河水中的重金属和大分子化合物的检测和监测采用微波检测法。他们通过对河水中的几种重金属的吸收敏感频率研究，在各被测污染物的敏感频率上，用实验的方法研究污染物对电磁波的吸收与含量的关系，并作出吸收-含量曲线。因此在对不同浓度的污染物进行检测时，用一系列信号处理的方法对测量结果进行处理，便可得到水中各污染物物质的含量。

【思考题】

一、名词解释

环境快速检测　检测管　试剂盒　红外光谱　荧光光谱　紫外-可见光谱　自动控制　自动监测　生物传感　微生物　酶　DNA　微波　微波消解　微波萃取

二、简答题

1. 简述环境快速检测技术的种类、优缺点。
2. 以环境监测数据的生命周期划分，自动控制技术可以划为哪些部分?
3. 目前，我国在大气监测、水质监测方面有哪些新成就?
4. 应用于环境监测方面的生物传感器有哪些类别?
5. 生物传感器在大气监测、水质监测方面有哪些应用?
6. 生物传感器在环境监测方面的应用面临的最大挑战是什么?
7. 微波消解在样品前处理方面都有哪些应用?

参考文献

[1] 姚进一．环境监测技术——工学结合教材［M］．北京：中国环境出版社，2015.
[2] 奚旦立，孙裕生．环境监测［M］．北京：高等教育出版社，2010.
[3] 岳桂华，付翠彦．环境监测［M］．大连：大连理工大学出版社，2005.
[4] 国家环境保护总局，《水和废水监测分析方法》编委会．水和废水监测分析方法．第4版[M]．北京：中国环境科学出版社，2012.
[5] 国家环境保护总局，《空气和废气监测分析方法》编委会．空气和废气监测分析方法(第四版增补版)［M］．北京：中国环境出版社，2015.
[6] 王海芳．环境监测［M］．北京：国防工业出版社，2014.
[7] 税永红，陈光荣．室内环境检测与治理［M］．北京：科学出版社，2015.
[8] 贾劲松．室内环境检测技术［M］．北京：中国环境科学出版社，2009.
[9] 张嵩，赵雪君．室内环境与检测［M］．北京：中国建材工业出版社，2015.
[10] 石碧清．环境监测技术训练与考核教程［M］．北京：中国环境出版社，2015.
[11] 郑建平，王小花．环境监测［M］．大连：大连理工大学出版社，2010.
[12] 秦文淑．环境监测与治理综合实训指导书［M］．武汉：武汉理工大学出版社，2014.
[13] 陈玲，赵建夫主编．环境监测［M］．北京：化学工业出版社，2014.
[14] 黄兰粉．环境监测与分析［M］．北京：冶金工业出版社，2015.
[15] 中国环境监测总站《环境监测人员持证上岗考核试题集》编写组．环境监测人员持证上岗考核试题集［M］．北京：中国环境出版社，2016.
[16] 崔九思，王钦源，王汉平．大气污染检测方法［M］．北京：化学工业出版社，1997.
[17] 黎源倩，杨正文．空气理化检验［M］．北京：人民卫生出版社，2000.
[18] 杨广华，禹文龙．三废监测［M］．北京：科学出版社，2011.
[19] 张青，朱华静．环境分析与监测实训［M］．北京：高等教育出版社，2009.
[20] 张宝军．水环境监测与评价．第2版[M]．北京：高等教育出版社，2015.
[21] 袁力，张涛．环境监测操作技术指南［M］．南京：河海大学出版社，2006.
[22] 王凯雄，童裳伦．环境监测［M］．北京：化学工业出版社，2011.
[23] 胡爽．浅谈环境监测分析技术［J］．农业开发与装备，2016，(5)：92.
[24] 范思思，许同桃．环境监测技术分析及发展趋势探讨［J］．山东工业技术，2016 (5)：263-264.
[25] 乌云娜，冉春秋，高杰．环境监测技术的应用现状及发展趋势［J］．生态经济，2009，219(12)：89-91.
[26] 黄敏芝．环境应急监测快速分析方法概述［J］．资源节约与环保，2015 (4)：126-126.
[27] 郝俊红，张亚斌．农村生态环境污染快速检测技术研究及应用［J］．小城镇建设，2011 (7)：78-80.
[28] 余若祯，王红梅等．环境中重金属离子的快速检测技术研究与应用进展［C］．中国毒理学会环境与生态毒理学专业委员会第二届学术研讨会暨中国环境科学学会环境标准与基准专业委员会2011年学术研讨会会议论文集．
[29] 戢启宏．自动监控技术在环境监测中的应用［J］．环境导报，2001 (3)：27-29.
[30] 蔡同锋，张艳艳．环境自动监测技术综述［J］．污染防治技术，2010 (3)：87-90.
[31] 王成金，马玉波．环境监测中生物传感器技术的应用研究［J］．环境与发展，2013，29 (4)：94-95.
[32] 孙萍，肖波等．微波技术在环境保护领域的应用［J］．化工环保，2002，22 (2)：71-74.
[33] 金卫兵，任玲娟．微波消解技术及其在环境监测中的应用［J］．科技信息，2011 (1)：24-25.
[34] 杨敏．微波消解技术在环境监测中的应用［J］．科技信息：科学·教研，2007 (25)：171-172.
[35] 郑晓红．微波消解和微波萃取技术及其在环境监测中的应用［J］．仪器仪表与分析监测，2000 (1)：1-3.
[36] 赵利群．地表水污染微波实时监测研究［D］．成都：电子科技大学，2007.
[37] 朱文渝．水污染微波实时监测系统研究［D］．成都：电子科技大学，2011.
[38] 俞卫忠，陈建．生物传感器及其在环境监测中的应用［J］．污染防治技术，2014 (2)：66-68.